BERICHTIGUNGEN

Seite 2: Die Blattrollkrankheit, Synonyme, 1. Zeile,
lies „potato leaf curl“ statt „potato leaf-curl“.

Seite 10: Das Aucuba-Mosaik, Synonyme, 1. Zeile,
lies „potato pseudo-net necrosis“ statt „potato pseudo-netnecrosis“.

Seite 30: Die Tabakringflecken-Krankheit, Synonyme, 1. Zeile,
lies „Tobacco ring spot“ statt „Tobacco ringspot“.

Seite 39: Das Wasserrüben- und Kohlrübenmosaik, Synonyme, 3. Zeile,
lies „*Brassica* virus 1, 2 und 4 SMITH“ statt „*Brassica* virus 1, 2 und 3 SMITH“.

Seite 80: Übertragung,
8. Zeile, lies „*Myzus ornatus*“ statt „*Myzusornatus*“.
9. Zeile, lies „*Nasonovia ribis nigri*“ statt „*Nasonovia ribisnigri*“.

Seite 85: Übertragung, 3. Zeile,
lies „*Cavaraiella pastinacae*“ statt „*Cavaraiella pastinace a*“.

Seite 90: Übertragung, 2. Zeile,
lies „*Nasonovia ribis nigri*“ statt „*Nasonovia ribisnigri*“.

Seite 91: Übertragung, 2. Zeile,
lies „*Nasonovia ribis nigri*“ statt „*Nasonovia ribisnigri*“.

Seite 125: Die Steinfrüchtigkeit der Birne, Synonyme, 1. Zeile,
lies: „Pear stony pit“ statt „Pear stonypit“.

Seite 128: Erläuterungen zur Abb. 105, 5. Zeile,
lies „Sym-ptome“ statt „Symp-tome“.

Seite 175: Das Adernmosaik der schwarzen Johannisbeere, Synonym,
lies „Vein pattern“ statt „Veinpattern“.

Seite 236: Die Gelbfleckenkrankheit der Pelargonie, Synonyme, 2. Zeile,
lies „*Pelargonium* leaf curl“ statt „*Pelargonium* leafcurl“.

Seite 242: Das Rosenmosaik, Wirtspflanzenkreis, 3. Zeile,
lies „*R. choroa*“ statt „*R. chora o*“.

Seite 268: Die Nesselkrankheit des Hopfens, Synonyme,
1. Zeile, lies „true nettle head“ statt „true nettlehead“.
2. Zeile, lies „silly hill disease“ statt „sillyhill disease“.

Seite 275: Das Gelbmosaik des Löwenzahns, Übertragung, 4. Zeile,
lies „*Nasonovia ribis nigri*“ statt „*Nasonovia ribisnigri*“.

Seite 276: 1. Abschnitt, die beiden letzten Sätze bilden einen eigenen Abschnitt; dafür ist die Überschrift „Übertragung“ einzusetzen.

Seite 305: Test- und Wirtspflanzenverzeichnis, Deutsch — lateinisch — englisch, Spalte Aleppo-Bartgras,
lies „Aleppo millet grass“ statt „Aleppo milliet grass“.

Seite 322: Test- und Wirtspflanzenverzeichnis, Englisch — lateinisch — deutsch, Spalte chickling vetch (— —),
lies „*Vicia lathyroides*“ statt „*Vicia lathyrioides*“.

Seite 338: Blattlaus-Vektorenverzeichnis, Spalte *Dysaulacorthum vincae* Walk, als weiteres Synonym ist einzusetzen „*Myzus solani* Walk“.

MAXIMILIAN KLINKOWSKI

PFLANZLICHE VIROLOGIE

BAND II

PFLANZLICHE VIROLOGIE

BAND II

Die Virosen des europäischen Raumes

unter Mitarbeit von

Dr. G. Baumann, Aschersleben Reg.-Rat Dr. O. Bode, Braunschweig
Dr. L. Quantz, Braunschweig Dr. K. Schmelzer, Aschersleben
Dr. H. A. Uschdraweit, Berlin-Dahlem und Dr. J. Völk, Braunschweig

herausgegeben von

Prof. Dr. Maximilian Klinkowski

Direktor der Biologischen Zentralanstalt der Deutschen Akademie der Landwirtschaftswissenschaften zu Berlin, Institut für Phytopathologie Aschersleben und des Phytopathologischen Institutes der Martin-Luther-Universität Halle-Wittenberg

Mit 251 Abbildungen

AKADEMIE-VERLAG · BERLIN

1958

Erschienen im Akademie-Verlag GmbH, Berlin W 8, Mohrenstraße 39

Lizenz-Nr. 202 · 100/277/58
Satz und Druck: Druckhaus „Maxim Gorki", Altenburg
Bestell- und Verlagsnummer: 5277/II
Printed in Germany

VORWORT

Die Zahl der in der Literatur beschriebenen Viruskrankheiten landwirtschaftlicher und gärtnerischer Nutzpflanzen hat einen derartigen Umfang angenommen, daß es nur noch dem auf diesem Gebiet tätigen Spezialisten möglich ist, sie zu überblicken. Zur Zeit vergeht kaum ein Monat, in dem nicht eine neue Viruskrankheit beschrieben wird bzw. neue Wirte bereits bekannter Viren entdeckt werden. Es lag nicht in unserer Absicht, eine Übersicht über alle bisher bekannten Virosen zu geben, sondern wir haben uns eine bewußte Beschränkung auferlegt und nur diejenigen Virosen berücksichtigt, deren Vorkommen für den europäischen Raum sicher verbürgt ist. Bei der Bearbeitung des vorliegenden Materials gab es die beiden Möglichkeiten, entweder das Virus selbst als Ausgangspunkt zu wählen oder die betreffende Virose in den Mittelpunkt der Erörterung zu stellen. Beiden Möglichkeiten haften Vor- und Nachteile an. Wir entschieden uns dafür, die Virosen der einzelnen Kulturpflanzen zu beschreiben, da uns dies für den praktischen Gebrauch des vorliegenden Buches zweckmäßiger erscheint. Es entspringt unserer Absicht, daß das vorliegende Buch in erster Linie praktischen Zwecken nutzbar gemacht werden soll. Es soll in leicht übersichtlicher Form die Diagnose einer pflanzlichen Viruskrankheit ermöglichen und über die wichtigsten Eigenschaften des vorliegenden Virus unterrichten und die möglichen Wege der Vorbeuge bzw. Bekämpfung aufzeigen. Diesem Gesichtspunkt Rechnung tragend, wurde auf die Angabe von Literatur verzichtet, und ebenso wurde bei der Charakterisierung der Wirtspflanzenbereiche kein Wert auf absolute Vollständigkeit gelegt. Beim Studium der einzelnen Virosen wird man daher der Fachliteratur an anderer Stelle nicht entraten können. Da dem im praktischen Pflanzenschutz Tätigen, dem interessierten Landwirt und Gärtner und manchen anderen Interessenten bisher kein Buch für den genannten Zweck zur Verfügung steht, glaubten wir mit der getroffenen Anordnung nach Kulturpflanzengruppen und der Verarbeitung des Stoffes einem wirklichen Bedürfnis abhelfen zu können.

Wir glauben, daß manche Diagnose beweiskräftiger gestaltet werden kann, als dies oft bisher möglich war. Es sei jedoch nicht verschwiegen, daß die makroskopische Diagnose auch hier nicht des Experimentes entbehren sollte, da sie erst dann volle Beweiskraft erlangt. Vielen Kollegen im In- und Ausland haben wir für die Überlassung von Bildern sowie für wertvolle Hinweise unseren Dank zu sagen. Dankbar werden wir auch allen denjenigen sein, die uns auf Mängel in der Darstellung aufmerksam machen.

Aschersleben, September 1957 M. KLINKOWSKI

INHALTSVERZEICHNIS

SPEZIELLER TEIL

Die Darstellung der nachstehend behandelten Virosen berücksichtigt nur den europäischen Raum. In der Regel sind nur Krankheiten berücksichtigt worden, bei denen der Nachweis der virusbedingten Erkrankung als erbracht angesehen werden kann. Bezüglich der Wirtspflanzennamen sei auf das Wirtspflanzenverzeichnis (S. 287) verwiesen, wo für alle Wirtspflanzen die wissenschaftlichen Bezeichnungen sowie die deutschen und englischen Vulgärnamen angegeben sind. Bezüglich der zu den Aphiden gehörenden Vektoren sei auf das Vektorenverzeichnis (S. 336) verwiesen, dort sind auch die Synonyme verzeichnet.

Die Virosen der Kartoffel und des Tabaks

Von

O. Bode

Der Kartoffelabbau

Während als Ursache des Abbaus der Kartoffel, unter dem ein fortschreitender Leistungsabfall verstanden wird, anfangs meist ökologische Faktoren angesehen wurden, konnte später nachgewiesen werden, daß an dieser Erscheinung im wesentlichen Infektionen durch Viren beteiligt sind. Der Abbau äußert sich neben einem Rückgang der Krautentwicklung, anomalem Wuchs der Pflanzen sowie dem Auftreten von Kümmerstauden vor allem in einem mehr oder weniger großen Ertragsausfall. Auf die Geschwindigkeit, in der der Abbau erfolgt, hat die Anbaulage, begründet durch die in ihr mögliche Ausbreitung der Viruskrankheiten, starken Einfluß. So findet eine schnelle Verbreitung von Virosen besonders in solchen Lagen statt, in denen eine starke Vermehrung der Vektoren bestimmter Viren, die unter den europäischen Verhältnissen zu den stärksten Verlusten führen, begünstigt ist. Demgegenüber wird die Ausbreitung der durch Boden und Berührung übertragenen Viren durch Klima und Lage weniger beeinflußt. Die Ertragsausfälle werden besonders dann groß, wenn mehrere Viren in einer Pflanze zusammentreffen (Mischinfektionen), da bis auf wenige Ausnahmen eine wesentliche Verschärfung der Reaktion gegenüber einer einfachen Infektion auftritt.

Zur Bekämpfung der Abbaukrankheiten ist die Verwendung gesunden Pflanzgutes wichtigste Voraussetzung, um Infektionsquellen und damit die Möglichkeit einer Ausbreitung der Viren im Bestand weitgehend zu unterbinden. Da fast alle Virosen der Kartoffel durch die Knolle auf den Nachbau übertragen werden, wird daher die Verwendung anerkannten, d. h. gesunden Pflanzgutes gefordert. Diese Anerkennung erfolgt auf Grund mehrfacher Feldbesichtigungen, nachdem alle an ihren Symptomen erkennbar kranken Stauden so früh als möglich aus dem Bestand entfernt worden sind. Eine weitere Maßnahme zur Verbesserung des Pflanzgutes besteht in der Frühpflanzung, durch die die Entwicklungszeit der Pflanzen so vorverlegt wird, daß diese bei Auftreten der Vektoren bereits eine gewisse Altersresistenz erreicht haben und in einer Frührodung der Knollen bzw. einer Krautabtötung, durch die das Abwandern des Virus vom Laub in die Knolle besonders bei Spätinfektionen zum Teil unterbunden wird. Weiterhin ist noch darauf hinzuweisen, daß starke Stickstoffdüngung Symptome maskiert und damit die Erkennung kranker Pflanzen erschwert, daß außerdem aber eine Düngung mit chlorhaltigen Düngern die Empfänglichkeit der Pflanze für eine Infektion fördert. Genaueren Einblick in den Gesundheitszustand des Pflanzgutes geben die Augenstecklingsprüfung und die serologische Testung, die an geeignet gezogenen Proben durchgeführt werden. Die letztgenannte Methode kann auch bereits im Feldbestand zur Anwendung gelangen und erlaubt es, dort auch maskierte Infektionen zu erkennen.

Die Blattrollkrankheit

Synonyme

Potato leaf roll, potato leaf-curl, enroulement, accartocciamento, potato phloem necrosis, potato virus 1 Johnson, *Solanum* virus 14 (Appel) Smith, *Corium solani* Holmes, *Quanjeria tuberosi* Ryshkow, *Solanum virus librimatiferum* Roland, *Solanum virus rigidiformans* Köhler.

Krankheitsbild

Als erstes Symptom einer Infektion beginnen sich die Blätter der Sproßspitze von den Seiten her tütenförmig einzurollen, während gleichzeitig eine Chlorose oder bei manchen Sorten eine Rötung durch Anthozyanbildung zu beobachten ist, so daß die Pflanze eine ähnliche Reaktion zeigt, wie sie durch Fußkrank-

Abb. 1. Gesunde (rechts) und blattrollkranke Kartoffelpflanze (Original Bode)

heiten (z. B. *Rhizoctonia*) verursacht wird. Erst später greift das Rollen auch auf die unteren Blätter der Pflanze über, die lederig und hart werden und beim Anstoßen ein metallisches Rascheln hören lassen. Dadurch, daß die Blattstiele aufwärts gerichtet sind, erhält die ganze Pflanze ein starres, besenartiges Aussehen. Die aus infizierten Knollen aufwachsenden Pflanzen bleiben im Wuchs stark zurück, haben verkürzte Internodien und weisen bald nach dem Auflaufen gerollte Blätter auf, deren Spitzen oft abgestorben sind (Abb. 1). Die geschilderten Symptome können in ihrer Stärke variieren. Tolerante Sorten reagieren bei Infektionen nur durch schwaches Rollen der Blätter der Sproßspitze, während bei vorjähriger Infektion sich nur die Blätter am Basalteil der Staude einrollen.

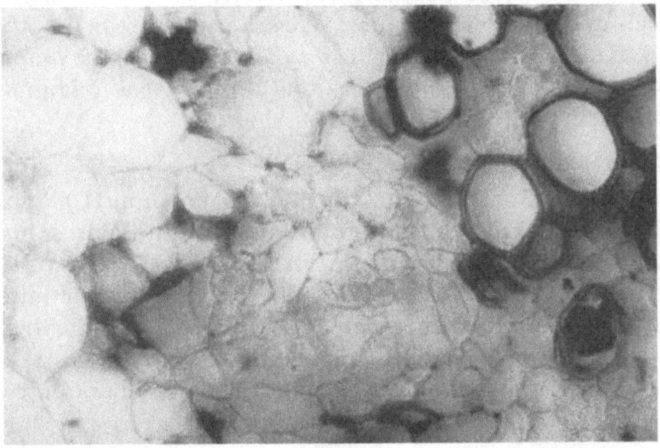

Abb. 2. Phloemnekrosen im Stengel einer blattrollkranken Kartoffelpflanze. Anfärbung eines Querschnittes mit Fuchsin (Original BODE)

Weiterhin führen witterungsbedingte Einflüsse und Düngung oft zu fast vollständiger Maskierung der Symptome. Erst in den letzten Jahren konnte der Nachweis geführt werden, daß auch das Virus der Blattrollkrankheit, wie andere Kartoffelviren, in mehreren Stämmen vorkommt, die die Symptome quantitativ beeinflussen. In den Leitbündeln infizierter Pflanzen lassen sich charakteristische Veränderungen (Phloemnekrosen) feststellen, die die Ursache für eine von der Sorte abhängige mehr oder weniger starke Störung der Stärkeableitung sind (Stärkeschoppung) und zur Diagnose verwendet werden können (Abb. 2). Die in den Blättern angestaute Stärke kann mit Jodjodkali nachgewiesen werden. Die Nekrose dehnt sich bei anfälligen Sorten bis in die Knollen aus. Mit der Blattrollkrankheit verbunden ist oft eine ausgeprägte Fadenkeimigkeit der Knollen; der Ertrag ist um 30—90% reduziert.

Wirtspflanzenkreis

Kartoffel. Experimentell übertragbar auch auf Tomate (latent), Stechapfel (Chlorose und schwaches Rollen der Blätter), Bittersüß, spanischer Pfeffer, schwarzer Nachtschatten, Tollkirsche, Eierfrucht, *Solanum villosum*, *Physalis angulata*, *P. floridana*, *Nicandra physaloides*, *Gomphrena globosa*, *Amaranthus caudatus*, *A. graecizans*, *A. retroflexus*, *Celosia argentea*, *Nolana lanceolata*.

Eigenschaften

Es ist bisher nicht gelungen, das Virus zu isolieren, jedoch kann es durch Behandlung der Knollen (mindestens 25 Tage) bei 37,5° C in feuchter Atmosphäre inaktiviert werden.

Übertragung

Eine Übertragung durch Preßsaft und Samen ist nicht möglich, wohl aber durch Stengel- und Knollenpfropfung. Wirksamster Vektor ist *Myzus persicae*, jedoch gelingen auch Infektionen mit *Myzus ascalonicus*, *M. ornatus*, *Neomyzus circumflexus*, *Aulacorthum pseudosolani* und *Macrosiphon solanifolii*. Das Virus ist im Vektor persistent.

Testpflanzen

Physalis floridana, *P. angulata* (starke Wuchshemmung, Chlorose, Rollen der Blätter und Phloemnekrose), *Datura tatula* (deutliche Chlorose und schwaches Blattrollen, Blätter später lederartig). Ein Nachweis der Blattrollkrankheit ist auch durch Anfärben der Phloemnekrosen in Stengelschnitten mit Phloroglucin und Salzsäure oder Säurefuchsin möglich. Weiterhin findet durch eine Infektion in den Phloemzellen eine verstärkte Ausbildung von Kallose statt, die in Stengel- und Knollenschnitten nach Anfärbung mit Resorcinblau erkannt werden kann.

Bekämpfung

Da eine Therapie der Knollen durch Wärmebehandlung wegen der damit verbundenen Fäulnisverluste in größerem Rahmen nicht möglich ist, muß die Bekämpfung darauf ausgerichtet sein, Auftreten und Verbreitung der Krankheit in den Beständen weitgehend zu verhindern (Wahl infektionsgeschützter Anbaulagen, Frühpflanzung, Bereinigung, Frührodung). Die Verwendung chlorhaltiger Dünger, die die Anfälligkeit der Stauden fördern, ist zu vermeiden.

Verbreitung in Europa

Allgemein.

Die Strichelkrankheit

Synonyme

Potato virus Y, leaf drop streak, veinal mosaic, potato veinbanding virus VALLEAU et JOHNSON, streak virus, stipple streak, acropetal necrosis, potato severe mosaic, potato virus 20 JOHNSON, *Solanum* virus 2 (ORTON) SMITH, *Marmor cucumeris* var. *upsilon* HOLMES, *M. upsilon* HOLMES, *Murialba venataenia* VALLEAU, *Solanum virus inpermanens* ROLAND, *Aphidophilus tuberosi* RYSHKOW.
Stämme: potato virus C, *Solanum* virus 5 SMITH.

Krankheitsbild

Als erste Symptome nach der Infektion treten meistens unregelmäßig verteilte Mosaikfleckungen oder tintenspritzerähnliche dunkelbraune nekrotische Flecke auf (Abb. 3). Später werden an den Unterseiten der Blätter, auf den Blattrippen und an den Stengeln nekrotische Strichel erkennbar (Abb. 4). Mit Fortschreiten der Krankheit werden die Blätter stark gekräuselt und glasig brüchig,

Abb. 3. Blätter einer strichelkranken Kartoffelpflanze (Primärinfektion) (Original BODE)

so daß sie bereits bei leichter Berührung abknicken. Sie bleiben jedoch vertrocknet am Stengel hängen (leaf drop). Es bleibt schließlich nur ein Schopf gekräuselter und gescheckter Blätter an der Spitze erhalten. Pflanzen aus infizierten Knollen weisen meistens Blattkräuselung, Mosaik sowie Strichelsymptome an Blättern, Blattstielen und Stengeln bei starker Wuchshemmung auf. Der Knollenansatz ist sehr stark reduziert, so daß Ertragsverluste von 50—90% auftreten können. Bei später Infektion werden oft nicht alle Knollen virusinfiziert. Die Symptome können allerdings je nach Kartoffelsorte und Virusstamm stark von

Abb. 4. Trieb einer strichelkranken Kartoffelpflanze (Sorte „Voran") mit deutlichen Nervenstricheln an der Unterseite (Original BODE)

diesem Bild abweichen. Manche Sorten reagieren nur durch Scheckung und Kräuselung der Blätter, andere zeigen nur ein leichtes diffuses Mosaik oder bleiben symptomlos. In den letzten Jahren wurde in Deutschland und England ein Stamm dieses Virus festgestellt, der von fast allen Sorten latent getragen wird oder nur eine vorübergehende Scheckung erkennen läßt. Dieser Stamm weist keine Prämunität zu den anderen Stämmen dieses Virus auf. Mischinfektionen des Y-Virus mit dem X-Virus führen zu starkem Kümmerwuchs bei kräftiger Blattkräuselung und Nekrose (rugose mosaic).

Wirtspflanzenkreis

Kartoffel, Tabak, Tomate. Experimentell übertragbar auf *Nicotiana glutinosa, Solanum villosum, Cyphomandra betacea*, Petunie, schwarzer Nachtschatten, Bilsenkraut, Dahlie. Immun ist Stechapfel. Das Virus befällt offenbar nur Solanaceen-Spezies.

Eigenschaften

Thermale Inaktivierung: 56—60° C, nach anderen Angaben 52—55° C;
Beständigkeit in vitro: 1—2 Tage bei Zimmertemperatur;
Verdünnungspunkt: 10^{-1} bis 10^{-3};
Viruspartikel: fadenförmig, flexibel, 756 × 12 mμ.

Übertragung

Das Virus ist leicht durch Preßsaft übertragbar. Vektoren sind *Myzus persicae, M. ornatus, Doralis rhamni, Neomyzus circumflexus, Aulacorthum pseudosolani, Macrosiphon solanifolii*. Das kurzfristig übertragbare Virus ist im Vektor nicht persistent. Das C-Virus, ein Stamm des Y-Virus, wird offenbar nicht oder nur schwer durch Insekten übertragen.

Testpflanzen

Tabak (Adernaufhellung der jüngsten, später Adernbänderung der ältesten Blätter und für den latenten Stamm Nervenbräunung), Lokalläsionen bei verschiedenen Wirten, so z. B. *Physalis floridana, Lycium barbarum, L. rhombifolium, L. halimifolium* und *Nicandra physaloides*; *Solanum demissum*-Hybride A 6 (Ringnekrosen) (Abb. 5).

Abb. 5. Blatt der *Solanum demissum*-Hybride A 6 mit Primärherden des Y-Virus (Original Bode)

Bekämpfung

Rechtzeitige Selektion von Pflanzgutbeständen, Anbau resistenter Sorten in weniger infektionsgefährdeten Lagen sowie Abstand von Infektionsherden. Vermeidung von Übertragung auf Kartoffelkeime im Lager. Auf weitere Sicht verspricht die Züchtung hochresistenter Sorten Erfolg. Testung von Pflanzgutproben durch serologische Verfahren und in der Augenstecklingsprüfung bzw. durch Abimpfung auf Testpflanzen geben einen Überblick über den Infektionsgrad.

Verbreitung in Europa

Allgemein.

Abb. 6. Vom A-Virus infizierter Kartoffelsproß (Original BODE)

Das A-Mosaik

Synonyme

Rauhmosaik, potato virus A, super mild mosaic virus, potato veinal mosaic virus, Kartoffel-Virus P KÖHLER, *Solanum* virus 3 (MURPHY et MCKAY) SMITH, *Marmor solani* HOLMES, *Solanum virus parvathermus* ROLAND, *Solanum virus alphaicum* KÖHLER.

Krankheitsbild

Die Reaktion der verschiedenen Kartoffelsorten auf eine Infektion des A-Virus ist sehr unterschiedlich. Während die meisten Sorten symptomlos bleiben (Latenz), reagieren andere kurzzeitig durch ein schwaches, oft nur in den Morgenstunden und bei kühler Witterung erkennbares Mosaik (Kältemosaik). Selten ist mit der Infektion eine leichte Blattwellung oder auch Fleckung verbunden (Abb. 6). Manche Virusstämme bewirken ein schwaches, bleibendes Rauhmosaik. Die Verluste durch diese Krankheit sind gering, werden jedoch bei einem Zusammentreffen mit anderen Krankheiten z. B. dem X-Virus-Mosaik stark (Kräuselkrankheit, crinkle).

Wirtspflanzenkreis

Kartoffel, Tabak. Experimentell übertragbar auf verschiedene *Nicotiana-*, *Petunia-*, *Physalis-*, *Hyoscyamus-* und *Solanum*-Arten, sowie *Capsicum frutescens*. Das Virus scheint auf Solanaceen beschränkt zu sein, Stechapfel und *Nicotiana glutinosa* sind immun, gleiches gilt für *Solanum racemigerum*.

Eigenschaften

Thermale Inaktivierung: 50° C, nach anderen Angaben 44—52° C;
Beständigkeit in vitro: 12—24 Stunden;
Verdünnungsendpunkt: 0,5 $\times$ 10^{-1} bis 10^{-1};
Viruspartikel: fadenförmig, flexibel, 738 $\times$ 11 mμ.

Übertragung

Durch Preßsaft ist das Virus mit gewissen Schwierigkeiten übertragbar. Vektoren sind *Myzus persicae*, *Doralis rhamni*, *Neomyzus circumflexus*, *Macrosiphon solanifolii*. Das kurzfristig übertragbare Virus ist im Vektor nicht persistent.

Abb. 7. Blatt von *Solanum demissum* mit Primärherden des A-Virus (Original BODE)

Testpflanzen

Solanum demissum (dunkelbraune nekrotische Lokalläsionen) (Abb. 7). *Lycium barbarum* und *L. halimifolium* (Lokalläsionen), Tabak (schwache Nervenaufhellung), *Nicandra physaloides* (Unterscheidungsmöglichkeit von Stämmen des Virus). Serologisch nachweisbar.

Bekämpfung

Wie bei der Strichelkrankheit, außerdem ist der Anbau intoleranter (überempfindlicher) Sorten erwünscht.

Verbreitung in Europa

Vermutlich allgemein, Vorkommen bisher nicht nachgewiesen in Bulgarien, Finnland, Griechenland, Polen, Portugal und Spanien.

Das X-Mosaik

Synonyme

Leichtes Mosaik, potato virus X, potato common mosaic, potato simple mosaic, potato interveinal mosaic, potato mottle, latent potato virus, healthy potato virus, potato ring spot-virus, potato top necrosis, potato acronecrosis, potato mild mosaic, potato virus 16 JOHNson, *Solanum* virus 1 (Orton) Smith, *Annulus dubius* Holmes, *Marmor dubium* var. *vulgare* Holmes, *Solanum virus annulosum* Köhler, *Solanophilus tuberosi* Ryshkow. Stämme des Virus sind: potato mosaic B, potato virus D, *Solanum* virus 4 und 6 Smith.

Krankheitsbild

Da das Kartoffel-X-Virus in zahlreichen Stämmen vorkommt, ist das Symptombild auf der Kartoffel in Abhängigkeit von Virusstamm und Kartoffelsorte sehr unterschiedlich. Jedoch wird in den meisten Fällen eine mehr oder weniger stark ausgeprägte, selten mit Wellungen oder Kräuselungen verbundene mosaik-

Abb. 8. Vom X-Virus infizierter Kartoffelsproß (Sorte „Voran") (Original Bode)

artige Scheckung der Blätter beobachtet (Abb. 8), die im Laufe der Vegetation stark an Intensität verliert oder ganz verschwindet. Oft erfolgt auch eine starke Maskierung der Symptome, die höchstens bei bestimmter, besonders bei kühler Witterung erkennbar werden; seltener treten Nekrosen an Blättern oder auch Stengeln auf. Die Infektionen führen zu Ertragsminderungen von etwa 10—20%.

Wirtspflanzenkreis

Kartoffel, Tabak, Tomate, Paprika, Eierfrucht, Bilsenkraut. Experimentell übertragbar auf Petunie, Stechapfel, Bittersüß, schwarzer Nachtschatten, *Amaranthus retroflexus, A. caudatus, Lamium hybridum, Salvia* spec., *Satureja hortensis, Veronica* spec., *Mimulus* spec., *Linaria cymbalaria, Digitalis* spec., Zuckerrübe, *Vicia faba, Campanula* spec., *Cyphomandra betacea.*

Eigenschaften

Thermale Inaktivierung: Für die 2 serologisch unterscheidbaren Gruppen 68—69° bzw. 72—74° C;

Beständigkeit in vitro: je nach Virusstamm, bei Zimmertemperatur mehrere Wochen bis zu einem Jahr. In getrocknetem Laub bleibt das Virus etwa 250 Tage aktiv;

Verdünnungsendpunkt: 10^{-5} bis 10^{-6};
Viruspartikel: fadenförmig 520 × 10 mμ.

Übertragung

Das Virus ist leicht durch Preßsaft übertragbar. Blattläuse sind nicht imstande, das Virus zu übertragen, dagegen ist die in Amerika vorkommende Feldheuschrecke *Melanoplus differentialis* zu Übertragungen befähigt. Die Ausbreitung im Feld geht im wesentlichen bei Berührung des Laubes von gesunden und kranken Stauden durch Wind oder während der Bearbeitung vor sich, jedoch nimmt die Empfänglichkeit der Pflanzen mit zunehmendem Alter (Altersresistenz) ab. Auch durch Wurzelberührung oder beim Schneiden von Knollen können in geringerem Umfang Infektionen erfolgen.

Testpflanzen

Tabak (Differenzierungsmöglichkeit von Stämmen), Stechapfel (Mosaik), *Gomphrena globosa* (rötliche Lokalläsionen), *Capsicum annuum* (nekrotische Primärläsionen). Außerdem ist das X-Virus leicht durch den serologischen Test im Laub, in Licht- und Dunkelkeimen nachweisbar.

Bekämpfung

Wichtig ist eine gründliche Selektion im Feldbestand und der Anbau intoleranter Sorten (Überempfindlichkeit), die praktisch feldimmun sind. Auf weitere Sicht verspricht die Züchtung resistenter bzw. auch immuner Sorten Erfolg. Eine Kontrolle hochwertigen Pflanzgutes durch serologische Testung bzw. Augenstecklingsprüfung ist wichtig.

Verbreitung in Europa

Allgemein.

Das Aucuba-Mosaik

Synonyme

Potato aucuba mosaic, potato non-infectious chlorosis, potato pseudo-netnecrosis, potato phloem parenchyma necrosis, potato tuber blotch, potato streak, Canada streak, Aucubabont, potato virus F und G, *Solanum* virus 8 (Clinch, Loughnane et Murphy) Smith, *Solanum* virus 9 (Murphy et Quanjer) Smith, *Marmor aucuba* Holmes.

Krankheitsbild

Die in Kartoffelfeldern sporadisch vorkommende Krankheit äußert sich bei manchen Sorten in einer groben Gelbfleckigkeit besonders der unteren Blätter (Abb. 9); seltener ist die Erscheinung auf die ganze Pflanze ausgedehnt. Andere Sorten dagegen bleiben symptomlos, jedoch sind oft in den Knollen, meist nach längerer Lagerzeit oder durch höhere Lagertemperaturen begünstigt, Absterbeerscheinungen (rostbraune Netznekrosen) zu beobachten. Das Symptombild wird auch durch verschiedene Virusstämme stark beeinflußt. Der Schaden ist infolge der geringen Verbreitung niedrig, dürfte aber für infizierte Pflanzen in Höhe des durch das X-Virus verursachten liegen.

Wirtspflanzenkreis

Kartoffel, Tabak (latent), Tomate. Experimentell übertragbar auf *Nicotiana glutinosa*, Bittersüß, Stechapfel, schwarzer Nachtschatten, Petunie, *Capsicum annuum*.

Eigenschaften

Thermale Inaktivierung: 63—65° C;
Beständigkeit in vitro: 3—4 Tage;
Verdünnungsendpunkt: 2 bis 5 $\times 10^{-2}$;
Viruspartikel: flexible Fäden von 585 $\times$ 11 mμ.

Übertragung

Das Virus ist leicht durch den Preßsaft übertragbar.

Vektoren sind: *Myzus persicae*, *Doralis rhamni*, *Neomyzus circumflexus*, *Aulacorthum pseudosolani*. Die Blattlausübertragung scheint jedoch wegen der

Abb. 9. Kartoffelblätter vom Aucuba-Virus befallen (nach KÖHLER)

geringen Verbreitung der Krankheit wenig wirksam zu sein. Im Feldbestand ist eine Ausbreitung durch Laubberührung möglich.

Testpflanzen

Nicotiana glutinosa (charakteristisches diffuses Mosaik) (Abb. 10), *Chenopodium amaranticolor* (lokale nekrotische Ringfleckigkeit), *Capsicum annuum* (nekrotische Lokalläsionen, Folgesymptome: Nervenaufhellung, dann grobes Mosaik und Blattfall). Das Virus ist serologisch nachweisbar.

Abb. 10. Vom Aucuba-Virus infizierte *Nicotiana glutinosa*-Pflanze (nach KÖHLER)

Bekämpfung

Feldbereinigung.

Verbreitung in Europa

Allgemein sporadisch verbreitet.

Weitere symptomatologisch vom Kartoffel-Aucuba-Mosaik nicht unterscheidbare Krankheiten werden durch Infektionen des Luzerne-Mosaik-Virus (Kartoffel-Kaliko) und durch einen Stamm des Tabakringflecken-Virus (Pseudoaucuba) hervorgerufen. Erstere Krankheit ist in Italien und Bulgarien nachgewiesen, letztere bislang nur aus Deutschland bekannt geworden (vgl. Bukettkrankheit).

Die Bukettkrankheit

Synonyme

Tobacco ring spot, *Nicotiana* virus 12 SMITH, *Annulus tabaci* HOLMES, *Solanum virus deformans* KÖHLER, siehe auch S. 30.

Krankheitsbild

Die Bukettkrankheit ist eine Virose, die ein außerordentlich variables Symptombild an der Kartoffel verursachen kann, das offenbar weniger durch den Virusstamm und die Sorte als durch ökologische Bedingungen beeinflußt wird. Die 1950 erstmalig in Deutschland beobachtete Krankheit ist im typischen Fall durch starke Verkürzungen der Rhachis charakterisiert, wobei die Mittelrippe des Endblättchens eines Fieders sichelförmig abwärts gebogen ist und die Blättchen sehr eng zusammenrücken (Abb. 11), so daß die ganze Pflanze bei starker Wuchshemmung bukettähnliches Aussehen erhält. Oft sind die Krankheitserscheinungen nur auf einzelne Triebe einer Staude beschränkt. Neben diesen Erscheinungen sind alle Übergänge bis zur völligen Maskierung möglich. Oft werden auf einzelnen Blättern nur dunkelbraune geschlossene oder offene nekrotische Ringe beobachtet (Abb. 12). Chlorophylldefekte sind selten oder kaum vorhanden. Typisch ist eine äußerliche Gesundung der Pflanze im Laufe der Vegetation. Der Knollenansatz ist stark reduziert, so daß je nach Krankheitsgrad ein Ertragsausfall von 30—80% entsteht. Kranke Knollen laufen meist verzögert auf und führen oft zu Fehlstellen.

Wirtspflanzenkreis

Kartoffel, Tabak, Windenknöterich, Buschbohne. Experimentell übertragbar auf Tomate, Stechapfel, Gurke, *Gomphrena globosa*, *Nicotiana glutinosa* und viele andere Gattungen aus zahlreichen Familien.

Eigenschaften

Thermale Inaktivierung: 60—65° C;
Beständigkeit in vitro: 3—4 Tage bei Zimmertemperatur;
Verdünnungsendpunkt: 10^{-3} bis 10^{-4};
Viruspartikel: nahezu sphärisch bei einem Durchmesser von ca. 19 mμ.

Abb. 11. Trieb einer von der Bukettkrankheit befallenen Kartoffelpflanze (Original Bode)

Abb. 12. Kartoffelblatt mit Primärherden der Bukettkrankheit (nach Bercks und Gehring)

Übertragung

Das Virus ist durch Preßsaft übertragbar, jedoch nicht oder nur schwierig auf Kartoffel. Insektenvektoren sind bislang unbekannt. Dagegen ist in bestimmten Fällen, jedoch nicht für die Kartoffel, eine Samenübertragung nachgewiesen. Oft sind nicht alle Knollen einer infizierten Staude krank. Eine Übertragung durch den Boden ist wahrscheinlich.

Testpflanzen

Tabak (typische hellgrüne große, oft mehrfache, selten nekrotische Ringe, später Gesundung) (Abb. 13), *Gomphrena globosa* (große hellgraue Ringe mit rotem Rand). Der serologische Nachweis ist möglich.

Abb. 13. Vom Virus der Bukettkrankheit infizierte Tabakpflanze (Original BODE)

Bekämpfung

Da der Übertragungsmodus der Krankheit nicht bekannt ist, muß aus einem häufigeren Auftreten in bestimmten Gebieten auf standortgebundene Infektionsquellen geschlossen werden. Bei der üblichen Bereinigung von Pflanzkartoffelbeständen treten jedoch wegen des unterschiedlichen Symptombildes große Schwierigkeiten auf. Es können daher nur solche Stauden entfernt werden, die als krank zu beurteilen sind. Probenuntersuchungen in der Augenstecklingsprüfung geben Hinweise auf möglichen Krankheitsbesatz.

Verbreitung in Europa

Die Krankheit ist in Deutschland, Italien, Norwegen, Schweiz, Tschechoslowakei und Ungarn bekannt, für Österreich und Rumänien wird ein Vorkommen vermutet.

Die Stengelbuntkrankheit

Synonyme

Stengelbont, stem mottle, rattle virus, ratelziekte, Mauke des Tabak, *Nicotiana* virus 5 (BÖNING) SMITH (siehe S. 28).

Krankheitsbild

Die Symptome sind je nach Kartoffelsorte sehr variabel und können von grober Buntfleckigkeit mit starker Wellung der Blätter bis zu leichter mosaikartiger Scheckung zuweilen mit nekrotischen Flecken auf Blättern, Blattstielen und Stengeln auftreten (Abb. 14). Bei manchen Sorten kommen auch eisenfleckenähnliche Nekrosen in den Knollen vor. Typisch ist für die Krankheit, daß oft nur einzelne Triebe einer Staude Krankheitsmerkmale aufweisen, ebenso übertragen nicht alle Knollen infizierter Stauden die Krankheit, die besonders auf leichten und Moorböden auftritt.

Eigenschaften

Siehe Mauke des Tabaks (S. 29)

Bekämpfung.

Bereinigung.

Verbreitung in Europa

Deutschland, Holland, vermutlich auch in Norwegen.

Abb. 14. Stengelbunt der Kartoffel (Sorte „Bevelander") (nach ROZENDAAL)

Die S-Virus-Krankheit

Synonym

Potato virus S VAN SLOGTEREN, siehe auch Paracrinklemosaik (S. 18).

Krankheitsbild

Diese in fast allen Kartoffelsorten verbreitete Krankheit wurde erst vor wenigen Jahren in Holland auf Grund serologischer Untersuchungen entdeckt, da die an der Kartoffelpflanze hervorgerufenen Symptome meist kaum erkennbar sind. An Feldpflanzen ist eine leichte Aufhellung der Blattfarbe, eine geringe Vertiefung der Blattrippen und eine schwache Abwärtsneigung der Blattspitzen zu beobachten, der Wuchs der Stauden ist etwas offener (Abb. 15). Selten wird ein schwaches Mosaik kurzfristig erkennbar. Diese Symptome sind jedoch so gering, daß sie nur im Vergleich zu gesunden Pflanzen und erst in fortgeschrittener Vegetation deutlich werden. Das Vorhandensein mehrerer Stämme des Virus konnte bereits nachgewiesen werden. Die Reaktion anderer Viruskrankheiten auf die Kartoffelpflanze wird offenbar durch bereits vorhandene S-Virus-Infektion nicht beeinflußt. Die Auswirkung des S-Virus auf den Ertrag dürfte im allgemeinen gering sein, kann allerdings bei empfindlichen Sorten 10—15% erreichen.

Wirtspflanzenkreis

Kartoffel. Manche Stämme sind auf Tomate und Stechapfel übertragbar, Tabak und *Capsicum* sind immun.

Eigenschaften

Thermale Inaktivierung: 50—60° C, nach anderen Angaben 80—85° C;
Beständigkeit in vitro: 2—3 Tage;

Abb. 15. Kartoffel-S-Virus, links gesunder, rechts kranker Trieb (Sorte „Bintje“) (nach ROZENDAAL und BRUST)

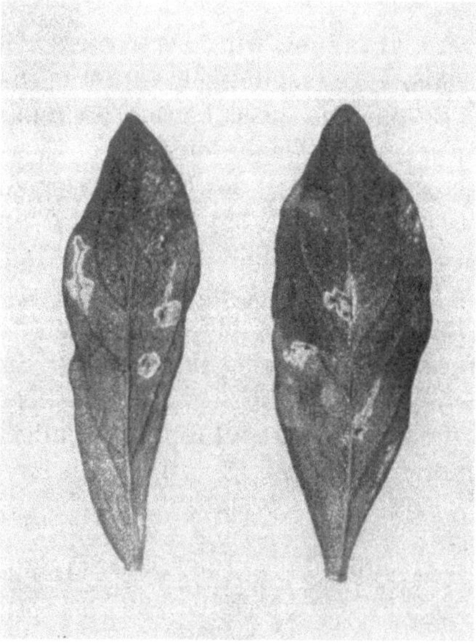

Abb. 16. Durch einen Stamm des S-Virus auf Blättern von *Gomphrena globosa* hervorgerufene Läsionen (Original BODE)

Verdünnungsendpunkt: 10^{-2} bis 10^{-3}; Viruspartikel: fadenförmig, bei einer Länge von 625—675 mμ.

Testpflanzen

Cyamopsis tetragonoloba (feine Lokalläsionen), *Gomphrena globosa* (Lokalläsionen bei manchen Virusstämmen) (Abb. 16). Ein sicherer Nachweis des Virus ist bislang nur durch serologische Testung möglich.

Übertragung

Das Virus ist durch Preßsaft übertragbar, Insektenvektoren sind unbekannt; jedoch dürfte eine Verbreitung im Feldbestand durch Laubberührung möglich sein.

Bekämpfung

Eine Reduzierung der Krankheit ist vorläufig nur durch Anbau getesteter Knollen möglich.

Verbreitung in Europa

Allgemein.

Das Rollmosaik der Kartoffel

Synonyme

Potato leaf rolling mosaic, potato virus 7 JOHNSON, Kartoffel-K-Virus, *Solanum* virus 11 (SCHULTZ et FOLSOM) SMITH.

Krankheitsbild

Die typischen Symptome bestehen in schwachem Rollen der Blätter, ohne daß eine Verhärtung wie bei der Blattrollkrankheit eintritt (Abb. 17). Das Rollen geht oft in auffälliges Kräuseln über oder aber auch ganz zurück. Vorübergehend wird auch eine leichte mosaikähnliche Fleckung der Blätter beobachtet. Die Krankheit tritt selten in Erscheinung, so daß auch die Höhe der Schädigung unbekannt ist.

Abb. 17. Das Kartoffel-Rollmosaik (Mischinfektion mit X-Virus) (nach KÖHLER)

Wirtspflanzenkreis

Kartoffel. Experimentell übertragbar auf verschiedene Wildkartoffeln. Tabak ist immun.

Eigenschaften

Thermale Inaktivierung: 73° C.

Übertragung

Das Virus ist durch den Saft übertragbar; Insektenvektoren sind *Myzus persicae*, *Aulacorthum pseudosolani*, *Macrosiphon solanifolii*.

Testpflanze

Solanum demissum (kräftiges Rollen mit Anthozyanbildung).

Bekämpfung

Bei Pflanzkartoffeln Feldbereinigung.

Verbreitung in Europa

Deutschland, Polen, Schweiz, Tschechoslowakei, vermutlich auch in Frankreich, Italien und Rumänien.

Das Paracrinklemosaik

Synonyme

Potato paracrinkle, potato virus E, *Solanum* virus E, potato virus M Bagnall, Larson et Walker, *Solanum* virus 7 (Salaman et Le Pelley) Smith, *Marmor angliae* Holmes.

Krankheitsbild

Die Krankheit, die ursprünglich latent nur in der englischen Sorte „King Edward" bekannt war, läßt sich auf andere Sorten übertragen, die Mosaik- bzw. gelbe Fleckung der Blätter z. T. mit Kräuselung aufweisen oder aber verkümmern (Abbildung 18).

Abb. 18. Das Kartoffel-Paracrinkle (Sorte „Arran Victory") (nach Bawden, Kassanis und Nixon)

Wirtspflanzenkreis

Kartoffel. Experimentell übertragbar auf Stechapfel und Tomate (latent). Tabak und *Capsicum* sind immun.

Eigenschaften

Thermale Inaktivierung: in Tomate bei 60—65° C.

Übertragung

Durch Pfropfung und unter Benutzung von Karborund ist das Virus durch den Saft übertragbar. Ein Insektenvektor ist nicht bekannt.

Testpflanzen

Bei Stechapfel nach Pfropfung anfänglich Scheckung, später zahlreiche kleine hellgelbe Flecke; Rübe (lokale Infektion).

Verbreitung in Europa

Belgien, England, Irland, Norwegen, Schweden, Schweiz, Spanien, Tschechoslowakei, vermutlich auch in Italien.

Nach neueren Untersuchungen dürfte das Virus des Paracrinklemosaiks wegen ähnlicher serologischer und anderer Eigenschaften trotz gewisser Abweichungen im Wirtspflanzenkreis als Stamm des Kartoffel-S-Virus anzusehen sein; auch die Partikeln beider Viren sind identisch.

Die Spindelknollenkrankheit

Synonyme

Potato spindle tuber, potato spindling tuber, potato marginal leaf roll, potato virus 8 JOHNSON, *Solanum* virus 12 (SCHULTZ et FOLSOM) SMITH, *Acrogenus solani* var. *vulgaris* HOLMES.

Krankheitsbild

Die Krankheit ist besonders durch die spindelförmige Gestalt der oft stark deformierten Knollen gekennzeichnet (Abb. 19). Die Blätter bleiben klein, durch Ausbeulungen rauh und dunkler gefärbt; die Mittelrippen sind abwärts gebeugt. Die Keimung kranker Knollen ist schwach und stark verzögert.

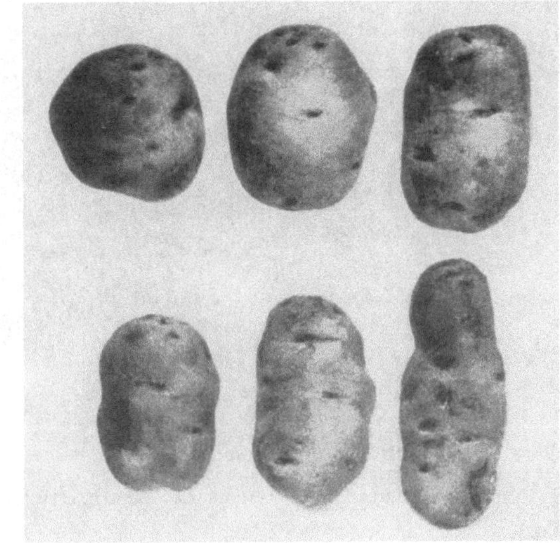

Abb. 19. Gesunde (oben) und spindelknollenkranke Kartoffelknollen (nach FOLSOM)

Wirtspflanzenkreis

Kartoffel.

Eigenschaften

Thermale Inaktivierung: 60 bis 65° C, bei einem Stamm 75—85° C;

Beständigkeit in vitro: Schnelle Inaktivierung im Saft, im getrockneten Pflanzengewebe widerstandsfähiger;

Verdünnungsendpunkt: 10^{-3} bis 10^{-4}.

Übertragung

Das Virus ist leicht durch den Saft beim Schneiden der Knollen und durch Knollenpfropfung übertragbar; Vektoren sind *Myzus persicae*, *Macrosiphon solanifolii*, außerdem verschiedene Heuschrecken, *Epitrix cucumeris*, *Systena taeniata*, *Lygus pratensis*, *Leptinotarsa decemlineata*, *Disonycha triangularis*.

Bekämpfung

Feldbereinigung und Knollenauslese nach Form.

Verbreitung in Europa

Bulgarien, Irland, Polen, UdSSR.

Die Hexenbesenkrankheit

Synonyme

Potato witches' broom, potato wilding bzw. semi wilding, potato virus 11 JOHNSON, Zwergstrauchkrankheit, *Leptomotropus solanacearum* RYSHKOW, *Chlorophthora solani* MCKINNEY, *Solanum* virus 15 (HUNGERFORD et DANA) SMITH, *Chlorogenus solani* HOLMES.

Krankheitsbild

Die nur sporadisch anzutreffende Krankheit ruft hexenbesenartige Verzweigungen der stark geschwächten Sprosse hervor, die nur kleine helle Blätter tragen. Die unteren Blätter sind normal. Die nahezu zylindrischen Stengel bleiben sehr dünn, Blüten werden nicht ausgebildet (Abb. 20). Die kleinen Knollen kranker

Abb. 20. Hexenbesenkranke Kartoffelpflanze (Original BODE)

Pflanzen, pro Pflanze können bis zu 200 Knollen gebildet werden, treiben ohne die übliche Keimruhe zu dünnen sich verzweigenden Trieben aus. In den Achseln der Sprosse werden oft Luftknollen ausgebildet.

Wirtspflanzenkreis

Kartoffel. Experimentell übertragbar auf Tomate, Tabak, *Nicotiana glutinosa*, *N. rustica*, *Vinca rosea*, Zuckerrübe.

Übertragung

Das Virus ist nur durch Pfropfung oder mittels Seide (*Cuscuta*) zu übertragen.

Bekämpfung

Wegen der schwierigen Übertragung kommt die Krankheit nur selten vor und hat keine wirtschaftliche Bedeutung. Da die Pflanzen stark kümmern, ist eine Bereinigung von Pflanzkartoffelbeständen nicht schwierig.

Verbreitung in Europa

Deutschland, England, Irland, Polen, Tschechoslowakei, UdSSR.

Die Stauchekrankheit der Kartoffel

Synonym

Potato stunt disease.

Krankheitsbild

Die Symptome bestehen bei verschiedenen Kartoffelsorten in grauschwarzen nekrotischen Läsionen an den unteren Blättern junger Triebe. Die Läsionen haben die Form von Flecken und Ringen, vergrößern sich und verursachen schließlich ein Welken und Abwerfen der Blätter. Da die Spitzenblätter weniger betroffen werden, erhalten die Triebe ein palmähnliches Aussehen. Die oberen jetzt chlorotisch verfärbten Blätter lassen jedoch ein Einrollen erkennen (Abb. 21), wobei gleichzeitig eine von der Sorte abhängige Verfärbung (rot, blau oder gelb) eintritt. Auf der Blattspreite in den Interkostalfeldern und an den Blatträndern treten häufig Nekrosen auf. Die Blätter sind hart und brüchig. Vom Beginn des Rollens an ist das Wachstum gehemmt und kann völlig unterbleiben. Bei Zuwachs treten die Sekundärsymptome in Erscheinung (verkürzte Internodien, kleine oft beträchtlich mißbildete Blätter). Kranke Knollen keimen langsam aus und führen zu Pflanzen, die anfänglich bei intensiv grüner Blattfärbung gesund erscheinen, da die Krankheitssymptome sich erst allmählich entwickeln. Bestimmte Sorten, z. B. „Ackersegen", zeigen ein anderes Verhalten. Nach typischen Blattnekrosen und akropetalem Blattbefall in den Frühstadien folgt hier kein Rollen der Blätter. Die nach erfolgter Infektion gebildeten Blätter sind dick und rauh, gelegentlich chlorotisch und nekrotisch, und häufig mißbildet. Der wirtschaftliche Schaden der Krankheit wird als gering eingeschätzt.

Abb. 21. Die Stauchekrankheit der Kartoffel. Sekundärsymptome (nach COCKERHAM)

Wirtspflanzenkreis

Kartoffel, Tabak, *Nicotiana rustica*, Tomate (symptomlos), *Solanum demissum*, *S. nodiflorum*, Paprika, *Physalis floridana*.

Übertragung

Das Virus ist saftübertragbar, Insektenvektoren sind nicht bekannt.

Testpflanze

Tabak (Chlorose und Stauche).

Verbreitung in Europa

Schottland.

Die Stolburkrankheit

Synonyme

Fruchtverholzungsvirus der Tomate, Südliche Stolburkrankheit, *Chlorogenus australiensis* var. *stolbur* Kovachewsky, *Leptomotropus koraževscianus* Ryshkow. (Siehe S. 103).

Krankheitsbild

20—30 Tage nach der Infektion färben sich zuerst die Blattränder, später die ganzen Blätter chlorotisch und rollen sich etwa löffelartig, wobei die Blattspitzen gelegentlich Violettfärbung zeigen können. Häufig haben die Stauden durch steil aufgerichtete Blätter und Triebe ein ausgesprochen starres Aussehen („Gotik"). 7—10 Tage nach dem Auftreten der ersten Symptome beginnen die Pflanzen zu welken und abzutrocknen, da die Wurzeln einer von den Spitzen zur Stengelbasis fortschreitenden Trockenfäule anheimfallen (dadurch auch Sekundärparasiten und Saprophyten wie *Colletotrichum atramentarium* u. a.). Um die Störungen im Wassernachschub auszugleichen, entzieht die Pflanze den mit ihr noch in Verbindung stehenden Knollen Wasser, wodurch diese gummiartig weich werden. Solche Knollen keimen mit fädig dünnen Keimen (Fadenkeimigkeit), die den Boden nur zum Teil zu durchbrechen vermögen, oder verlieren ihr Keimvermögen. Aus ihnen erwachsene Stauden enthalten jedoch kein Virus und deren Knollen keimen in der Regel normal. Doch sind lückige Bestände verstärkt erneuter Verseuchung ausgesetzt. — Dieser sehr schwere Krankheitsverlauf ist vor allem bei trockener Witterung zu beobachten. Bei feuchtkaltem Wetter verläuft die Welke langsamer und bleibt häufig auf die Seitentriebe beschränkt. Der Haupttrieb bleibt dann turgeszent und bildet in den Achseln der abgestorbenen Seitentriebe eiförmig verdickte, kurze Ersatztriebe, die stark anthozyangefärbt sind, oder Luftknollen (Abb. 22). Die Ersatztriebe können den gleichen Krankheitsprozeß durchlaufen. Die Ertragsausfälle bei dem zuletzt geschilderten Krankheitsverlauf liegen jedoch bedeutend niedriger als im erst geschilderten Fall. An Tabak treten Blütenvergrünungen und Bildungsanomalien an den Blüten auf. Blattgut infizierter Pflanzen ist während der Fermentierung sehr fäulnisgefährdet.

Wirtspflanzenkreis

Kartoffel, Eierfrucht, Tomate, Paprika, Tabak, Stechapfel, Zichorie sind die wichtigsten Kulturpflanzenwirte. Von einer Reihe von Unkräutern ist besonders die Ackerwinde als Überwinterungswirt von Virus und Vektor wichtig.

Übertragung

Nicht mechanisch, nicht durch den Samen. Übertragbar durch Pfropfung, *Cuscuta campestris* und die Zikade *Hyalesthes obsoletus*. Die Angaben über die Vektoreigenschaften von *Aphrodes bicinctus* sind nicht gesichert. Knollenübertragung findet nur in sehr geringen Prozentsätzen statt.

Testpflanzen

Tomate (chlorotische, stark verkleinerte Blätter, blattunterseits rötlich violette Adern), Paprika (Blattchlorosen, Blattrollen), *Nicotiana glutinosa* (verstärkte Seitentriebbildung, Blütenanomalien).

Abb. 22. Die Stolburkrankheit der Kartoffel. Verdickte Achselsprosse, Luftknöllchen und Adventivstolonen (nach VALENTA)

Bekämpfung

Bekämpfung des Vektors durch die Anwendung von Insektiziden. Bekämpfung der Wirtsunkräuter, besonders von Ackerwinde.

Verbreitung in Europa

Belgien (bisher nur an Ackerwinde), Bulgarien, Jugoslawien, Österreich, Rumänien, Schweiz, Tschechoslowakei, Ungarn, UdSSR.

Die Bronzefleckenkrankheit

Einige Stämme dieses auf Tomaten (s. S. 105) und Zierpflanzen vorkommenden Virus können auch die Kartoffel infizieren. An den Blättern der meist einzeln befallenen Stengel entstehen Scheckungen mit Ausbeulungen, oft auch braune Ringe oder Flecke. Die kleinen, gerollten Blätter sterben später von der Spitze ausgehend ab. Die Knollen infizierter Stauden sind meist deformiert und übertragen das Virus auf den Nachbau. Eine Ausbreitung im Feld durch die Thripsüberträger geht langsam vor sich. Aus Europa sind bislang Infektionen an Kartoffeln nur aus Bulgarien, Polen und der UdSSR — fraglich ist das Vorkommen in Frankreich — bestätigt, dürften aber wegen des Vorhandenseins des Virus in anderen Kulturen auch in anderen Ländern möglich sein.

Das Tabakmosaik

Synonyme

Tabakmosaikvirus (abgekürzt TMV), Pockenkrankheit, tobacco mosaic, tomato mosaic, tobacco calico, tobacco ordinary mosaic, tobacco green mosaic, tobacco true mosaic, tobacco severe mosaic type 1, ordinary field type tobacco mosaic, pepper mosaic, tobacco distorting mosaic, Tabakpockenkrankheit, tobacco virus 1 Johnson, *Nicotiana* virus 1 (Mayer) Smith, *Phytovirus nicomosaicum* Thornberry, *Protobios mosaicus* var. *tabaci* D'Herelle, *Virothrix iwanowski* Ryshkow, *Marmor tabaci* var. *vulgare* Holmes, *Musivum tabaci* Valleau.

Krankheitsbild

Die schon frühzeitig beschriebene und untersuchte Krankheit äußert sich etwa 5 Tage nach der Infektion in einer kräftigen Nervenaufhellung. Später tritt besonders an den Spitzenblättern eine deutliche Fleckung aus hell- und dunkelgrünen Zonen auf (Abb. 23, siehe auch Bd. I, Abb. 11), wobei oft die dunkelgrünen weiterwachsen und sich typisch ausbeulen. Weiterhin wird durch manche Stämme eine Verschmälerung und Deformation der Blätter hervorgerufen (Abb. 24, siehe auch Bd. I, Abb. 19). Die Symptome werden stark durch Virusstämme, Tabaksorten, Alter der Pflanzen und ökologische Faktoren beeinflußt. Die Krankheit führt infolge starker Wuchshemmung und Qualitätsminderung zu empfindlichen Verlusten. Es kommen auch sogenannte Gelbstämme des Virus vor, die eine Gelbgrünfleckung hervorrufen.

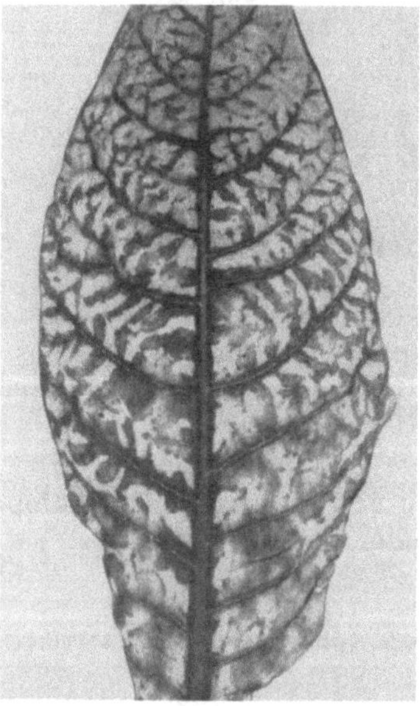

Abb. 23. Mosaikkrankes Tabakblatt (Original Bode)

Wirtspflanzenkreis

Tabak, Tomate, Paprika. Experimentell übertragbar auf zahlreiche Spezies aus mindestens 24 Familien.

Eigenschaften

Thermale Inaktivierung: 90—92° C; in trockenen Blättern bis 150° C;

Beständigkeit in vitro: mehrere Monate; in getrockneten Blättern mehrere Jahrzehnte;

Verdünnungsendpunkt: über 10^{-6};

Viruspartikel: starr, stäbchenförmig, 300 × 15 mμ groß;

Gegen Chemikalien und andere Faktoren ist das Virus außerordentlich resistent.

Abb. 24. Vom TMV infizierte Tabakpflanze (Original BODE)

Übertragung

Das Virus wird leicht durch Preßsaft und durch Berührung übertragen. Während wirksame Insektenvektoren unbekannt sind (Ausnahme Heuschrecken und Thrips), konnte eine Übertragung durch den Boden — das Virus bleibt lange in lebenden und toten Pflanzenteilen aktiv — nachgewiesen werden.

Testpflanzen

Nicotiana glutinosa, Stechapfel (braune Lokalläsionen), Gartenbohne (rotbraune Lokalläsionen), *Nicotiana texana* (Lokalläsionen). Das TMV ist serologisch nachweisbar.

Bekämpfung

Infolge der hohen Infektiosität des Virus ist die Anzuchterde gründlich zu sterilisieren, kranke Pflanzen müssen sofort entfernt werden. Mehrjähriger Anbau von Tabak auf dem gleichen Feld und die Berührung kranker Pflanzen sowie gleichzeitige Ernte kranker und gesunder Blätter sind zu vermeiden. Reste kranker Pflanzen dürfen nicht zur Kompostierung verwendet werden. Bei Arbeiten in der Tabakanzucht ist das Rauchen zu unterlassen, die Hände sind gründlich von Nikotinspuren zu säubern.

Verbreitung in Europa

In allen Ländern mit Tabakanbau verbreitet.

Die Tabaknekrose-Krankheit

Synonyme

Tobacco necrosis, *Nicotiana* virus 11 (SMITH et BALD) SMITH, *Crystallococcus tabaci* RYSHKOW, *Marmor lethale* HOLMES.

Krankheitsbild

Die Krankheit, die an Tabak nur in Gewächshäusern, und zwar im wesentlichen im Winter in Erscheinung tritt, ruft zunächst eine Nekrotisierung der Mittelrippe der untersten Blätter hervor. Die Nekrose breitet sich oft als Eichenblattmuster über das Blatt aus und führt schließlich zu seinem Absterben, während die übrige Pflanze gesund bleibt. Junge befallene Pflanzen sterben frühzeitig ab. Das Virus ist trotz äußerer Gesundheit in den Wurzeln vieler Pflanzen enthalten, oft vergesellschaftet mit *Thielavia basicola*. Bei Saftverimpfung entstehen auf Tabakblättern größere mittelbraune Nekrosen, die oft von einem nekrotischen, meist unterbrochenem Ring umgeben sind (Abb. 25). Die Infektion bleibt auf die beimpften Blätter lokalisiert. Es wurden mindestens drei verschiedene, serologisch differente Viren nachgewiesen.

Abb. 25. Tabakblatt mit nekrotischen Lokalläsionen des Tabaknekrose-Virus (Sorte „Samsun") (Original BODE)

Wirtspflanzenkreis

Tabak, Gartenbohne (Stipplestreak), Tulpe (Augustakrankheit), *Primula obconica*. Experimentell auf zahlreiche Arten aus verschiedenen Familien übertragbar.

Eigenschaften

Thermale Inaktivierung: 92° C (86 bis 95° C);

Beständigkeit in vitro: 20 Tage;

Verdünnungsendpunkt: 10^{-3} bis 10^{-4};

Viruspartikel: sphärisch; 18, 26 und 37 mμ Durchmesser.

Das Virus vermag im Boden einige Zeit aktiv zu bleiben.

Übertragung

Leichte Übertragung durch Preßsaft und durch den Boden, Insektenvektoren sind unbekannt. Die Übertragung durch Pfropfung ist schwierig.

Testpflanzen

Tabak (große Lokalläsionen), *Nicotiana glutinosa* (kleine Lokalläsionen), Gartenbohne (Lokalläsionen), Neuseeländer Spinat (Lokalläsionen), *Chenopodium amaranticolor* (kleine Lokalläsionen).

Bekämpfung

Sterilisation des Bodens.

Verbreitung in Europa

Dänemark, Deutschland, England, Frankreich, Holland, Italien, Rumänien, Schweden, Schweiz, Spanien, Tschechoslowakei, Ungarn, UdSSR.

Die Tabakrippenbräune

Synonyme

Tobacco veinal necrosis, necrose das nervuras, *Marmor upsilon* var. *costaenecans* KLINKOWSKI et SCHMELZER.

Krankheitsbild

Nach einer anfänglichen Nervenaufhellung tritt eine Bräunung und Nekrotisierung der Nerven an der Blattunterseite ein. Während die Interkostalfelder sich ausbeulen, neigen sich die Blattspitzen abwärts (Abb. 26). Die Blattfarbe wird stumpf, der Wuchs der Pflanzen ist gehemmt. Da die Blätter sich bei der Trocknung stark bräunen, ist ihre Qualität wesentlich herabgesetzt. Anfällig sind vor allen Dingen Zigarettentabake. Die Krankheit wird durch einen Stamm des Kartoffel-Y-Virus (siehe Strichelkrankheit der Kartoffel, S. 4) hervorgerufen und dürfte vor allen Dingen von Kartoffeln, in denen das Virus meist latent vorkommt und überwintert, ausgehen. Andere Stämme des Kartoffel-Y-Virus rufen nur eine anfängliche Nervenaufhellung und ein früheres Abreifen des Tabaks hervor.

Abb. 26. Die Tabakrippenbräune (Original BODE)

Eigenschaften

Thermale Inaktivierung: 60—62° C;
Beständigkeit in vitro: über 50 Tage bei 20—22° C;
Verdünnungsendpunkt: oberhalb 5×10^{-4}.

Austrocknungsfähigkeit im Wirtsgewebe über 50 Tage bei 20—22° C. Eine Vorinfektion mit gewöhnlichen Y-Stämmen schützt nicht oder nur wenig gegen das Tabakrippenbräunevirus. Auch gegenüber *Marmor erodens* var. *severum* Holmes setzt es sich durch.

Testpflanzen

Petunie (nekrotische oder chlorotische Lokalläsionen), *Datura metel* (sehr starkes Mosaik), Tabak-Zuchtstamm V 20 unanfällig.

Bekämpfung

Entfernung kranker Pflanzen. Anbau möglichst von Infektionsherden, z.B. benachbarten Kartoffelfeldern, isoliert.

Verbreitung in Europa

Deutschland, England, Schweiz, fraglich in Italien.

Die Mauke-Krankheit

Synonyme

Mauche, Streifen- und Kräuselkrankheit, ratelziekte, potato stem mottle, rattle, *Nicotiana* virus 5 (BÖNING) SMITH, tobacco virus 11 JOHNSON.

Krankheitsbild

Anfangs entstehen auf den Blättern einzelne große braune Nekrosen, die sich stark vergrößern. Später treten braune nekrotische Muster auf, meist in den Interkostalfeldern oder den Blattnerven folgend. Stärkere Deformationen der Blätter und Ausbeulungen führen oft zum Einreißen und zu Löchern der Blattspreite (Abb. 27), wobei die Pflanze stark im Wuchs gehemmt ist.

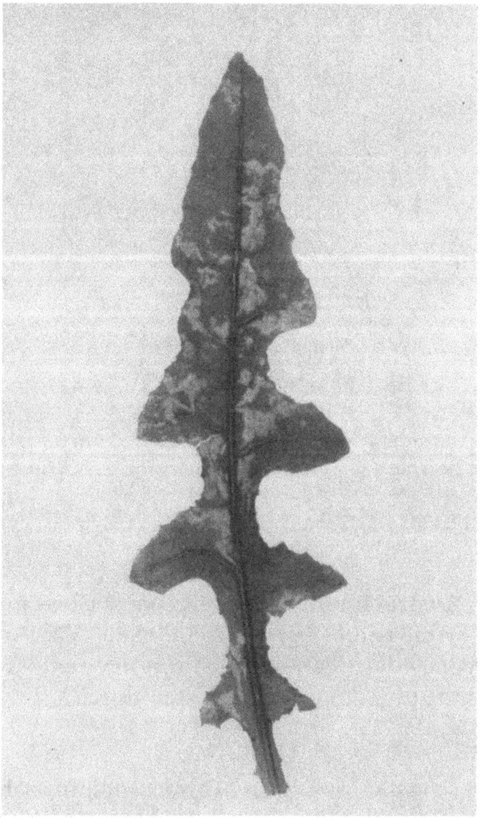

Abb. 27. Vom Mauke-Virus (Rattle) befallenes Tabakblatt (Sorte „Samsun") (Original BODE)

Abb. 28. Vom Mauke-Virus infiziertes Blatt von *Sonchus arvensis* (Original BODE)

Wirtspflanzenkreis

Tabak, Kartoffel, *Sonchus arvensis* (Abb. 28). Experimentell übertragbar auf verschiedene *Nicotiana*-Arten und zahlreiche Arten aus verschiedenen Familien; Stechapfel ist immun.

Eigenschaften

Thermale Inaktivierung: 75—80° C;
Beständigkeit in vitro: 1 Monat bei Zimmertemperatur;
Verdünnungsendpunkt: 10^{-3} bis 10^{-4};
Viruspartikel: starr, stäbchenförmig, 70 bzw. 180 × 20 mμ.

Übertragung

Das Virus ist durch Preßsaft (aber schwierig auf Kartoffel) übertragbar, Insektenvektoren sind nicht bekannt. Jedoch bleibt das Virus im Boden aktiv und dringt offenbar durch die Wurzeln in die Pflanze ein. Es wurde in Bodentiefen bis zu 50 cm nachgewiesen.

Testpflanze

Tabak (große nekrotische Lokalläsionen, nicht immer systemisch).

Bekämpfung

Entfernung kranker Pflanzen, Fruchtwechsel. Das Virus ist serologisch nachweisbar.

Verbreitung in Europa

Bulgarien, Dänemark, Deutschland, Holland, Tschechoslowakei.

Abb. 29. Tabakblatt mit Infektion des Kartoffel-X-Virus (Original BODE)

Das X-Virus an Tabak

Krankheitsbild

Je nach Virusstamm sind zahlreiche chlorotische, seltener nekrotische, mehr oder weniger große Flecke oder auch Ringe über das ganze Blatt verbreitet (Abb. 29). Bei Mischinfektionen mit anderen Viren sterben große Teile des Blattes ab und vertrocknen.

Eigenschaften

Siehe X-Mosaik der Kartoffel (S. 8).

Bekämpfung

Entfernung kranker Pflanzen, Anbau nicht nach Kartoffeln, da das Virus in Pflanzenresten im Boden aktiv bleibt.

Verbreitung in Europa

Überall dort, wo Tabak und Kartoffel nebeneinander gebaut werden.

Die Tabakringflecken-Krankheit

Synonyme

Tobacco ringspot, tobacco hieroglyphics, green ringspot, tobacco virus 10 JOHNSON, *Nicotiana* virus 12 (FROMME) SMITH, *Marmor annularium* MCKINNEY, *Annulus tabaci* HOLMES.

Krankheitsbild

Auf den Blättern bilden sich meist große, oft mehrfach gezonte, chlorotische oder nekrotische Ringe, deren Lage aber auch durch den Verlauf der Blattrippen zu Linien und Bändern abgeändert sein kann (siehe Abb. 13). Typisch für die Krankheit ist eine zu den jüngeren Blättern hin fortschreitende Symptomabschwächung und äußerliche Gesundung. Diese symptomlosen Spitzenblätter enthalten das Virus. Dieses wird bei manchen Wirten (z. B. Petunie) durch den Samen übertragen.

Eigenschaften

Siehe Bukettkrankheit der Kartoffel (S. 12).

Verbreitung in Europa

Bulgarien, Deutschland, Italien, Jugoslawien, Polen, Rumänien, Tschechoslowakei, Ungarn, UdSSR, fraglich für Österreich.

Weitere auf Tabak vorkommende Viruskrankheiten werden durch das Stolbur-Virus (Vergrünung der Blüten), das Kartoffel-A-Virus (meist latent) und das Gurkenmosaik-Virus (auf Virgintabaken feines Perlmuster und bei Mischinfektion mit anderen Viren Blattverschmälerung und -deformation, auf Zigarrenguttabaken große chlorotische Ringe bzw. chlorotische Eichenblattmuster) hervorgerufen.

Die Virosen der Beta- und Brassica-Rüben

Von

M. Klinkowski

Das Kräuselmosaik der Kohlrübe, des Rapses und des Rübsens

Synonyme

Rapskräuselkrankheit, Rapsvirus, Rübsenvirus, Rapsmosaik, rape savoy, swede mosaic, rape mosaic, *Savoia napi* Holmes.

Krankheitsbild

Die jüngeren Kohlrübenblätter sind, mit Ausnahme einzelner dunkler Flecke, hellgrün, blasig aufgetrieben oder grünkohlartig gekräuselt. Sie fallen vorzeitig ab, neu entwickelte Blätter bleiben bei beschränkter Lebensdauer klein. In der Regel sind eine größere Anzahl von Blattnarben am Rübenkopf vorhanden. Am Rübenkopf sitzen schopfartig gekräuselte Blätter. Bei Winterrübsen sind kurze Zeit nach dem Auflaufen die älteren Blätter gelb oder rötlich verfärbt und sterben vorzeitig, jüngere Blätter weisen Kräusel- und Mosaikerscheinungen auf. Bei überwinterten Rübsenpflanzen ist eine deutliche Wachstumshemmung erkennbar, die bis zur Verkrüpplung führen kann. Auch nach dem Schossen werden derartige Pflanzen nicht höher als 20 cm. Der Wurzelhals ist stark verdickt. Bei schwächerer Erkrankung bleiben die Schoten klein, sind gebogen oder geknickt, oft knotig. Die Blattadern sind aufgehellt. Beim Raps sind Mosaikfleckung und Kräuselung stärker ausgeprägt, die Symptome treten vom fünften bis sechsten Blatt an in Erscheinung (Abb. 30). Kranker Raps schoßt schwach, die Blütenknospen fallen vorzeitig ab bzw. die Schoten sind mißbildet. Je zeitiger die Aussaat erfolgte, um so stärker pflegt der Befall zu sein, da die Vektoren noch nicht in die Winterquartiere abgewandert sind.

Wirtspflanzenkreis

Kohlrübe, Rübsen und Raps, wahrscheinlich auch Wasserrübe und Levkoje. Experimentell übertragbar auf Hederich, Ackersenf, Goldlack und Chinakohl.

Übertragung

Durch Preßsaft übertragbar. Als Vektoren fungieren *Neomyzus circumflexus, Aulacorthum pseudosolani, Myzus persicae, Brevicoryne brassicae,* unsicher ist die Angabe für *Lygus pratensis.*

Bekämpfung

Späte Aussaat bei Winterrübsen und frühe Saat bei Steckrüben vermindern die Befallshäufigkeit, fördern aber die Auswinterung bzw. die Schoßbildung. Infizierte Kohlrüben nicht als Samenträger benutzen, da mit völliger Mißernte

Abb. 30. Das Kräuselmosaik an Kohlrübe (nach PAPE)

zu rechnen ist. Im Kohlrübensamenbau Vektorenbekämpfung; Anbau in der Nähe von Winterölfrüchten vermeiden. Gelbfleischige Kohlrübensorten leiden stärker als weißfleischige.

Verbreitung in Europa

Dänemark, Deutschland, England, Italien, Österreich und Polen.

Die Vergilbung der Kohlrübe

Synonyme

Jaunisse du navet, *Brassica* virus 5 VANDERWALLE et ROLAND.

Krankheitsbild

Das Wachstum ist deutlich gehemmt, ein gleiches gilt für die Wurzelentwicklung. Anfänglich weinrote Verfärbung des Blattrandes und der Blattspitze, der eine intensive Chlorose folgt (Abb. 31), die im Endstadium als totale Chlorose der älteren Blätter in Erscheinung tritt, lediglich die jungen zentralen Blätter bleiben grün und symptomlos. Das chlorotische Gewebe wird hart und brüchig. Der Kohlrübenertrag geht bis auf 25% zurück. Symptome treten am Wurzelkörper nicht auf. Virusinfizierte Blätter sind in erhöhtem Maße frostempfindlich. In den rot und gelb verfärbten Blattpartien ist Stärkeanhäufung nachweisbar. In den Blattstielen, bevorzugt im oberen Teil, ist eine Gummose feststellbar, die durch Verbräunung und größere Dichte des Zellinhaltes charakterisiert ist. Die Zellkonturen bleiben oft normal, in anderen Fällen sind sie durch Nachbarzellen zusammengedrückt. Die nekrotischen Zellen bilden

Abb. 31. Die Kohlrübenvergilbung, links gesundes, rechts virusinfiziertes Blatt (nach ROLAND)

Inseln, die von normalen Zellen umgeben sind. Auch in den Blattnerven sind Gummosen anzutreffen, die Deformationen der Zellkonturen sind dort weniger häufig.

Wirtspflanzenkreis

Kohlrübe.

Eigenschaften

Das Virus ist persistent.

Übertragung

Als Vektor fungiert *Myzus persicae*.

Bekämpfung

Samenbau ist isoliert zu betreiben. Zur Vektorenbekämpfung mehrfach Estermittel verwenden. Cruciferenunkräuter, auch am Rande der Anbauflächen, vernichten. Nicht in der Nachbarschaft von Raps anbauen.

Verbreitung in Europa

Belgien.

Das Rübenmosaik

Synonyme

Beet mosaic, sugar beet mosaic, sugar beet virus 2 JOHNSON, *Beta* virus 2 (LIND) SMITH, *Marmor betae* HOLMES, *Aphidophilus betae* RYSHKOW.

Krankheitsbild

Frühsymptome bestehen bei jungen Blättern in Adernaufhellung und dem Auftreten hellgrüner, gelblicher oder weißlicher kleiner Flecke, die sich im weiteren Verlauf sehr verschiedenartig entwickeln, wobei auch Anthozyanbildung möglich ist. Häufig kommt es zu Verkrümmungen und Verbeulungen des Blattes (Kräuselmosaik) (Abb. 32), oft verbunden mit einer Verkürzung der Blattstiele, besonders an Samenträgern. Die älteren erkrankten Blätter welken und vertrocknen vorzeitig. Die Ertragsverluste können bis zu 25—30% betragen.

Abb. 32. Das Rübenmosaik (Original KLINKOWSKI)

Wirtspflanzenkreis

Zuckerrübe, Futterrübe, Rote Rübe, Mangold, *Beta procumbens*, *B. patellaris*, Spinat, Melde, *Amaranthus retroflexus*, *A. albus*, *A. roseus*, *A. monstrosus*, *A. paniculatus*, *Sonchus arvensis*, *Atriplex hortensis*, *Chenopodium ficifolium*, *C. ambrosioides*, *C. botrys*, *Melilotus indica*, *Senecio vulgaris*, *Capsella bursa-pastoris*, *Papaver rhoeas*, *Browallia speciosa*, *Nicotiana quadrivalvis*, *N. clevelandi*, *Phacelia campanularia*, *Samolus parviflorus*, Erbse, Inkarnatklee.

Eigenschaften

Thermale Inaktivierung: 55—60° C; Beständigkeit in vitro: 3—4 Tage bei Zimmertemperatur; Verdünnungsendpunkt: 10^{-3}.

Übertragung

Das nichtpersistente Virus wird durch *Myzus persicae*, *Doralis fabae* und *Macrosiphon solanifolii* übertragen. Das Virus ist leicht durch Einreiben verimpfbar.

Testpflanzen

Amaranthus caudatus (Lokalläsionen), *Beta patellaris* (nekrotische Lokalläsionen), *Chenopodium amaranticolor* (systemische nekrotische Fleckenbildung).

Bekämpfung

Entwicklungsförderung durch Kulturmaßnahmen, um frühzeitig einen geschlossenen Bestand zu erreichen. Isolierung von Fabrik- und Samenrübenanbau. Vektorenbekämpfung sowie Vernichtung der zum Wirtspflanzenkreis gehörigen Unkräuter.

Verbreitung in Europa

Allgemein.

Die Vergilbungskrankheit der Rübe

Synonyme

Beet yellows, sugar beet yellows, crackly yellows, vergelingsziekte, jaunisse de la betterave, Virus GULSOT, *Beta* virus 4 (ROLAND et QUANJER) SMITH, *Corium betae* HOLMES.

Krankheitsbild

Anfänglich beginnen auf den Blättern mittleren Alters helle, unscharf begrenze Flecke aufzutreten. Diese werden später gelb (Abb. 33) und schließlich tabakbraun, nachdem die verfärbten Teile der Blattspreite schnell größer geworden sind. Das noch ungefärbte Blatt ist oft stark glänzend und das Gewebe zwischen den Nerven verdickt. Gelegentlich treten punktförmige braune Nekrosen auf. Bei Frühinfektion sind die älteren Blätter leuchtend gelb gefärbt und spröde. Letzteres gilt als wichtiges Unterscheidungsmerkmal zu anderen pathologischen Erscheinungen, ist aber nicht immer nachweisbar. Bei vorübergehender heißer Witterung bleiben die Blätter kranker Pflanzen turgeszent, bei längerer Dauer vertrocknen sie vorzeitig. Die Krankheit wird leicht mit Magnesiummangel verwechselt.

Abb. 33. Die Rübenvergilbung (Original KLINKOWSKI)

Wirtspflanzenkreis

Zuckerrübe, Futterrübe, Rote Rübe, Mangold, Spinat, Gartenmelde sowie Vertreter der Familien *Aizoaceae*, *Amaranthaceae*, *Cruciferae*, *Papaveraceae*, *Plantaginaceae*, *Polygonaceae* und *Solanaceae*. Insgesamt sind 84 Arten aus 11 Familien anfällig. Als Unkrautwirte seien genannt: *Cap-*

sella bursa-pastoris, Thlaspi arvense, Polygonum convolvulus, Papaver rhoeas, Chenopodium ficifolium, Atriplex nitens und *Senecio vulgaris.*

Eigenschaften

Thermale Inaktivierung: bei etwa 52° C;

Beständigkeit in vitro: im Preßsaft 2 bis 3 Tage (bei Zimmertemperatur), im abgeschnittenen Blatt mindestens 6 Tage; die Eignung zur Blattlausübertragung läßt jedoch nach 4 Tagen erheblich nach;

Viruspartikel: lange Fäden (Durchmesser vermutlich geringer als 10 mμ) mit Mittelwerten von 1250 mμ, Häufungsbereich 1160 bis 1340 mμ.

Übertragung

Durch Preßsaft unter Verwendung von Karborund oder Celit (oft aber nur mit mäßigem Erfolg), durch die Blattläuse *Myzus persicae* (spielt die maßgebliche Rolle), *Doralis fabae, Brachycolus atriplicis, Myzus ascalonicus, Neomyzus circumflexus, Aulacorthum pseudosolani, Macrosiphon solanifolii* und *Hyperomyzus staphyleae.* Das persistente Virus hat eine Zirkulationszeit in der Blattlaus von ca. 30 min. Samenübertragung nicht sicher nachgewiesen, nach tschechischen Untersuchungen Übertragungen zu 0,4%.

Testpflanzen

Tetragonia expansa, Blitum virgatum.

Bekämpfung

Innertherapeutisch wirksame Insektizide führen in einjährigen Beständen zur Verhütung vieler Infektionen, ohne sie jedoch ganz auszuschalten. Die Zuckerverluste werden auf die Hälfte herabgedrückt. In Samenrüben ist 2- bis 3malige Bestäubung mit Estermitteln anzuraten. Stecklingsanzucht als Untersaat, z. B. unter Gerste, wird in ihrer Auswirkung verschieden beurteilt. Auf räumliche Isolierung von Samenträger- und Stecklingsbeständen achten. Das Virus ist serologisch nachweisbar.

Verbreitung in Europa

Allgemein.

Die Gelbnetzkrankheit der Rübe

Synonyme

Yellow net, jaunisse des nervures.

Krankheitsbild

Die Anfangssymptome auf den Blättern bestehen in gelblichen bis weißlichen Aufhellungen, die netzförmig den feineren Blattadern folgen. Die Blattunterseite läßt eine Einsenkung der aufgehellten Partien erkennen (Preßmuster) (Abb. 34). Als Folgesymptome entstehen an den Blattspitzen Vergilbungen, dabei bleibt das den Hauptadern benachbarte Parenchym länger grün als das übrige Blatt. Das Blatt ist jetzt verdickt, brüchig und spröde, das Preßmuster ist verschwunden.

Abb. 34. Junges Zuckerrübenblatt mit den Symptomen der Gelbnetzkrankheit (Original KLINKOWSKI)

Wirtspflanzenkreis

Rübe, Mangold.

Übertragung

Das persistente Virus wird durch *Myzus persicae*, *M. pseudosolani*, *Doralis fabae* und *Macrosiphon solanifolii* übertragen. Die Zirkulationszeit in der Blattlaus beträgt 15 min.

Verbreitung in Europa

Belgien, England, Italien, Polen und Ungarn.

Die Kräuselkrankheit der Rübe

Synonyme

Salatkopf, beet leaf curl, sugar beet leaf crinkle, sugar beet virus 3 JOHNSON, *Beta* virus 3 (WILLE) SMITH, *Savoia betae* HOLMES, *Piesmaphilus europaeus* RYSHKOW.

Krankheitsbild

Die Blätter des Sproßscheitels bilden einen mehr oder minder geschlossenen Schopf (Salatkopfbildung) (Abb. 35). Die Außenblätter sterben, nach innen fortschreitend, vorzeitig ab. Die Blätter des Schopfes sind gekräuselt. Die jungen Herzblätter sind in der Regel chlorotisch, verkrümmt und kleiner als normal. Das Wachstum des Rübenkörpers kommt frühzeitig zum

Abb. 35. Die Kräuselkrankheit der Rübe (Original KLINKOWSKI)

Stillstand. Der Krankheitsverlauf ist stark temperaturabhängig. Niedrige März- und Apriltemperaturen und plötzlicher Temperaturanstieg im Mai wirken krankheitsbegünstigend.

Wirtspflanzenkreis

Zuckerrübe, Futterrübe, Rote Rübe, Mangold, Spinat, Gartenmelde, *Rumex acetosa.*

Übertragung

Das Virus wird durch *Piesma quadratum* übertragen (Inkubationszeit mindestens 21 Tage), Saftübertragung und Pfropfung gelingen nicht. Die Vektorenbefähigung nimmt in folgender Reihenfolge zu: als Larve infizierte Jungwanze, als Imago infizierte Jungwanze und infiziert überwinterte Wanze.

Bekämpfung

Das früher übliche Fangstreifenverfahren, das eine Verschiebung der Bestellzeit um 4—5 Wochen bedingte, ist heute durch das niedersächsische Verfahren abgelöst worden. Ende März bis Anfang April wird ein 2—3 m breiter Fangstreifen rund um den Schlag gedrillt. Für Flächen bis ½ ha genügt die Anlage auf der Zuwanderungsseite der Wanzen. Nach Feststellung der ersten Wanzen auf den aufgelaufenen Rüben wird mit Estermitteln (30 kg/ha) gestäubt, was nach 8—10 Tagen zu wiederholen ist. Ohne Umbruch der Fangstreifen erfolgt jetzt Bestellung der Gesamtfläche. Nach erfolgtem Auflauf werden der ursprüngliche Fangstreifen und eine gleichbreite benachbarte Spur letztmalig bestäubt (20 kg/ha). Bei Verwendung von Hexamitteln sind 40 bis 50 kg bzw. 30 bis 40 kg/ha erforderlich.

Verbreitung in Europa

Deutschland, Polen und Rumänien.

Das verborgene Rübenvirus

Synonym

Beta virus innocens SMITH.

Krankheitsbild

Pflanzen erscheinen äußerlich gesund.

Wirtspflanzenkreis.

Zucker- und Futterrübe.

Eigenschaften

Thermale Inaktivierung: um 40° C;
Verdünnungsendpunkt: 10^{-5};
Beständigkeit in vitro: 24 Stunden bei Zimmertemperatur.

Übertragung

Durch Preßsaft ist das sehr unstabile Virus mechanisch übertragbar. Insektenübertragung wird vermutet.

Abb. 36. Lokalläsionen bei *Vigna sinensis* nach Infektion mit dem verborgenen Zuckerrübenvirus (nach K. M. SMITH)

Testpflanzen

Bei Abreibung auf *Vigna sinensis* auf den Blättern nekrotische Lokalläsionen (Abb. 36). Ähnliche Symptome bei Zuckerrübe, Futterrübe, Mangold, Rote Rübe, Pferdebohne, Buschbohne, Neuseeländer Spinat und Kohlsämlingen.

Verbreitung in Europa

England, Holland.

Das Wasserrüben- und Kohlrübenmosaik

Synonyme

Steckrübenmosaik, turnip mosaic, mustard mosaic, horseradish mosaic, crucifer mosaic, Rutabaga mosaic, cabbage black ring, cabbage virus A, cabbage mosaic, wallflower mosaic, turnip virus 1 HOGGAN et JOHNSON, *Brassica* virus 1, 2 und 3 SMITH, *Marmor brassicae* HOLMES.

Krankheitsbild

Bei Kohlrübe und Wasserrübe neben Adernaufhellung diffuse Scheckung und Kräuselung der Blätter (Abb. 37). Kranke Pflanzen bleiben deutlich im Wuchs zurück, der Rübenkörper bleibt klein und ist stärker fäulnisgefährdet. Die Blätter sterben meist vorzeitig ab. Vereinzelt sind die Blätter asymmetrisch. An Blattstielen und Blattadern können streifenförmige Nekrosen auftreten. Kranke Pflanzen blühen schwächer. Das Wasserrübenmosaikvirus wird als ein Stamm des Virus der Schwarzringfleckigkeit des Kohls (siehe S. 84) angesehen.

Abb. 37. Das Wasserrübenmosaik (nach TOMPKINS). Oben links Frühsymptome (Adernaufhellung und Scheckung), oben rechts Folgesymptome, unten links Spätsymptome, unten rechts gesundes Blatt

Bekämpfung

Im Samenbau ist der Anbau von Cruciferen in der Nachbarschaft zu vermeiden. Bei beginnender Erkrankung empfiehlt sich Vektorenbekämpfung. Der Sortenfrage ist im Hinblick auf Resistenzunterschiede Beachtung zu schenken.

Verbreitung in Europa

Belgien, Dänemark, Deutschland, England, Frankreich, Holland und Irland.

Das Gelbmosaik der Wasser- und Kohlrübe

Synonyme

Gelbes Mairübenmosaik, turnip yellow mosaic, mosaiko amarelo do nabo, *Crystallococcus cruciferi* RYSHKOW.

Krankheitsbild

Blattscheckung, die sich aus grünen und leuchtend gelben Farbtönen zusammensetzt. Die chlorotischen Flecke sind lokal begrenzt.

Wirtspflanzenkreis

Grünkohl, Kohlrabi, *Brassica rapa* var. *rapifera*, *B. napus* var. *napo-brassica*, *B. chinensis*, *B. carinata*, *B. juncea*, *B. arvensis*, *Roripa nasturtium-aquaticum*,

Raphanus sativus, Capsella bursa-pastoris, Eruca sativa, Iberis umbellata, Isatis tinctoria, Lepidium sativum, Malcolmia maritima, Raphanus raphanistrum, Sisymbrium officinale.

Eigenschaften

Thermale Inaktivierung: zwischen 70 und 75° C, nach anderen Angaben zwischen 75 und 80° C;

Beständigkeit in vitro: 9 Tage bei Zimmertemperatur;

Abb. 38. Chinakohl nach Infektion mit dem Wasserrübengelbmosaikvirus mit Symptomen der Blütenbuntstreifigkeit (nach K. M. SMITH)

Verdünnungsendpunkt: 10^{-5}—10^{-6};

Viruspartikel: sphärisch, 19,5—22 mμ Durchmesser;

Das Virus kristallisiert in Form kleiner Oktaeder, es ist serologisch nachweisbar.

Übertragung

Leicht durch Preßsaft übertragbar, Kontaktinfektion wird vermutet. Als Vektoren fungieren *Phyllotreta poeciloceras, P. nemorum, P. undulata, Leptophyes punctatissima, Chortiphus bicolor, Forficula auricularia, Phaedon cochleariae, Ceuthorrhynchus assimilis* und *Stauroderus bicolor.*

Testpflanzen

Auf Chinakohl hellgelbe Scheckung (Abb. 38), bei *Cleome spinosa* rötliche Lokalläsionen.

Verbreitung in Europa

Dänemark, Deutschland, England, Frankreich und Portugal.

Die Kräuselkrankheit der Wasserrübe

Synonym

Turnip crinkle.

Krankheitsbild

Die Symptome variieren nach dem jeweils vorliegenden Virusstamm. Schwache Stämme bedingen Blattkräuselung, Einwärtskrümmen der Blattränder

Abb. 39. Die Kräuselkrankheit der Wasserrübe (rechts gesund) (nach BROADBENT)

sowie unregelmäßige hellgrüne oder gelbe Verfärbung bei geringer Wachstumshemmung (Abb. 39). Starke Virusstämme lösen Adernaufhellung, Blattmißbildung und Kräuselung aus. Die rosettenförmigen Pflanzen bleiben deutlich im Wachstum zurück.

Wirtspflanzenkreis

Wasserrübe, Kohlrübe, Ackersenf. Experimentell auf eine große Zahl von Cruciferen, Stechapfel, *Cleome spinosa* und *Reseda odorata*.

Eigenschaften

Thermale Inaktivierung zwischen 80 und 85° C;

Verdünnungsendpunkt 10^{-5}.

Übertragung

Das serologisch nachweisbare Virus ist durch Preßsaft übertragbar und vermutlich auch durch Kontakt. Als Vektoren kommen eine oder mehrere Arten von Erdflöhen in Betracht.

Testpflanzen

Bei Stechapfel systemische Infektion, wobei die inokulierten Blätter schwache chlorotische Läsionen aufweisen und die übrigen symptomlos bleiben. Bei *Chenopodium amaranticolor* und *Gomphrena globosa* Lokalläsionen.

Verbreitung in Europa

Schottland.

Die Virosen der Leguminosen

Von

L. QUANTZ

Das Echte Ackerbohnenmosaik

Synonyme

Ackerbohnenmosaik in parte, common broad bean mosaic WEISS (in parte), *Viciavirus variians* QUANTZ, *Vicia* virus 1 (QUANTZ) POZDĚNA et al.

Krankheitsbild

Das sehr variable Mosaik äußert sich auf Acker- und Puffbohnen in mosaikartigen Verfärbungen, Kräuselungen und Deformationen der Blätter (Abb. 40) sowie in Wuchsstauchungen. Die Internodien sind oft verkürzt und nekrotisch gebräunt, die Blätter verkleinert. Nach Adernchlorose vielfältiges, anfangs deutliches, mit zunehmendem Alter der Blätter zurücktretendes grünliches Mosaik, bei dem bleiche Zonen oft großflächig und bandartig das Blatt überziehen und dunkelgrüne Inseln umschließen. Durch farblose, durchsichtige Streifen zwischen den Seitenadern wird das Blatt zuweilen fischgrätenartig gemustert. Kennzeichnend ist die auf den aufeinanderfolgenden Blättern wechselnd starke Mosaikausbildung. Unterschiedliche Befallsbilder können durch verschieden starke Virusstämme bedingt sein.

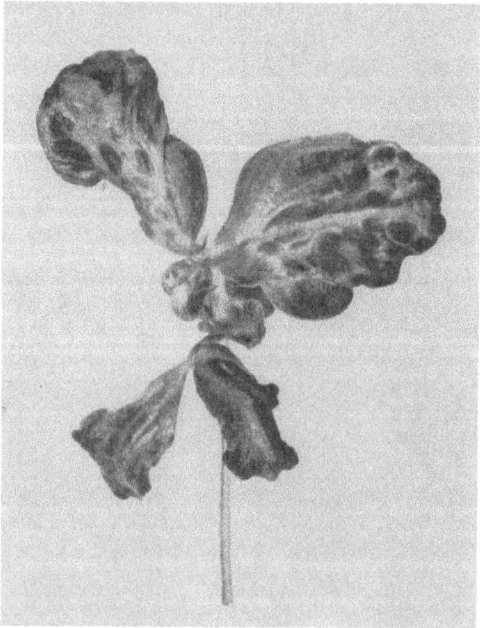

Abb. 40. Das Echte Ackerbohnenmosaik. Samenkranke Ackerbohnen-Keimpflanze in Aufsicht (Original QUANTZ)

Wirtspflanzenkreis

Ackerbohne, Puffbohne, Platterbse, Erbse, Narbonner Wicke und

Saatwicke. Experimentell übertragbar auf Kichererbse, Gartenwicke, Gartenbohne, Linse, weißen Steinklee, Felderbse, Inkarnatklee, Zottel- und pannonische Wicke, jedoch nicht auf Nichtleguminosen.

Eigenschaften

Thermale Inaktivierung: meist 66° bis 70° C, vereinzelt um 75° C;
Verdünnungsendpunkt: 10^{-3} bis 10^{-4};
Beständigkeit in vitro: 6 bis 7 Tage;
Viruspartikel sphärisch, 25—30 mμ Durchmesser;
Nicht verwandt mit *Phaseolus*-Virus 2 und *Pisum*-Virus 2.

Übertragung

Leicht saftübertragbar; Versuche mit Blattläusen blieben negativ; Übertragung mit dem Samen kranker Einzelpflanzen zu 2,5—15%, Sameninfektion in Feldherkünften meist geringer (unter 2%).

Testpflanzen

Erbse (Mosaik, z. T. Welke und Nekrosen; keine resistenten Sorten bekannt), Ackerbohne (Mosaik).

Bekämpfung

Saatgut nicht aus stark und früh erkrankten Beständen gewinnen. Zur Vermehrung Gesundheitslagen bevorzugen. Frühe Aussaat, gegebenenfalls frühzeitig bereinigen.

Verbreitung in Europa

Belgien, Deutschland, Spanien, Ungarn, UdSSR, wahrscheinlich weiter verbreitet.

Das Gewöhnliche Ackerbohnenmosaik

Synonyme

Common broad bean mosaic WEISS (in parte), Marmoriermosaik BÖNING, mosaico della fava, mosaico de faveira, pea virus 2 OSBORN.

Krankheitsbild

Nach Adernaufhellung gleichmäßiges Mosaik mit einer hell- und dunkelgrünen Musterung und einer diffusen, von den Äderchen ausgehenden Chlorose. Die dunkelgrünen unregelmäßigen, aber scharf begrenzten Gewebepartien liegen oft den Adern an (Abb. 41). Blätter vor allem im Jugendstadium gekräuselt, später an den Rändern leicht abwärts gebogen. Dieses Mosaik wird gelegentlich zu geringen Prozentsätzen mit dem Samen übertragen.
Als Erreger kommen das *Pisum*-Virus 2 (S. 51) und das *Phaseolus*-Virus 2 (S. 56) in Betracht.

Bekämpfung

Virusfreie Saat, frühzeitiger Aussaattermin, gegebenenfalls Bereinigung von früh infizierten Pflanzen. Nachbarschaft der Infektionsquellen (Gladiolen und Klee) meiden.

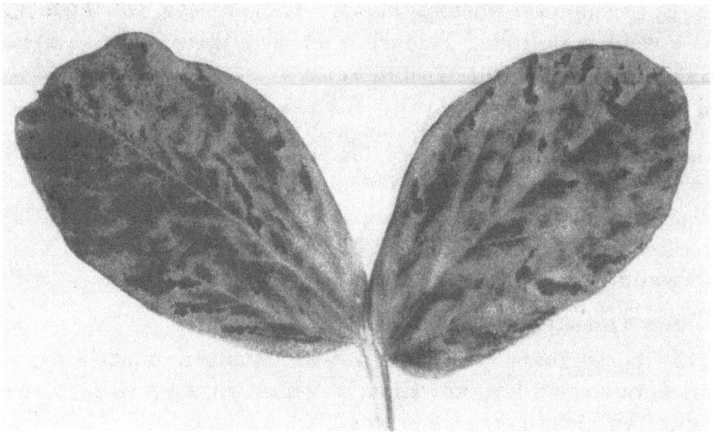

Abb. 41. Das Gewöhnliche Ackerbohnenmosaik auf *Vicia faba* (Sorte „Lohmanns Weender“) (Original QUANTZ)

Das Scheckungsmosaik der Ackerbohne

Synonyme

Broad bean mottle mosaic virus BAWDEN, CHAUDHURI et KASSANIS, mosaico de faveira D'OLIVEIRA (?).

Krankheitsbild

Auf Ackerbohne tritt 8—10 Tage nach der Infektion eine Adernaufhellung auf, die folgenden Blätter tragen ein helles Mosaik zwischen den Adern (Abb. 42). Die Blätter bleiben klein und werden zuweilen nekrotisch. Bei längerer Kultur wurde ein Virulenzverlust beobachtet.

Wirtspflanzenkreis

Ackerbohne. Experimentell übertragbar auf Erbse, Gartenbohne, Gartenwicke, Inkarnatklee, Rotklee, *Trifolium subterraneum* und Soja. Nicht infiziert werden Luzerne und Wicke.

Eigenschaften

Thermale Inaktivierung: 95° bis 100° C;

Beständigkeit in vitro: bis zu 20 Tagen bei Zimmertemperatur;

Verdünnungsendpunkt: 10^{-2} bis 10^{-3} bei Gartenbohne, 10^{-3} bis 10^{-4} bei Puffbohne als Spender- und Testpflanze;

Viruspartikel sphärisch, 17 mμ Durchmesser.

In den chlorotischen Blattbezirken der Ackerbohne sind in den Zellen ovale X-Körper vorhanden. Das Virus ist serologisch nachweisbar.

Übertragung

Durch Preßsaft, nicht mit dem Samen; nicht durch Blattläuse oder Blattrandkäfer.

Verbreitung in Europa

Dänemark, England, fraglich für Frankreich und Portugal. Ein in Portugal untersuchtes Ackerbohnenmosaikvirus war auf Erbse, Gartenwicke, ***Lathyrus***

Abb. 42. Das Scheckungsmosaik der Ackerbohne (nach BAWDEN, CHAUDHURI und KASSANIS)

latifolius und Kichererbse übertragbar. Der Verdünnungsendpunkt betrug 4 bis 5×10^{-3}; sein hoher thermaler Inaktivierungspunkt zwischen 80° und 90° C erinnert an das Scheckungsmosaikvirus.

Die Blattrollkrankheit der Ackerbohne

Synonyme

Topvergeling, *Viciavirus chlorogenum* QUANTZ et VÖLK, *Pisum* virus 8 ROLAND.

Krankheitsbild

Die etwa von Mitte Juni an auftretenden Infektionen verändern bei frühem Befall den Habitus der ganzen Pflanze, bei späterer Infektion erkrankt im wesentlichen der Spitzenzuwachs. Die kranken Blätter sind etwas zugespitzt und vom Rande her sowie zwischen den Blattadern verwaschen gelblich aufgehellt. Die Fiedern fühlen sich verdickt und hart an, sind etwas nach oben eingerollt und stellen sich an den Blattstielen auffallend aufrecht gegeneinander (Abb. 43). Vorzeitiger Blattfall und Verminderung des Hülsenansatzes. Im Siebteil sind Nekrosen zu beobachten, die sich — wie bei blattrollkranken Erbsen — mit Säurefuchsin anfärben lassen. Die Blattrollkrankheit tritt auf Feldbohnen und oft besonders deutlich auf Puffbohnen auf.

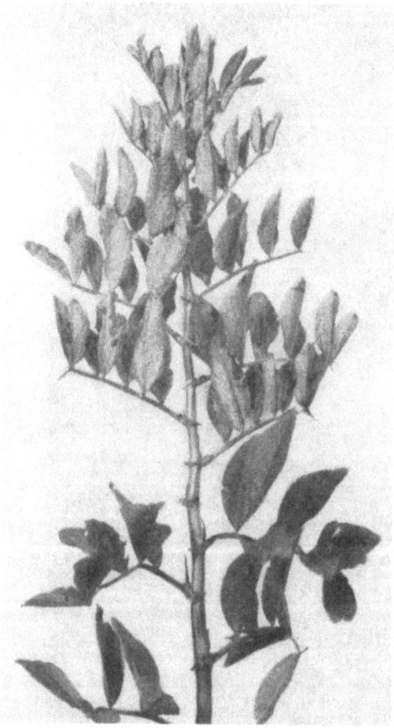

Abb. 43. Blattrollkranke Ackerbohne (Sorte „Osnabrücker Markt") (Original QUANTZ)

Wirtspflanzenkreis

Ackerbohne, Puffbohne, Narbonner Wicke, Erbse, Felderbse, *Pisum melanocarpum*, Luzerne, Saatwicke, Weißklee, wahrscheinlich noch auf weiteren Leguminosen.

Eigenschaften

Wegen fehlender Saftübertragbarkeit nicht bekannt.

Übertragung

Nicht mit dem Preßsaft; Vektoren des persistenten Virus sind bei langen Saugzeiten (1—7 Tage) die Blattläuse *Acyrthosiphon onobrychis*, *Macrosiphon solanifolii*, *Myzus persicae* und *Megoura viciae* (?), nicht *Doralis fabae;* geringe Samenübertragung wird vermutet.

Testpflanzen

Anfällige Erbsen- und Puffbohnensorten.

Bekämpfung

Frühe Aussaat und Verwendung weniger anfälliger Sorten (besonders bei Erbsen). Die Nähe der Überwinterungsplätze (Luzerne, Weißklee) ist zu meiden.

Bei wertvollen Anbauten wirkt eine Blattlausbekämpfung mit innertherapeutischen Insektiziden günstig.

Verbreitung in Europa

Belgien, Deutschland, Frankreich, Holland.

Mehrere der vorstehenden Virosen können auch gemeinsam im Bestande oder als Mischinfektion auf derselben Pflanze vorkommen und so an dem gewöhnlich als Ackerbohnenmosaik bezeichneten Krankheitskomplex beteiligt sein. Auch das Scharfe Adern- oder Enationenmosaik durch das *Pisum*-Virus 1 (S. 49) tritt häufig, besonders im Spätsommer in Gemengeschlägen, auf Ackerbohnen auf. Die schwach gekräuselten Blätter tragen schmale, in der Durchsicht fast farblose Adernflecke, die unterseits etwas aufgerauhte Ränder oder Auswüchse zeigen. — Auch die Bronzefleckenkrankheit der Tomate (S. 105) kann auf Ackerbohne übergehen. In England wurde ferner ein Virus vom Ringfleckentyp (*Nasturtium* ring spot virus SMITH) auf Ackerbohne angetroffen, zu dessen Wirtskreis auch *Tropaeolum*, Gurke, Tomate und Petunie zählen.

Das Scharfe Adernmosaik der Erbse

Synonyme

Enationenmosaik, enation pea mosaic, pea mosaic (in parte), pea enation mosaic, mosaiky hrachu, pea virus 1 PIERCE, pea virus 1 STUBBS, Wucherungsvirus SCHICKE, *Pisum* virus 1 (OSBORN) SMITH, *Marmor pisi* HOLMES.

Krankheitsbild

Zunächst deutliche Aufhellung des Adernnetzes der Blätter und Nebenblätter, die gleichzeitig chlorotisch und etwas verdickt sein können. Die folgenden Blätter sind mit hellgrünen bis farblosen, meist durchscheinend dünnen Flecken besetzt, die entweder als schmale Streifen den Adern folgen oder als rundliche Flecke zwischen ihnen liegen (Abb. 44). Auf der Unterseite treten vorwiegend an den Adernflecken charakteristische Gewebewucherungen oder Enationen auf; sie sind im Gewächshaus deutlich, im Freiland oft wenig ausgeprägt und nur als rauhe Ränder um die Flecke erkennbar. Die Blätter sind kleiner und gekräuselt, die Triebspitze ist gekrümmt und rosettenartig gestaucht, Welke- und Nekroseerscheinungen können hinzutreten. Durch vermehrte Seitentriebbildung entsteht oft ein buschiges Aussehen. Die grünen, oft verkrümmten Hülsen werden durch knoten- und wulstartige Auftreibungen verunstaltet. Felderbsen (Peluschken) zeigen hellgefleckte Blüten, erkrankte Blätter haben eine stärkere Anthozyanfärbung. Die Symptome sind zwischen 13 und 30° C deutlich erkennbar, hohe Temperaturen bewirken schwerere Krankheitsbilder.

Wirtspflanzenkreis

Erbse, Felderbse, Ackerbohne, Saatwicke, Zottelwicke, Narbonner Wicke, Gartenwicke, Platterbse, Linse, Luzerne (latent), Steinklee, Rotklee (?), Inkarnatklee, Gelbe Lupine. Experimentell übertragbar auf Gelben Steinklee,

Weißklee, Weiße und Blaue Lupine, Soja, *Medicago arabica*, *M. hispida*, *Lathyrus latifolius*, *L. hirsutus*, *L. cicera*, *L. tingitanus*, *Astragalus rubyi*, *Cicer arietinum*, *Trifolium glomeratum*, *T. resupinatum*, *T. subterraneum*, *Vicia*

Abb. 44. Das Scharfe Adernmosaik auf Erbse (Aufnahme bei durchfallendem Licht) (Original QUANTZ)

dasycarpa, *V. pannonica* sowie auf Schwedenklee und Gartenbohne (Sorte „Corbett Refugee"), die zwei letztgenannten Befunde wurden nicht immer bestätigt.

Eigenschaften

Thermale Inaktivierung: Die Angaben bewegen sich zwischen 50 und 66° C;
Beständigkeit in vitro: Unterschiedlich angegeben mit 1 bis 2, 2 bis 3 und 4 bis 5 Tagen;
Verdünnungsendpunkt: 10^{-1} bis 10^{-2}, nach anderen Autoren 10^{-3} bis 10^{-4}.

Übertragung

Durch Preßsaft unter Verwendung von Karborund (oft aber nur mit mäßigem Erfolg); durch Pfropfung; durch die Blattläuse *Acyrthosiphon onobrychis*, *Macrosiphon solanifolii*, *Myzus ornatus* und (schwächer) durch *M. persicae*, nicht durch *Doralis fabae*. Das persistente Virus hat eine Celationszeit in der Laus von wenigstens 9—15, bis höchstens 21—48 Std.; Samenübertragung gering.

Testpflanzen

Ackerbohne und Erbse (Mosaikfleckung und Enationen). Auf mosaikresistenten Erbsensorten (z. B. „Perfection", „Foli") ist eine Reinigung des *Pisum*-Virus 1 von *Phaseolus*-Virus 2 und *Pisum*-Virus 2 möglich. *Medicago hispida* (Adernaufhellung, Deformationen).

Bekämpfung

Das Virus überwintert auf Luzerne, Inkarnatklee und Zottelwicke (in Landsberger Gemenge). Sommerkulturen (Erbsen, Ackerbohnen) nicht direkt neben überwinterter Luzerne oder Landsberger Gemenge anlegen, letzteres möglichst rechtzeitig umbrechen. Resistente Erbsensorten nicht bekannt. In Zuchtgärten sind dicht gedrillte (oder in Töpfen vorgezogene und erst nach dem herbstlichen Blattlausflug ausgepflanzte) Inkarnatkleepflanzen weniger gefährdet als gewöhnliche Einzelpflanzen. Bekämpfung der Blattläuse.

Verbreitung in Europa

Belgien, Deutschland, England, Frankreich, Holland, Österreich, Polen, Tschechoslowakei, Ungarn, UdSSR.

Das Gewöhnliche Erbsenmosaik

Synonyme

Erbsenmosaik, pea mosaic, Marmoriermosaik der Ackerbohne BÖNING, common pea mosaic, red clover mosaic, pea virus 3 PIERCE, sweet pea mosaic (virus) DOOLITTLE et JONES, lupine sore shin virus NEILL, pea mosaic virus 1 ZAUMEYER et WADE, pea virus 2A, 2B, 2 C STUBBS, pea marble mosaic, pea speckle mosaic, pea mild mosaic, *Pisum* virus 2 (DOOLITTLE et JONES) SMITH, *Marmor leguminosarum* HOLMES, pea common mosaic virus WEISS, *Aphidophilus pisi* RYSHKOW.

Krankheitsbild

6—7 Tage nach der Inokulation tritt eine kräftige Gelbfärbung des Adernnetzes auf; die folgenden Blätter und Nebenblätter zeigen eine deutliche Mosaikmusterung. Dunkelgrüne Areale liegen zerstreut den Adern oder Äderchen an und heben sich scharf von den heller grünen und gelben Flecken der übrigen Blattfläche ab (Abb. 45). Diese ist je nach der Stärke des Virusstammes fast völlig gelb gefärbt (pea virus 2 A), gelbgrün gesprenkelt (pea virus 2 B) oder nur hellgrün gescheckt (pea virus 2 C). Oft werden Blattform und Wuchs wenig oder nicht beeinflußt. In anderen Fällen ist die Pflanze gestaucht, ihr Spitzenteil durch gelbe Mosaikfärbung hervorgehoben; die Blätter sind dann gewellt, verdreht und verkleinert, die Ranken mißbildet. Die Symptome erscheinen am schnellsten bei 18—24° C und werden bei niederen Temperaturen (12—14° C) maskiert. Auf anderen Wirtspflanzen wird meist eine grünliche Mosaikzeichnung hervorgerufen, bei Lupinen werden auch Bräuneerscheinungen beobachtet.

Wirtspflanzenkreis

Erbse, Felderbse, Rotklee, Schwedenklee, Steinklee, Ackerbohne, Saatwicke, Gartenwicke, Blaue Lupine, Gelbe Lupine, Weiße Lupine, Inkarnatklee; ferner experimentell übertragbar auf *Desmodium canadense, Lupinus densiflorus, L. hartwegii, L. nanus, Medicago arabica, M. hispida, Melilotus indica*, Weißen Steinklee, Gelben Steinklee, mehrere *Trifolium*-Arten, Linse, *Lathyrus sativus* (Spitzennekrose), Kichererbse, *Vicia americana* und *Phaseolus acutifolius* var. *latifolius*; auf *Phaseolus aureus* wurden lokale Läsionen beobachtet. Nicht anfällig sind Luzerne, Weißklee und die meisten Nichtleguminosen. Auf *Cheno-*

podium quinoa lokale Chlorosen. Nach dänischen Angaben lokale Läsionen auch auf Tabak (Sorte „White Burley"), Neuseeländischem Spinat und *Gomphrena globosa*; auf letzterer auch systemisch. Das Erbsenmosaik ist nach verschiedenen Autoren nicht auf Gartenbohne übertragbar; dieses diagnostische Merkmal, das insbesondere zur Unterscheidung vom *Phaseolus*-Virus 2 dient, wurde neuerdings eingeschränkt durch die Auffindung von Erbsenmosaikvirus-

Abb. 45. Das Gewöhnliche Erbsenmosaik (Original QUANTZ)

Stämmen, die auch auf Gartenbohnen übergehen und dort eine chlorotische Fleckung und gelbe Adernverfärbungen hervorrufen. Offenbar sind beide Virusarten eng verwandt.

Eigenschaften

Thermale Inaktivierung: 60—64° C, nach anderen Autoren bereits bei 55° C;

Beständigkeit in vitro: 2 Tage, gelegentlich werden auch kürzere Zeiten genannt;

Verdünnungsendpunkt: 5×10^{-3}.

In den Epidermiszellen von *Vicia faba* werden nach Infektion kristalline Einschlüsse gefunden. Serologisch mit *Phaseolus*-Virus 2 verwandt.

Übertragung

Leicht mit dem Preßsaft; durch zahlreiche Blattlausarten (bei kurzer Saugzeit und ohne Celationszeit), u. a. *Myzus persicae, Acyrthosiphon onobrychis, Macrosiphon solanifolii, Doralis fabae, Doralina gossypii, Doralida leguminosae, Lipaphis pseudobrassicae, Pentatrichopus fragaefolii, Aulacorthum pseudosolani*; Samenübertragung auf Erbse fehlend oder sehr geringfügig, auf Ackerbohne schwach vorhanden.

Testpflanzen

Ackerbohne (Mosaik), Erbse (Mosaik; zahlreiche Erbsensorten wie „Perfection", „Horal", „Onward" und auch mehrere deutsche Neuzüchtungen sind resistent), Weiße Lupine (Mosaik- und Spitzennekrose).

Bekämpfung

Erbsenfelder und -zuchtgärten nicht neben Klee (insbesondere Rotklee) anlegen. Frühe Aussaat. Anbau resistenter Erbsensorten, besonders bei späteren Aussaatterminen. In Kleezuchtgärten sind Einzelpflanzen stärker gefährdet als Drillsaaten.

Verbreitung in Europa

Bulgarien, Dänemark, Deutschland, England, Frankreich, Holland, Jugoslawien, Norwegen, Österreich, Polen, Rumänien, Schweden, Schweiz, Tschechoslowakei, Ungarn, UdSSR.

Abb. 46. Blattrollkranke Erbse (Sorte „Unica"); links gesunde Vergleichspflanze (Original QUANTZ)

Die Blattrollkrankheit der Erbse

Synonyme

Vergilbungskrankheit, topvergeling van de erwte, top yellows, *Fusarium-solani*-voetziekte (in parte), pea tip yellowing, pea leaf roll, virus de la jaunisse du pois, *Viciavirus chlorogenum* QUANTZ et VÖLK, *Pisum* virus 8 ROLAND.

Krankheitsbild

Blätter vor allem am Rande und zwischen den Seitenadern chlorotisch aufgehellt, während entlang der Adern eine diffuse grüne Färbung erhalten bleibt. Die Vergilbung setzt zunächst in der Spitzenregion ein, im fortgeschrittenen Krankheitsstadium oder nach früher Infektion wird die ganze Pflanze davon ergriffen (Abb. 46). Auffallend ist der gestauchte, gedrungene, bei hohen Sorten oft auch sperrige Wuchs; die Blätter fassen sich lederartig und hart an, sind an den Rändern meist deutlich abwärts gebogen, im ganzen jedoch an der Fiederspindel etwas gegeneinander aufgerichtet. Bei sehr anfälligen Sorten kann auch eine Spitzennekrose hinzutreten. Der Stengel ist zäher als bei gesunden Pflanzen, die Leitbündel zeigen Phloemnekrosen, die mit Säurefuchsin gut anfärbbar sind. Infolge einer oft begleitenden Fußschwärzung wurde die Krankheit bislang als pilzliche Fußkrankheit angesehen. Die Krankheit wird durch das gleiche Virus hervorgerufen wie die Blattrollkrankheit der Ackerbohne S. 48).

Bekämpfung

Anbau widerstandsfähiger Sorten; in der Nähe der Infektionsquellen Luzerne und Weißklee sind Erbsen und Ackerbohnen besonders gefährdet. In wertvollen Beständen kann eine Blattlausbekämpfung von Nutzen sein.

Verbreitung in Europa

Belgien, Bulgarien, Deutschland, Frankreich, Holland.

Weiterhin kommen auf Erbse Mosaik-, Welke- und Strichelsymptome vor, die teilweise durch die Viren des Echten Ackerbohnenmosaiks (S. 44), des Luzernemosaiks (S. 67), des Gurkenmosaiks (S. 79) und des Salatmosaiks (S. 89) verursacht werden, über deren Häufigkeit und praktische Bedeutung in Europa aber erst wenig bekannt ist.

Das Gewöhnliche Mosaik der Gartenbohne

Synonyme

Bohnenmosaik, Pockenmosaik, Marmormosaik, rolmozaiek, steengrauw, aalstreep, mosaique du haricot, mosaico del fagiolo, bean infectious chlorosis, curly leaf, Schwarzbeinigkeit, blackroot, zwarte vaatziekte, Bohnenwelke (in parte), common (typical, ordinary) bean mosaic, navy bean mosaic, azuki bean mosaic, bean virus 1 PIERCE, *Phaseolus* virus 1 (PIERCE) SMITH, Bohnenvirus 1, *Marmor phaseoli* HOLMES, *Aphidophilus phaseoli* RYSHKOW.

Krankheitsbild

Das Befallsbild ist sehr verschieden und stark von Sorte, Infektionszeitpunkt, Virusstamm und Außenbedingungen abhängig. Außerhalb der optimalen Temperaturen (20—28° C) können die Symptome maskiert werden. Anfällige Sorten zeigen 8—14 Tage nach einer „primären" Infektion eine hellgrüne bis gelbliche Aufhellung des nächsten sich entfaltenden Blattes, dessen Äderchen oft wie eingepreßt erscheinen. Bei manchen Sorten wird dieses Blatt etwas brüchig-starr und gewölbt. Das eigentliche Mosaikmuster auf den folgenden Blättern (Abb. 47) zeigt unterschiedlich große hellgrüne, meist glanzlos matte Partien, die oft den Blattrand säumen und sich unterschiedlich weit zwischen die Seitenadern erstrecken oder auch sprenkelartig über die Blattfläche zerstreut sind. Die Spreite ist mannigfaltig deformiert, oft verschmälert, abwärts eingerollt oder durch pockenartiges Vorwölben von dunkelgrünen, glänzenden Partien mißgestaltet (Bd. I, Abb. 18). Auf den unteren Blättern fallen nicht selten an den Eintrittsstellen der Virusinfektion gebräunte Adernstränge auf. Kranke Pflanzen bleiben oft kleiner, blühen verzögert und reifen erst spät ab. Auf toleranten

Sorten bleiben die Symptome auf chlorotische Tupfen, leichte Vergilbungen, Rauhheit und Wölbung der Blätter beschränkt und sind oft schwer zu erkennen. Manche Bohnenpflanzen können bereits vom Samen her „sekundär" infiziert sein und schon auf den ungeteilten Primärblättern eine Mosaikfleckung auf-

Abb. 47. Das Gewöhnliche Bohnenmosaik. Chronische Symptome auf der Buschbohnensorte „Doppelte holländische Prinzess" (Original QUANTZ)

weisen. Ein besonderes Krankheitsbild, die Schwarzbeinigkeit, tritt nach Infektion überempfindlicher, unter gewöhnlichen Bedingungen mosaikresistenter Bohnensorten bei hohen Temperaturen auf. Nach der Blüte kommt es dabei oft schlagartig zu einer ausgedehnten Welke. Die Leitungsbahnen werden — besonders am Stengel und Stengelgrund — schwärzlich-braun verfärbt. Die Hülsen haben wäßrig-graues Fleisch und dunkle Naht- und Wandverfärbungen (Abb. 48).

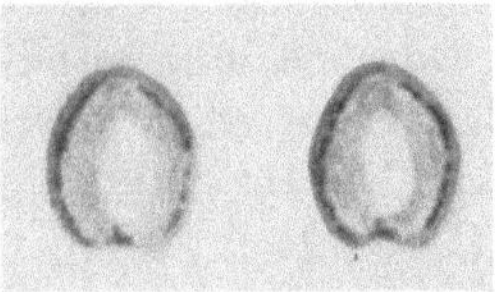

Abb. 48. Die Schwarzbeinigkeit an Stangenbohne. Hülsenquerschnitte mit verfärbten Leitbündeln (Original QUANTZ)

Wirtspflanzenkreis

Garten- und Limabohne werden im allgemeinen als die einzigen Wirtspflanzen angesehen; von einigen Autoren wird Befall auch von Prunkbohne (*Phaseolus coccineus*), mehreren überseeischen *Phaseolus*-Arten, Ackerbohne, Saatwicke, *Vicia lathyroides*, *Lespedeza striata* und *Vigna sesquipedalis* mitgeteilt; nach deutschen und holländischen Beobachtungen gelten die dortigen Prunk- und Feuerbohnen als immun.

Eigenschaften

Thermale Inaktivierung: 56 bis 58° C, gelegentlich abweichende Befunde (50 bis 55° C). Im Samen hält das Virus ein Erhitzen auf 65° C für 24 Std. aus;

Beständigkeit in vitro: 24 bis 36 Stunden;

Verdünnungsendpunkt: 10^{-3} bis 2×10^{-3}, gelegentlich bei 10^{-4} noch Infektionen;

Viruspartikel fadenförmig, etwa 750 mμ lang. Das Virus ist serologisch nachweisbar.

Übertragung

Durch Preßsaft; gelegentlich durch gegenseitige Berührung; durch Pfropfung; durch den Samen (bei anfälligen Sorten bis über 50%); durch infizierten Pollen; nicht durch den Boden. Vektoren sind die Blattläuse *Doralis fabae, Doralina gossypii, D. spiraecola, Doralida leguminosae, Brevicoryne brassicae, Brachycolus atriplicis, Lipaphis pseudobrassicae, Myzus persicae, Acyrthosiphon onobrychis, Macrosiphon solanifolii* und *Dactynotus ambrosiae*; unsicher sind die Angaben über *Pseudococcus maritimus, Lygus pratensis* und *Bruchidius obtectus*. Das Virus ist kurzfristig übertragbar und nichtpersistent.

Testpflanzen

Anfällige Gartenbohnensorten („Saxa", „Doppelte holländische Prinzeß", „Beka", „Stringless Green Refugee") ergeben ein deutliches Mosaik. Im Schalentest durch lokale Nekrosen auf Blättern überempfindlicher Bohnensorten bei 30—35° C in 2—3 Tagen nachweisbar. Einige Sorten mit unterschiedlicher Anfälligkeit dienen der Differenzierung einzelner Virusstämme. Der Burkholder- (oder New York-) Stamm befällt im Gegensatz zum typischen amerikanischen Stamm die Sorten „Robust", „Michelite" und „Great Northern U. I. Nr. 15"; der Stamm Voldagsen unterscheidet sich durch seine Übertragbarkeit auf „Wachs Rheinland" vom Stamm Marienau, beide befallen jedoch — zum Unterschied zu den amerikanischen Stämmen — „Robust" und „Michelite", nicht aber „Great Northern U. I. Nr. 15".

Bekämpfung

Durch Anbau resistenter oder hochtoleranter Sorten. Die Züchtung kann von Bohnensorten mit rezessivem Resistenzfaktor („Robust", „Great Northern U. I. Nr. 15") oder dominantem (wie „Corbett Refugee", „Wisconsin Refugee", „U. S. 5 Refugee", „Furore") ausgehen. Die Feldresistenz der letztgenannten Gruppe ist in einer Überempfindlichkeit begründet.

Bei der Vermehrung anfälliger Sorten ist Verwendung virusfreien Saatgutes, Wahl isolierter Lage oder läusearmer Gesundheitsgebiete und frühe Aussaat zu empfehlen. Wertvolle Bestände zeitig bereinigen. Primärinfektionen nach der Blüte gehen in der Regel nicht mehr in den Samen über.

Verbreitung in Europa

Infolge der Samenübertragung wohl in allen europäischen Ländern vorhanden.

Das Gelbmosaik der Gartenbohne

Synonyme

Gelbes Bohnenmosaik, Gelbmosaik, Sprenkelmosaik, bean yellow mosaic, Robust bean mosaic, bean dwarf mosaic, scherpmozaiek van de boon, topsterfte, mosaique jaune, mosaico amarillo, steengrauw, white sweet clover virus, yellow sweet clover virus, bean virus 2 PIERCE, Bohnenvirus 2, *Phaseolus* virus 2 (PIERCE) SMITH, *Aphidophilus phaseoli* RYSHKOW, *Marmor manifestum* FRANDSEN, wahrscheinlich auch: pea mosaic virus 2 ZAUMEYER et WADE, pea mosaic virus 4 ZAUMEYER, *Pisum* virus 4 A WEISS, pea stunt mosaic ZAUMEYER, pea mosaic 5 ZAUMEYER, *Pisum* virus 6 WEISS, pea virus 2 OSBORN, sweet pea streak AINSWORTH.

Krankheitsbild

Die je nach Sorte und Virusstamm sehr unterschiedlich verlaufende Infektion beginnt häufig mit chlorotischen Flecken auf den eingeriebenen Primärblättern, auf den nächsten Fiederblättern folgen helle, oft rundliche Blattflecke, die dicht

Abb. 49. Das Gelbmosaik der Gartenbohne (Original QUANTZ)

und klein oder auch zerstreut und größer sind. Die Blätter sind häufig an den Blattstielen wie epinastisch herabgewinkelt, oft auch stark gestaucht, kraus, eingewölbt und brüchig. Bei manchen Sorten vergilben sie und fallen bald ab. Auf den jüngeren Blättern tritt ein lebhaftes Mosaik mit kräftig kontrastierenden gelben und grünen Fleckungen auf (Abb. 49), die teilweise mit den Adern in Verbindung stehen oder sprenkelartig zerstreut sind. Farbige Blüten können gefleckt werden. Blätter und Pflanzen bleiben bei manchen Sorten stark verkleinert, der Ertrag ist dann gering. Durch abweichende Stämme des Virus wird auf einigen Sorten Blattfall und Nekrose der Triebspitze hervorgerufen. Manche Stämme (z. B. der Buckelhülsenstamm) verursachen fleckige, rauhe und mißgestaltete Hülsen.

Wirtspflanzenkreis

Gartenbohne, Erbse, Gartenwicke, Ackerbohne, Puffbohne, Weiße Lupine, Gelbe Lupine, Weißer Steinklee, Gelber Steinklee, Soja, Rotklee, Schwedenklee, *Trifolium subterraneum*, Gelbklee, Serradella, Ladino-Weißklee (Weißklee selbst erwies sich im allgemeinen als nicht anfällig), Kichererbse, Gladiole, Freesie; experimentelle Übertragungen gelangen u. a. auf Felderbse, Platterbse, Saatwicke, Zottelwicke, Linse, Blaue Lupine, Inkarnatklee, sowie auf mehrere überseeische Leguminosenarten. Beschränkung auf lokale Läsionen wurde auf *Gomphrena globosa*, *Chenopodium quinoa* und bei einzelnen Stämmen auch auf Tabak beobachtet. Die Übertragbarkeit der Stämme des *Phaseolus*-Virus 2 auf Rotklee ist unterschiedlich.

Eigenschaften

Thermale Inaktivierung: Meist 56—60° C, bei einzelnen Stämmen abweichend (50 bis 55° oder 60 bis 65° C);

Beständigkeit in vitro: Etwa 24 bis 32 Std., bei einem Stamm über 48 Std;

Verdünnungsendpunkt: 8×10^{-2} bis 10^{-3}, bei einigen Stämmen etwas höher (2 bis 3×10^{-3}), bei einem abweichenden Isolat von Erbse 10^{-4} bis 10^{-5};

Viruspartikel: fadenförmig, Teilchenlänge etwa 750 mμ.

In den Epidermiszellen von Blättern und Stengeln von *Vicia faba* sind kristalline, mit Trypanblau anfärbbare Einschlüsse vorhanden. Serologisch mit *Pisum*-Virus 2 verwandt.

Übertragung

Leicht mit dem Preßsaft; durch die Blattläuse *Myzus persicae*, *Acyrthosiphon onobrychis*, *Macrosiphon solanifolii*, schwächer durch *Doralis fabae* und *Pergandeida craccae*, unsicher *Brevicoryne brassicae*. Samenübertragung bei Gartenbohne fehlend, jedoch in geringem Maße bei Erbse, Ackerbohne, Puffbohne und Weißem Steinklee möglich. Übertragbar mit dem Pollen von Weißem Steinklee, nicht von Gartenbohne.

Testpflanzen

Gartenbohne (je nach Sorte und Virusstamm Mosaik oder Spitzennekrose), Ackerbohne (Mosaik), Weiße Lupine (Spitzennekrose oder Mosaik), Blaue Lupine, *Phaseolus aureus* (lokale Läsionen), *Chenopodium amaranticolor* (chlorotische, später nekrotische Lokalläsionen). Differenzierbar vom *Phaseolus*-Virus 1 auf Gartenbohnensorten mit Resistenz gegen das Gewöhnliche Bohnenmosaik. Mehrere Erbsensorten sind gegen das *Phaseolus*-Virus 2 resistent. Auf einzelnen Klonen des Kenland-Rotklees nekrotische Blattflecke.

Bekämpfung

Erbsen, Gartenbohnen und andere anfällige Kulturen nicht in der Nähe der Winterwirte des Gelben Bohnenmosaikvirus, insbesondere Gladiolen, Knollenfreesien, Klee und Steinklee, anlegen. Frühe Aussaaten sind weniger gefährdet als Spätsaaten. Verwendung resistenter bzw. toleranter Sorten bei Erbsen und Gartenbohnen möglich.

Verbreitung in Europa

Belgien, Deutschland, England, Frankreich, Holland, Italien, Norwegen, Österreich, Polen, Schweiz, Spanien, Tschechoslowakei, Ungarn; wahrscheinlich weiter verbreitet.

Die „Stippelstreep"-Krankheit der Gartenbohne

Synonyme

Stipple-streak, Tabaknekrosevirus, *Nicotiana* virus 11 SMITH (siehe S. 25).

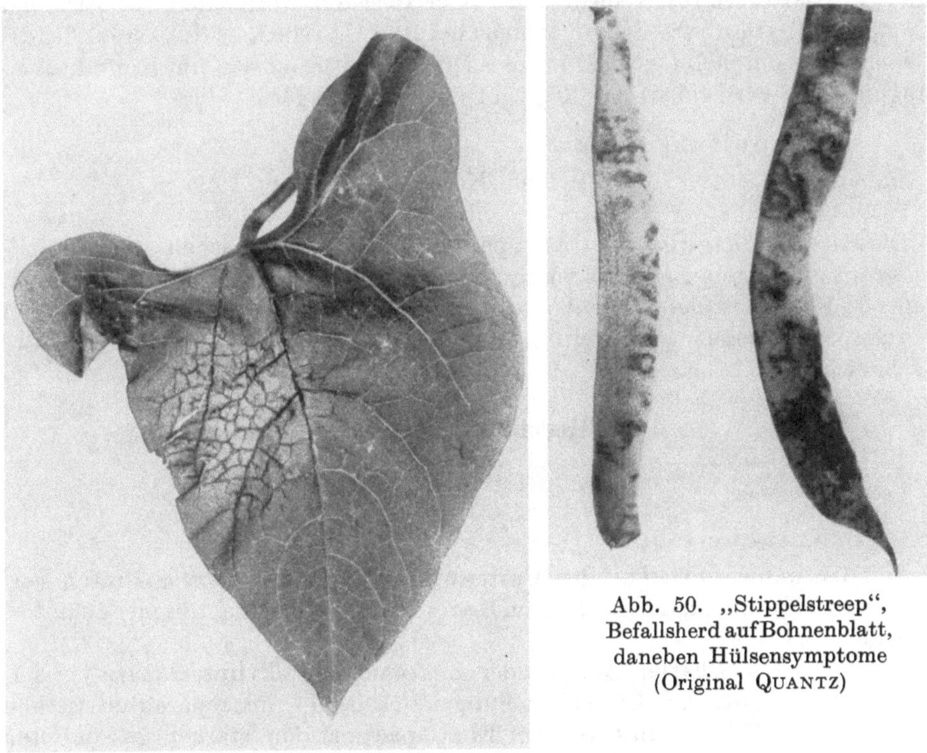

Abb. 50. „Stippelstreep", Befallsherd auf Bohnenblatt, daneben Hülsensymptome (Original QUANTZ)

Krankheitsbild

Auf befallenen Bohnenblättern treten rötlichbraune herdweise Verfärbungen der Adern und Äderchen auf (Abb. 50); innerhalb dieser oft rundlichen, 1 bis mehrere Zentimeter großen Flecke welkt das Blattgewebe graugrün und trocknet ein. Unterseits deutliche Adernrötung, besonders am Rande der Flecke, oft bis zu den Hauptadern; rotbraune Verfärbungen auch an Blattstielen und Stengeln. Am Stengelgrund vermorscht das Gewebe oft, so daß die Pflanze welkt. Die Hülsen tragen violett- bis rötlich-braune, eingesunkene Flecke oder band- und ringähnliche Verfärbungen. Die Krankheit wird durch ein Tabaknekrose-Virus hervorgerufen, das einen weiten, auch Nichtleguminosen umfassenden Wirtskreis besitzt. Übertragung durch den Boden und leicht mit dem Preßsaft; Vektoren und Samenübertragung nicht bekannt. Die ersten Infektionen erfolgen vorwiegend vom Boden aus und werden durch Berührung und Regenspritzer im Bestand verbreitet.

Bekämpfung

Weitschichtige Fruchtfolge; lockerer Anbau in trockener, luftiger Lage; Prunkbohnen (*Phaseolus coccineus*) werden nicht befallen; bei Gartenbohnen sind gewisse Sortenunterschiede, aber keine Resistenz vorhanden. Halbstündige Dampfsterilisation verseuchten Bodens bei 100° C vernichtet das Virus. Bei der Grünpflücke empfiehlt es sich, kranke Hülsen auszusondern, um Kontaktübertragungen zu vermeiden; das Erntegut ist kühl zu lagern.

Verbreitung in Europa

Dänemark, Deutschland, England, Holland, Norwegen, Ungarn.

Die Ringfleckigkeit der Gartenbohne, eine mit nekrotischen braunen, mitunter ringförmigen Blattflecken und Absterben der Spitzenknospen einhergehende Krankheit der Gartenbohnen ist vereinzelt in Deutschland beobachtet worden. Als Erreger wurde ein Stamm des Bukettvirus der Kartoffel (S.12) nachgewiesen.

Das Mosaik der Gartenwicke

Synonym

Sweet pea mosaic.

Krankheitsbild

Auf der wohlriechenden oder Gartenwicke (*Lathyrus odoratus*) treten verschiedene Virosen auf, die nach ihrem Symptombild allein nicht immer zu unterscheiden sind.

Das Virus des Scharfen Adern- oder Enationenmosaikvirus (*Pisum*-Virus 1, (S. 49) ruft deutliche Adernaufhellungen (Abb. 51) mit charakteristischen unterseitigen Enationen auf den stärker gekräuselten Blättern, eine helle Streifung der bunten Blüten und Deformationen an den Hülsen hervor. Eine leichter verlaufende Erkrankung mit grünem Blattmosaik und Buntstreifigkeit der Blüten kann durch das *Pisum*-Virus 2 (S. 51) oder ähnlich durch das *Phaseolus*-Virus 2 (S. 56) verursacht sein. Aus England sind eine Reihe von Wickenkrankheiten, teilweise mit braunen Strichel-

Abb. 51. Das Scharfe Adernmosaik auf Blättern der Gartenwicke (Aufnahme bei durchfallendem Licht) (Original QUANTZ)

und Streifensymptomen auf Stengeln und Blattstielen, beschrieben; einer der Erreger, das Sweet pea streak-Virus, ist möglicherweise mit dem *Phaseolus*-Virus 2 verwandt, andere sind das Salatmosaikvirus (S. 89), das Gurkenmosaikvirus (S. 79) und das Tomatenbronzefleckenvirus (S. 105).

Verbreitung in Europa

Dänemark, Deutschland, England, Holland, Irland, Polen.

Das Hedysarummosaik

Synonym

Mosaico della sulla.

Krankheitsbild

Kleine hellgrüne Blattflecke, bevorzugt zwischen den Blattadern, so daß die Blattspreite marmoriert erscheint. Gelegentlich ist das mosaikkranke Blatt aufgebeult.

Wirtspflanzenkreis

Hedysarum coronarium.

Verbreitung in Europa

Italien.

Das Sojamosaik

Synonyme

Mosaikkrankheit der Sojabohne, soybean chlorosis, soybean crinkling, soybean mosaic, mosaico della soja, soybean leafcurl (brown mosaic, yellow mosaic) virus Savulescu et al., soybean virus 1 Pierce, *Soja* virus 1 (Gardner et Kendrick) Smith.

Krankheitsbild

Eines der auffälligsten Kennzeichen auf dem Felde ist bei manchen Sorten die starke Kräuselung der Blätter durch blasiges Auftreiben der Blattflächen zwischen den Blattadern (Abb. 52). Der Blattrand ist nach unten gebogen, die Spreite zeigt mosaikartige Aufhellungen mit oft tupfenartigen廷Aderchlorosen. Die Blätter sind klein, schwach lederartig und etwas brüchig. Auf manchen Sorten fehlen einzelne dieser Merkmale. Bei Neuinfektionen beginnt der Befall nach 6 bis 13 Tagen mit einer vorübergehenden Adernaufhellung. Mosaikkranke Pflanzen bleiben kleiner, die Internodien sind verkürzt, die Hülsenentwicklung bleibt besonders in der Spitzenregion der Pflanzen kümmerlich; die Samen reifen verspätet. Die Symptome kommen bei 20 bis 28° C am deutlichsten zum Ausdruck, doch wurde eine erhöhte Schädigung bei 18,5° C beobachtet; höhere Temperaturen maskieren die Krankheit.

Wirtspflanzenkreis

Im allgemeinen gilt Soja als einzige Wirtspflanze, gelegentlich gelang eine lokale Infektion von Gartenbohne und Saatwicke.

Eigenschaften:

Thermale Inaktivierung: Unterschiedlich angegeben mit 56 bis 58° C, 60 bis 61° C und 64 bis 66° C;

Beständigkeit in vitro: 4 bis 5 Tage;

Verdünnungsendpunkt: 10^{-4} bis 10^{-5}.

Das Virus ist serologisch nachweisbar.

Übertragung

Mit Preßsaft; durch Saatgut zu 2 bis 75% und darüber, besonders bei früher Infektion der Pflanze. Vektoren für das nichtpersistente Virus sind die Blatt-

Abb. 52. Das Sojamosaik (Original QUANTZ)

läuse *Myzus persicae*, *Aulacorthum pseudosolani*, weniger gut *Doralis fabae*, *Macrosiphon solanifolii*, *Myzus ornatus*, *Neomyzus circumflexus*, *Doralina gossypii*, *D. transiens* und *Acyrthosiphon onobrychis*.

Testpflanzen

Anfällige Sojasorten.

Bekämpfung

Züchtung und Anbau toleranter oder resistenter Sorten (als resistent gelten „Minnesota Manchu", „Holland 11", „F. P. J. 79610" bzw. „92470"). Bei anfälligen Sorten virusfreie Saat verwenden, Samen von spät infizierten Pflanzen sowie aus früh angesetzten Hülsen sind wenig oder nicht befallen. Kleine Samen als virusverdächtig auslesen. Vermehrungsfelder isoliert anlegen, früh bestellen und nach der Entfaltung des 2. bis 4. Blattpaares von viruskranken Pflanzen bereinigen.

Verbreitung in Europa

Belgien, Bulgarien, Deutschland, England, Italien, Jugoslawien, Österreich, Polen, Rumänien, Schweden, Tschechoslowakei, Ungarn, UdSSR.

Das Gelbmosaik der Sojabohne

Synonym

Yellow mosaic.

Krankheitsbild

Einer im Vergleich zum *Soja*-Virus 1 länger anhaltenden Äderchenaufhellung folgt auf den jüngeren Blättern eine kräftige gelbe, den Adern folgende oder zerstreute Mosaikfleckung (Abb. 53); oft treten lebhaft gelbe Inseln und später auch nekrotische Flecke auf. Pflanzenwuchs und Ertrag sind annähernd normal. Das Gelbmosaik wird in seinem Symptombild nur wenig durch die Temperatur beeinflußt, es ist nicht mit dem Samen übertragbar. Der Einfluß der Sorten auf die Symptomatologie des Gelbmosaiks ist geringer als beim Sojamosaik. Erreger ist das Gelbe Bohnenmosaikvirus (S. 56).

Abb. 53. Gelbmosaiksymptome auf Sojabohne durch das *Phaseolus*-Virus 2 (Original QUANTZ)

Verbreitung in Europa

Deutschland, Italien.

Das Lupinenmosaik

Synonyme

Mozaiekziekte, *Lupinus* virus 1 MASTENBROEK.

Krankheitsbild

Die Mosaikkrankheit ist bei Gelblupinen durch einen starrtrachtartigen Habitus der Pflanzen gekennzeichnet. Während die unteren Blätter normal groß sind, bleiben die jungen, leicht gekräuselten Fiederblättchen anomal klein und schmal. Sie haben eine undeutliche, oft bleiche Mosaikfleckung und stehen auffallend steil aufwärts gerichtet (Abb. 54). Die Blüten entfalten sich verzögert oder werden vorzeitig abgeworfen, der Ertrag bleibt gering. Auf der Blauen Lupine fehlt ein deutliches Blattmosaik. An den erkrankten Pflanzen entwickeln sich hexenbesenartige, gestauchte, blaßgrüne Seitentriebe. Auf der Weißen Lupine treten Blattchlorosen, Blattverkleinerung und Spitzenstauche, teilweise auch Mosaikzeichnungen auf. Ein deutliches Mosaik ohne merkliche Wachstumsbeeinträchtigung wurde auf *Lupinus mutabilis* beobachtet. Das Mosaik auf Lupine hat wahrscheinlich nicht immer die gleiche Ursache; verschiedentlich wurden die Viren des Erbsenmosaiks (S. 51) und des Gelben Bohnenmosaiks (S. 56) nachgewiesen; ein etwas abweichendes Virus, das Lupinenvirus 1, wurde in Holland von mosaikkranken Gelblupinen näher untersucht.

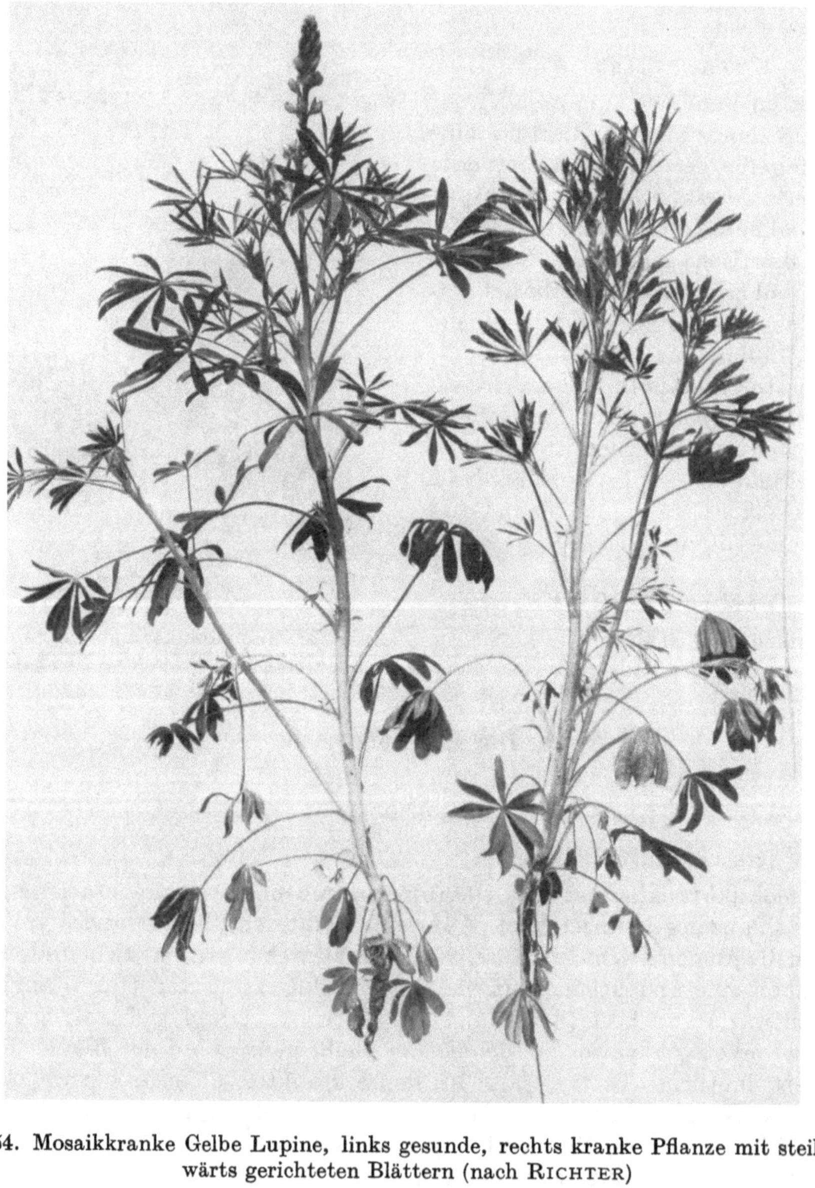

Abb. 54. Mosaikkranke Gelbe Lupine, links gesunde, rechts kranke Pflanze mit steil aufwärts gerichteten Blättern (nach RICHTER)

Lupinen-Virus 1

Wirtspflanzenkreis

Gelbe Lupine. Experimentell übertragbar auf Erbse, Ackerbohne, Gartenwicke, vereinzelte Gartenbohnensorten, Rotklee, Inkartnatklee, Weiße, Gelbe und wahrscheinlich auch Blaue Lupine. Auf Weißlupine wurden Nekrosen hervorgerufen.

Eigenschaften

Thermale Inaktivierung: 60 bis 70° C;
Beständigkeit in vitro: Nach 4 Tagen noch infektiös;
Verdünnungsendpunkt: 6×10^{-2} bis 10^{-3}.

Übertragung

Durch Preßsaft; durch Blattläuse (*Acyrthosiphon onobrychis*; bei anderen Mosaikformen der Lupine wohl auch die für *Pisum*-Virus 2 und *Phaseolus*-Virus 2 genannten Vektoren); bei Gelber Lupine ist eine mäßige Übertragung durch den Samen vorhanden.

Testpflanzen

Weiße Lupine (Nekrosen und Mosaik), Ackerbohne (Mosaik).

Bekämpfung

Verwendung gesunder Saat, frühe Aussaat und rechtzeitige Bereinigung. Bei Beteiligung des Gelben Bohnenmosaikvirus ist auch die Nähe seiner Winterwirte (S. 58) zu meiden. Ansätze zur Resistenzzüchtung sind bei der Gelben Lupine vorhanden.

Verbreitung in Europa

Dänemark, Deutschland, Holland, Norwegen, Polen, Tschechoslowakei, Ungarn.

Die Lupinenbräune

Synonyme

Stengelbräune, browning, verdorringsziekte, bruine strepenziekte, sore-shin.

Krankheitsbild

An der Blauen, Gelben (Abb. 55) und Weißen Lupine treten als Anfangssymptome oberflächliche braune Streifen am Stengel auf, denen besonders bei jüngeren Pflanzen eine oft hakenförmige Verkrümmung des oberen Sproßteiles und eine Blattwelke folgen. Das Stengelgewebe wird glasig brüchig, die Blätter und jungen, oft eingesunken braungefleckten Hülsen knicken nach unten ein; oft stirbt die Pflanze in kurzer Zeit ab. Eine Vermorschung am Wurzelhals täuscht leicht das Bild einer pilzlichen Fußkrankheit vor. Die Hülsen werden trocken oder notreif und liefern nur Kümmerkorn. Keine Saatgutübertragung. Bei der Weißen Lupine fehlt durchweg die hakenförmige Krümmung des Gipfelsprosses, der gestauchte Stengel schwillt dickfleischig und strunkig an, und die

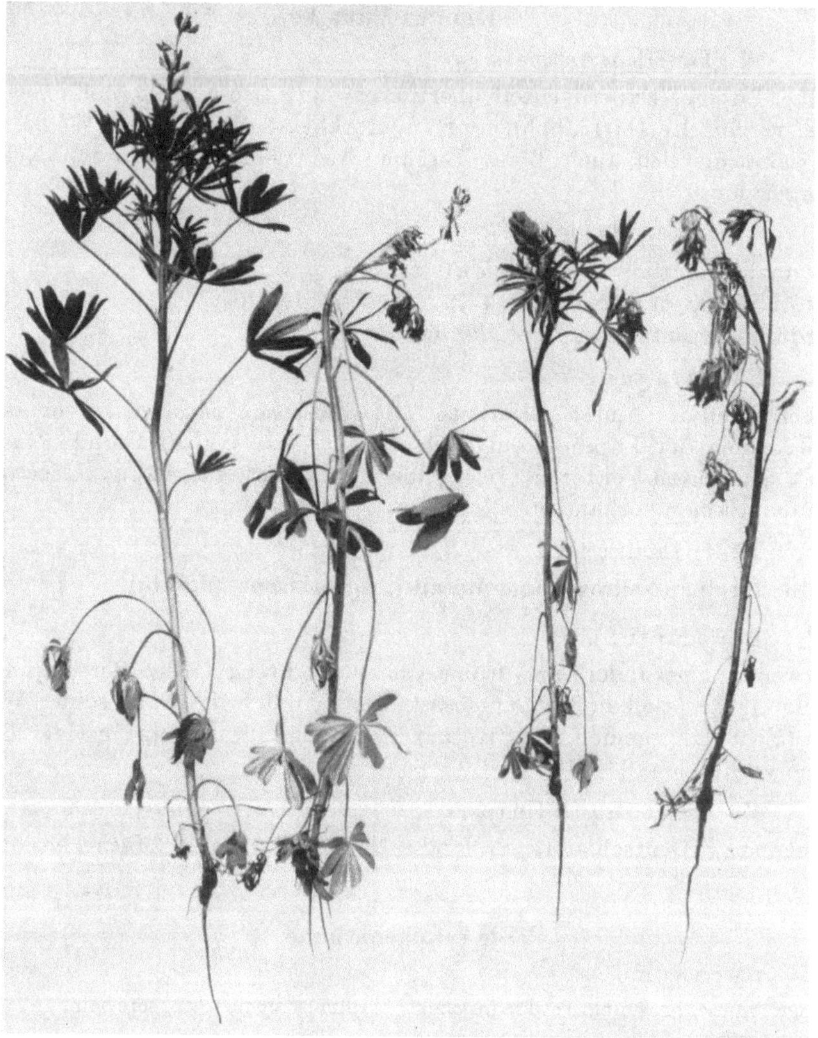

Abb. 55. Die Lupinenbräune auf Gelber Lupine, links gesunde Pflanze (nach RICHTER)

Spitzenpartien trocknen braun ein. Als Ursache der Lupinenbräune wurde in Deutschland das Gurkenmosaik-Virus (S. 79) nachgewiesen; in Neuseeland wird ein ähnliches bräuneartiges Befallsbild, besonders auf Blauer Lupine („Sore-shin"), durch das Erbsenmosaikvirus (S. 51) hervorgerufen.

Bekämpfung

Anbau unter Vermeidung der Nähe von Ortschaften und Gärten, in denen das Gurkenmosaikvirus in der Regel seine Infektionsquellen hat.

Verbreitung in Europa

Deutschland, Holland, Polen, Schweden, Ungarn.

Das Luzernemosaik

Synonyme

Lucerne (alfalfa) mosaic, mosaico della medica, mosaico de la alfalfa, lucernenmozaiek-virus, Chilli mosaic, Buntblättrigkeit des Paprika, celery mosaic (in parte), alfalfa mosaic virus WEIMER, alfalfa virus 1 und 2 PIERCE, alfalfa ring spot virus YOUNG, *Medicago* virus 1 (WEIMER) SMITH, *Medicago* virus 2 (PIERCE, ZAUMEYER et WADE) SMITH, alfalfa mosaic virus 1, 1 A und 1 B ZAUMEYER, *Marmor medicaginis* HOLMES, *Marmor medicaginis* var. *typicum* BLACK et PRICE, *Medicago* virus 2 var. *typicum* (BLACK et PRICE) KOVACHEVSKY, lucerne mosaic virus, *Crystallococcus medicaginis* RYSHKOW.

Krankheitsbild

Befallene Luzernepflanzen lassen zunächst kleine rundliche grünlichgelbe Blattflecke erkennen. Später treten chlorotische bandförmige, ringartige oder unregelmäßige Aufhellungen zwischen den Seitenadern auf, die auf älteren Blättern leuchtend hellgelb bis weißlich werden können (Abb. 56). Daneben werden auch streifenartige, oft durchscheinend helle Zeichnungen längs der Seitenadern beobachtet. Die Blätter bleiben oft klein und kräuseln sich, die Pflanze ist etwas gestaucht und brüchig. Die Symptome sind bei mäßig kühlem Wetter — im Frühjahr beim ersten Schnitt bzw. im Herbst — deutlich, sie bleiben während der heißen Sommermonate dagegen weitgehend maskiert.

Abb. 56. Das Luzernemosaik (Original QUANTZ)

Wirtspflanzenkreis

Luzerne, Rotklee, Weißklee, Ladinoklee, Erdbeerklee, Steinklee, Erbse, Gartenbohne, Pfeffer, Paprika, Kartoffel, *Solanum nigrum*, *Sonchus oleraceus*, *S. arvensis*, Sellerie, *Daphne odora*, *Physalis* spec., *Chenopodium album*. Experimentell übertragbar auf Kichererbse, Gartenwicke, Weiße Lupine, Gelbe Lupine, Limabohne, Soja, Inkarnatklee, Ackerbohne, Zottelwicke (typische braune Blattnekrosen), *Vigna sinensis* und zahlreiche Nichtleguminosen, u. a. Tabak, Stechapfel, Tomate, Petunie,

Neuseeländer Spinat, Zinnie, Gurke, Löwenmaul, Möhre, Clarkie und *Chenopodium quinoa*.

Eigenschaften

Thermale Inaktivierung: Beim Typus 62 bis 64° C, bei abweichenden Stämmen zwischen 53 und 75° C;

Beständigkeit in vitro: 3 bis 5, gelegentlich 9 Tage;

Verdünnungsendpunkt: Bei etwa 2×10^{-3}, mitunter niedriger, vereinzelt bei 10^{-4} bzw. 10^{-5} noch infektiös;

Viruspartikel: kugelförmig, 16,5 mμ groß; Molekulargewicht etwa $2{,}1 \times 10^{6}$; Sedimentationskonstante etwa 74×10^{-13}. Serologisch nachweisbar.

Übertragung

Durch Preßsaft, aber bei hohen Temperaturen (über 27° C) erschwert; durch Pfropfung; durch die Blattläuse *Aphis gossypii*, *A. medicaginis*, *Doralis fabae*, *Myzus persicae*, *Acyrthosiphon onobrychis* und *Macrosiphon solanifolii*. Übertragbar durch einige *Cuscuta*-Arten. Das Virus ist nichtpersistent.

Testpflanzen

Tabak (nach Virusstämmen ungleich starke lokale und systemische Symptome, Eichenblattmuster), Gartenbohne (lokale braune Nekrosen, bei einigen Stämmen auch systemische Nekrosen und Chlorosen), Erbse (leichtes Mosaik und Welke; Sorte „Horal" resistent), *Chenopodium quinoa* (zum Unterschied vom Gurkenmosaikvirus systemisch), *Vigna sinensis* (braune Lokalläsionen) und Tomate; die beiden letzteren wurden auch zur Stammesdifferenzierung empfohlen; Pferdebohne (Gefäßnekrosen).

Bekämpfung

Bei Luzerne kaum erforderlich; Überalterung vermeiden. Andere gefährdete Kulturen (Paprika, Sellerie, Kartoffel, Erbse) nicht unmittelbar neben Luzerne anbauen.

Verbreitung in Europa

Bulgarien, Dänemark, Deutschland, England, Holland, Italien, Jugoslawien, Schweiz, Spanien, Tschechoslowakei, Ungarn, UdSSR, fraglich für Rumänien.

Die Mosaikkrankheit des Weißklees

Synonyme

Weißkleemosaik, white clover mosaic virus ZAUMEYER et WADE, white clover virus 1 PIERCE, *Trifolium* virus 1 (PIERCE) SMITH, witteklavervirus VAN DER WANT, Weißkleevirus QUANTZ, Erbsenscheckungsvirus, pea mottle virus, *Marmor efficiens* JOHNSON, Erbsenwelkevirus, pea wilt virus, *Marmor repens* JOHNSON.

Krankheitsbild

Mosaikmuster aus hell- bis gelbgrünen streifigen Aufhellungen von unterschiedlicher Breite und Länge längs oder zwischen den Seitenadern (Abb. 57).

Blätter nicht selten wellig oder kraus deformiert; mosaikkranke Pflanzen weniger wüchsig als gesunde.

Als Ursache des Weißkleemosaiks wurde ursprünglich ein Weißkleevirus (White clover mosaic virus, white clover virus 1, *Trifolium* virus 1 [PIERCE] SMITH) beschrieben, das nach späteren amerikanischen Untersuchungen jetzt als Komplex zweier Viren, des Scheckungsvirus (*Marmor efficiens*) und des Welkevirus der Erbse (*Marmor repens*) aufgefaßt wird, von denen nur das erstgenannte Virus durch *Cuscuta campestris* übertragen wird und in der Lage ist, auch einige Nichtleguminosen, u. a. Löwenmaul, Gurke und Spinat, zu infizieren. Für das europäische Weißkleemosaik ist der komplexe Charakter noch nicht nachgewiesen. Die in England, Holland und Deutschland untersuchten Weißkleevirus-Isolate wurden wie folgt beschrieben:

Abb. 57. Mosaikkranker Weißklee (Original QUANTZ)

Wirtspflanzenkreis

Weißklee, Gelbklee, Rotklee, Schwedenklee, Luzerne. Experimentell übertragbar auf Gartenbohne, Erbse, Gartenwicke, Linse, Weiße Lupine, Weißen Steinklee, Ackerbohne, Inkarnatklee und Zottelwicke.

Eigenschaften

Thermale Inaktivierung: etwas über 58 bzw. 60° C;
Beständigkeit in vitro: Über 20 Tage;
Verdünnungsendpunkt: Zwischen 10^{-5} und 10^{-6};
Viruspartikel: fadenförmig, Länge 476 mμ. Serologisch nachweisbar.

Übertragung

Durch Preßsaft; teilweise schwierig durch die Blattläuse *Myzus persicae*, *Doralis fabae* und vielleicht noch weitere; nicht durch Samen.

Testpflanzen

Erbsen (leichtes Mosaik, Nekrosen und Welke; auch „Perfection" und andere gegen das Erbsenmosaikvirus resistente Erbsensorten werden befallen).

Verbreitung in Europa

Dänemark, Deutschland, England, Holland, Italien, Schweiz, Spanien, Tschechoslowakei, Ungarn, wahrscheinlich weiter verbreitet.

Die Blütenvergrünung des Weißklees

Synonyme

Green petal disease, green petal virus, Blütenvergrünung der Erdbeere (siehe S. 161).

Krankheitsbild

Befallene Weiß- und Rotkleepflanzen weisen einen gedrungenen Wuchs und verstärkten Austrieb der Achselknospen auf. Die Blätter haben gelbe Ränder

Abb. 58. Die Blütenvergrünung des Weißklees, links gesund (Original BAUMANN)

und Adern. Die Blüten sind auffallend vergrünt und teilweise in unregelmäßige Blättchen umgewandelt (Phyllodie) (Abb. 58). Besonders Rotkleepflanzen sterben oft wenige Monate nach der Infektion ab. Eine weitere Wirtspflanze ist der Inkarnatklee.

Verbreitung in Europa

Deutschland, England, Holland, Italien.

Weitere Virosen auf Futterleguminosen (Wicken und Klee)

Auf den verschiedenen Wicken- und Kleearten kommen eine Reihe von Virosen vor, die vielfach durch bereits von anderen Wirten beschriebene Virusarten verursacht werden. Sie sind symptomatologisch nicht immer sicher voneinander zu unterscheiden. Die Mosaiksymptome bestehen bei Klee überwiegend in fleckigen oder streifigen Blattaufhellungen vornehmlich in der Richtung der Seitenadern; Randchlorosen und Blattdeformationen, bräunliche oder farblose nekrotische Fleckungen sowie Wuchsstauchungen können hinzutreten. Bei Zottelwicken kommen neben einer grünlichen Mosaikfleckung auch farblose Adernstrichel (Abb. 59), Blattverkleinerungen, Kräuselungen, rosettige Spitzenstauche sowie braune Adern- und Stengelverfärbungen vor. Beteiligt sind vor allem das *Phaseolus*-Virus 2, das *Pisum*-Virus 1 (auf Inkarnatklee an unterseitigen Enationen erkennbar), das *Pisum*-Virus 2 und die Viren des Weißkleemosaik-Komplexes, das Echte Ackerbohnenmosaikvirus und das Luzernemosaikvirus. Ein besonderes, dem *Phaseolus*-Virus 2 nahestehendes, symptomatologisch auf Gartenbohne aber etwas abweichendes Schwedenklee-Virus

Abb. 59. Das Scharfe Adernmosaikvirus auf Zottelwicke (Original QUANTZ)

(Alsike clover mosaic virus ZAUMEYER, *Trifolium*-Virus 3 WEISS) ist aus Nordamerika und England beschrieben. Die Symptome des Rotkleeadernmosaikvirus (red clover vein mosaic virus OSBORN) bleiben auf Rotklee und anderen Kleearten vorwiegend auf eine verschieden starke Gelbfärbung der Blattadern ohne eigentliche Mosaikscheckung beschränkt. Während diese Virose das Wachstum der Kleepflanzen wenig beeinträchtigt, ruft sie auf Erbse in Nordamerika das „Wisconsin pea stunt", eine Verkümmerungskrankheit mit starker rosettiger Spitzenstauchung, hervor. Aus Holland ist das Vorkommen einer durch Zikaden übertragbaren, aber nocht nicht näher analysierten Virose (clover enation virus) bekannt geworden, die auf Inkarnatklee einen gedrungenen Wuchs und Vergilbung der verkleinerten Blätter sowie Aderndeformationen hervorruft und vielleicht mit der Eckelrader Krankheit der Kirsche (siehe S. 135) in Verbindung steht.

Das Steinkleemosaik

Synonyme

American pea streak virus ZAUMEYER 1938 (?), Steinkleevirus QUANTZ et BRANDES.

Krankheitsbild

Die Fiederblätter infizierter Steinkleepflanzen (Abb. 60) haben streifig aufgehellte, teilweise bräunlich gezeichnete Seitenadern sowie zuweilen interkostale eintrocknende Nekrosen.

Wirtspflanzenkreis

Weißer Steinklee. Experimentell auch Kichererbse, Linse, Gelbklee, Serradella, Erbse, Ackerbohne, Narbonner Wicke, Zottelwicke, Rotklee, Inkarnatklee (latent), *Chenopodium quinoa*, wahrscheinlich auch Luzerne, nicht übertragbar auf Gartenbohne.

Eigenschaften

Thermale Inaktivierung: 68—70° C;
Beständigeit in vitro: 1—2 Tage;

Abb. 60. Das Steinkleemosaik. Blattsymptome auf Weißem Steinklee (nach QUANTZ und BRANDES)

Verdünnungsendpunkt: 10^{-5} bis 10^{-6};
Viruspartikel: stäbchenförmig, verhältnismäßig starr, Länge 616 mμ.

Testpflanze

Ackerbohne (*Vicia faba* var. *minor*), nach 6—8 Tagen lokal braune Nekrosen (Abb. 61), später systemische Welke.

Verbreitung in Europa

Deutschland.

Steinkleearten beherbergen häufig das Gelbe Bohnenmosaikvirus, daneben gelegentlich auch Viren vom Ringspot-Typ.

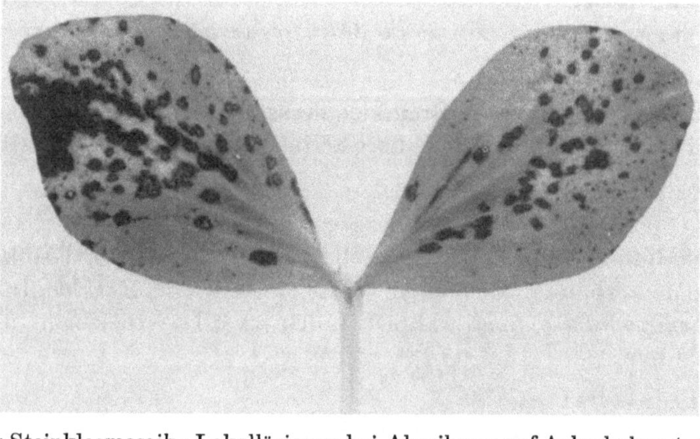

Abb. 61. Das Steinkleemosaik; Lokalläsionen bei Abreibung auf Ackerbohne (nach QUANTZ und BRANDES)

Die Rosettenkrankheit der Serradella

Krankheitsbild

Auf Serradella tritt besonders in Zuchtgärten eine Virose auf, die eine leichte Mosaikfleckung der Blätter und eine rosettenartige Stauchung der Triebspitze hervorruft (Abb. 62); die Blätter fallen oft vorzeitig ab. Bei früher Infektion bleibt der Wuchs der Pflanze büschelig gestaucht und verzwergt. Blüten- und Samenansatz sind meist deutlich vermindert. Das Serradella-Virus stellt einen Stamm des Gelben Bohnenmosaikvirus (S. 56) mit einer höheren thermalen Inaktivierung und einer geringeren Übertragbarkeit auf Gartenbohne dar.

Abb. 62. Die Rosettenkrankheit der Serradella (Original QUANTZ)

Wirtspflanzenkreis

Serradella. Experimentell übertragbar auf Ackerbohne, einige Gartenbohnensorten, Erbse, Felderbse, Gartenwicke, Weiße Lupine, Gelbe Lupine, Schwedenklee, Inkarnatklee und *Chenopodium quinoa* (lokale Chlorosen).

Eigenschaften

Thermale Inaktivierung: 60 bis 65° C;
Beständigkeit in vitro: etwas über 24 Std;
Verdünnungsendpunkt: 10^{-3} bis 10^{-4};
Viruspartikel: fadenförmig, 750 mμ lang.

Übertragung

Mit dem Preßsaft und durch *Myzus persicae*.

Testpflanzen

Erbse mit Ausnahme mosaikresistenter Sorten, Weiße Lupine (Mosaik und Spitzenbräunung), einige Gartenbohnensorten (leichte Chlorosen und Mosaik, keine Spitzennekrose), *Chenopodium quinoa* (lokale bleichgelbe Chlorosen).

Bekämpfung

In Zuchtgärten isolierter Anbau, getrennt von Klee und Gladiolen; früher Aussaat- bzw. Auspflanztermin; Einzelpflanzen sind stärker gefährdet als Drillsaat. Eine gewisse Hilfe bieten frühzeitige, wiederholte Spritzungen mit innertherapeutischen Insektiziden.

Verbreitung in Europa

Deutschland.

Die Virosen der Gemüsepflanzen

Von

M. KLINKOWSKI und H. A. USCHDRAWEIT

Das Artischockenmosaik

Synonym

Mosaico del carciofo.

Krankheitsbild

Auf der Blattspreite zahlreiche intensiv gelb gefärbte Zonen verschiedenartiger Form und Größe (∅ 1—7 mm) (Abb. 63). Im Verlauf des Wachstums kann es zur Vereinigung mehrerer derartiger Zonen kommen. Die verfärbten Flächen sind entweder unregelmäßig über die Blattspreite verteilt oder sind an der Blattbasis bzw. am Blattrand lokalisiert.

Wirtspflanzenkreis

Cynara scolymus, *C. cardunculus* var. *utilis*.

Übertragung

Durch Abreibung übertragbar.

Verbreitung in Europa

Italien.

Die Bukettkrankheit des Basilikum

Synonyme

Virosi sul basilico, Gurkenmosaik (siehe S. 79).

Krankheitsbild

Auf der Blattspreite deutliche hellgrüne und gelbliche Mosaikscheckung. Später sind die Blätter gekräuselt, zeigen Rolltendenz und sind deformiert (Abb. 64). Speziell die oberen Blätter sind klein, oft geradezu fadenförmig, die Blattränder ähneln denen einer Petersilienpflanze. Durch Verkürzung der Internodien machen die Pflanzen einen zwerghaften Eindruck, sie wirken struppig und zeigen eine charakteristische Bukettform.

Verbreitung in Europa

Italien.

Abb. 63. Das Artischockenmosaik (nach GIGANTE)

Das Blumenkohlmosaik

Synonyme

Stip, cauliflower mosaic, cauliflower virosis, cabbage mosaic, cabbage virus B, Chinese cabbage mosaic, broccoli mosaic, *Brassica* virus 3 (TOMPKINS) SMITH, *Marmor cruciferarum* HOLMES.

Krankheitsbild

Anfangssymptom junger Blätter: nicht leicht erkennbare Adernaufhellung, von der Blattbasis auf die restliche Blattspreite übergehend. Später Vergilbung der Adern, eingesäumt von dunkelgrünem Gewebe, die übrige Blattspreite

Abb. 64. Die Bukettkrankheit des Basilikum, viruskranke (links) und gesunde Kontrollpflanze (nach MARINI)

chlorotisch mit kleinen nekrotischen Flecken (anfänglich weißlich, später hellbraun). Bei teilweiser Adernaufhellung Mittelrippe gekrümmt, oberer Blattrand oft pantoffelartig eingebogen (Abb. 65). Vereinzelt helle Adernbänderung. Weitgehende Variation der Symptome. Symptommaskierung bei Temperaturen über 25° C. Bei Frühinfektion unterbleibt die „Kopfbildung". Infizierte Samenträger liefern geringe Erträge. Bei Grünkohl nekrotische Fleckung der Blätter, bei jüngeren Pflanzen Herznekrose. Bei Wirsing-, Weiß- und Rotkohl nekrotische Stippen (in Deutschland am Niederrhein Spichel oder Spökel genannt). Sie treten an Außen- und Innenblättern auf, gelegentlich folgen fleckige und nicht fleckige Blattlagen aufeinander. Diese Erscheinungen ist oft vom Abwurf der äußeren Blätter begleitet. Oft beträchtliche Verluste, da nicht selten bis zu 75% der Pflanzen infiziert sind.

Wirtspflanzenkreis

Kulturformen von *Brassica oleracea*, *B. campestris*, *Matthiola incana* (hier Buntstreifigkeit der Blüte). Experimentell auf viele Cruciferen übertragen, darunter 51 Gemüsearten, 3 Zierpflanzen und 5 Unkräuter.

Eigenschaften

Thermale Inaktivierung bei: 80° C, nach anderen Angaben bei 75°, 75 bis 77° bzw. 61° C;

Abb. 65. Das Blumenkohlmosaik (Original KLINKOWSKI)

Beständigkeit in vitro: 5—6 Tage, nach anderen Angaben 7 bzw. 14 Tage; Verdünnungsendpunkt: 10^{-3} nach anderen Angaben 2×10^{-3} bzw. 3×10^{-3}. Viruspartikel: stäbchenförmig 15×150—300 mμ.

Übertragung

Mit Preßsaft übertragbar, wobei sich Karborundzusatz empfiehlt. Zu den Vektoren dieses Virus gehören *Yezabura inculta*, *Doralina apigraveolens*, *Doralis frangulae*, *Yezabura middletonii*, *Brevicoryne brassicae*, *Hyadaphis mellifera*, *H. sii*, *Lipaphis pseudobrassicae*, *Cavaraiella archangelicae*, *Myzus ornatus*, *M. persicae*, *Acyrthosiphon onobrychis*, *Neomyzus circumflexus*, *Aulacorthum pseudosolani*. Zweifelhaft ist die Angabe für *Pieris rapae*.

Testpflanzen

Nicht übertragbar auf Tabak, *Nicotiana glutinosa* und *N. langsdorffii*. Bei Blumenkohl Adernaufhellung, der Adernbänderung und nekrotische Fleckung folgen.

Bekämpfung

Bei Kultur unter Glas Vektorenbekämpfung. Infektionsverhütung im Anzuchtbeet. Räumliche Isolierung von Kohlsamenträgern (mindestens 2 km) und Kleingärten. Ernterückstände tief unterpflügen oder verbrennen. Cruciferen-Unkräuter (Winterwirte) rechtzeitig vernichten.

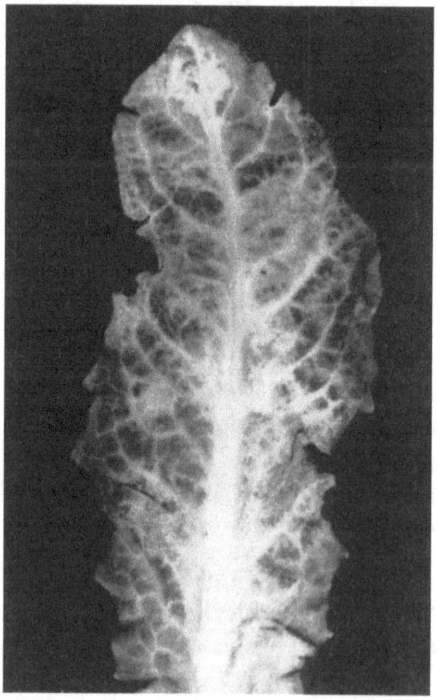

Abb. 66. Das Chicoreemosaik (Original HEIN)

Verbreitung in Europa

Deutschland, England, Holland, Irland, Polen, Spanien, Tschechoslowakei, Ungarn; fraglich für Frankreich und Rumänien.

Das Chicoree-Mosaik

Synonyme

Gurkenmosaik (siehe S.79), *Cucumis* virus 1 var. Witl. ROLAND.

Krankheitsbild

Charakteristisch ist auf der Blattspreite ein deutliches Grün- und Gelbmosaik (Abb. 66).

Wirtspflanzenkreis

Cichorium intybus, Tabak, Petunie, Gurke, Sonnenblume, *Beta*-Rübe, *Nicotiana glutinosa*, Stechapfel, *Physalis angulata*, Löwenzahn.

Eigenschaften

Thermale Inaktivierung: zwischen 50 und 55°C.

Übertragung

Mechanisch durch Abreibung mit infektiösem Preßsaft unter Zusatz von Karborund und 0,2% KCN (Verhältnis zum Preßsaft 1 : 1). Als Vektoren sind erwiesen: *Myzus persicae, M. ascalonicus* und *Aulacorthum pseudosolani.*

Testpflanze

Beim Löwenzahn interkostale Vergilbung bei jungen Blättern, Blattadern 3. und 4. Ordnung grün umsäumt.

Verbreitung in Europa

Belgien, Dänemark, Deutschland, England, Frankreich, Italien, Tschechoslowakei.

Das Gurkenmosaik

Synonyme

Cucumber mosaic, common cucumber mosaic, calico bzw. mosaic of cucumber and melon, cucumber wart disease, cucumber white pickle mosaic, spinach blight, spinach mosaic, tobacco puff, tomato fern leaf, white pickle, cucumber yellow mosaic, tomato narrow leaf, cucumber yellow mottle mosaic, ordinary cucumber mosaic, celery southern mosaic, Lupinenbräune, abaca mosaic, celery virus 1 WELLMAN, *Cucumis* virus 1 (DOOLITTLE) SMITH, *Murialba cucumeris* VALLEAU, *Marmor cucumeris* var. *vulgare* HOLMES, *Aphidophilus cucumeris* RYSHKOW und viele Stammbezeichnungen.

Krankheitsbild

Typisches Mosaik der jüngeren Blätter, mit zunehmendem Alter diffuse, kaum noch erkennbare Scheckung (Abb. 67). Gleichzeitig progressiv fortschreitende Verkürzung der Internodien, die Blätter erreichen nur noch die halbe Größe. Die Zahl der Seitentriebe wird geringer, die Ausläufer bleiben im Wachstum zurück. Fruchtsymptome variabel, an der jungen Frucht oft lediglich nur eine Scheckung, im Extrem (Temperatur über 27°C) farblose warzenähnliche Bildungen (Weißpickelstadium). Gelegentlich frühzeitiges Absterben der Blätter, Pflanzen sterben dann vorzeitig ohne nennenswerte Fruchtentwicklung. Eine der gefährlichsten Krankheiten der unter Glas gezogenen Gurkenkulturen.

Wirtspflanzenkreis

Gurke, Melone, Kürbis, Buchweizen, Rittersporn, Akelei, Veilchen, Spinat, *Beta*-Rübe, Pelargonie, Kapuzinerkresse, Ananas, Pferdebohne, Erbse, Gartenbohne, Steinklee, Luzerne, Inkarnatklee, verschiedene Lupinenarten, Sellerie, Fenchel, Petersilie, Pastinak, Zichorie, Zinnie, Dahlie, Salat, Sonnenblume, Tabak, Tomate, Petunie, Löwenmaul, Zwiebel, Banane, Levkoje, Reseda und viele andere mehr. Insgesamt etwa 200 Arten aus folgenden Familien: *Ranun-*

culaceae, Cruciferae, Violaceae, Polygonaceae, Phytolaccaceae, Chenopodiaceae, Geraniaceae, Tropaeolaceae, Cucurbitaceae, Euphorbiaceae, Leguminosae, Umbelliferae, Apocynaceae, Asclepiadaceae, Compositae, Primulaceae, Campanulaceae,

Abb. 67. Das Gurkenmosaik, rechts gesund (Original KLINKOWSKI)

Solanaceae, Scrophulariaceae, Pedaliaceae, Loganiaceae, Oleaceae, Thymelaeaceae, Dipsaceae, Borraginaceae, Passifloraceae, Commelinaceae, Liliaceae, Musaceae, Gramineae.

Eigenschaften

Thermale Inaktivierung: Schwankungsbereich der Angaben 60—70° C;
Beständigkeit in vitro: 3—4 Tage bei Zimmertemperatur;
Verdünnungsendpunkt: 10^{-4};
Viruspartikel: sphärisch, Durchmesser ca. 35 mμ.

Übertragung

Hochinfektiös, leicht preßsaftübertragbar. Zur Übertragung des nicht persistenten Virus sind folgende Vektoren befähigt: *Rungsia maydis, Cerosipha epilobiina, Metopolophium occidentale, Oniscus asellus, Diabrotica duodecimpunctata, D. vittata, Trialeurodes vaporariorum, Anuraphis subterranea, Brachycaudus helichrysi, Hyalopterus pruni, Rhopalosiphon maidis, R. nymphaeae, Doralis fabae, D. frangulae, D. mordwilkiana, D. rhamni, Doralina urticaria, Pergandeida craccae, Brevicoryne brassicae, Cavaraiella pastinacae, Coloradoa tanacetina, Myzusornatus, M. persicae, M. ascalonicus, M. ligustri, Rhopalosiphoninus latysiphon, Hyperomyzus lactucae, Nasonovia ribisnigri, Delphiniobium junackianum, Acyrthosiphon onobrychis, Neomyzus circumflexus, Aulacorthum pseudosolani, Dysaulacorthum vincae, Macrosiphon solanifolii, Dactynotus obscurus, D.*

tanaceticola und Dactylopius spec. ? = *Dactylopinus* spec. ? Übertragung auch mit Hilfe verschiedener Seidearten möglich. Samenübertragung bei Gurke möglich, schon frühzeitig an Nekrosen der Keimblätter und Mißbildungen erkennbar. Samenübertragung auch bei Melone, Kürbis und *Micrampelis* (*Echinocystis*) *lobata*. Das Virus wird durch Trocknung zerstört.

Testpflanzen

Auf Stechapfel blasse Flecke, später Mosaik und chlorotische Ringe. *Chenopodium amaranticolor* (Lokalläsionen). Der Stamm „*phaseoli*" bedingt bei Limabohne chlorotische Scheckung, der Stamm „*vignae*" löst bei *Vigna sinensis* statt der sonst üblichen rotbraunen, nekrotischen Lokalläsionen eine chlorotische Scheckung aus. Der Stamm „*judicis*" bewirkt bei *Zinnia elegans* nekrotische Lokalläsionen und wird als Indikatorstamm für das Gurkenmosaikvirus verwendet. Voraufgegangene Infektionen anderer Stämme des Gurkenmosaikvirus verhindern die Bildung nekrotischer Lokalläsionen und ermöglichen so die verwandtschaftliche Identifizierung.

Bekämpfung

Kranke Gurken vernichten, bei enger Verflechtung Pflanzen lediglich abschneiden, aber am Standort belassen. Bei Herausnahme Gefahr einer Kontaktinfektion, gleiches möglich beim Auslichten und beim Abschneiden der Früchte. Bei Gewächshauskultur Vektorenbekämpfung. Im Freilandanbau Nachbarschaft von Überwinterungswirten vermeiden.

Verbreitung in Europa

Allgemein.

Das Grünscheckungsmosaik der Gurke

Synonyme

Cucumber green mottle mosaic, cucumber aucuba mosaic, cucumber mild mosaic, cucumber ordinary mosaic, cucumber virus 3 AINSWORTH, *Cucumis* virus 2 (BEWLEY) SMITH, *Musivum astrictum* VALLEAU, *Marmor astrictum* var. *chlorogenum* HOLMES. Daneben verschiedene Stammbezeichnungen.

Krankheitsbild

Anfänglich leichte Adernaufhellung, der eine hell- und dunkelgrüne Scheckung folgt (Abb. 68). Die Blattspreite kann aufgebeult sein. Deutliche Wachstumshemmung. Blattmißbildungen, bevorzugt in den Wintermonaten. Frucht in der Regel symptomlos, beim Aucubastamm gelbe oder silbern gefärbte Streifen oder Flecke, besonders bei höherer Temperatur. Beim gleichen Stamm hellgelbe Scheckung der Blattspreite, aus sternchenartigen Flecken zusammengesetzt, über die Blattspreite verteilt oder den Blattadern folgend.

Wirtspflanzenkreis

Gurke, Melone, *Cucumis anguria, C. maderaspatanus, Citrullus vulgaris*.

Eigenschaften

Thermale Inaktivierung: zwischen 80 und 90° C;
Beständigkeit in vitro: länger als ein Jahr;
Verdünnungsendpunkt: bis zu 10^{-10};
Viruspartikel: ähnelt der des Tabakmosaikvirus.

Das Virus widersteht Trockenheit, ohne inaktiviert zu werden. Bei den in Indien vorkommenden Stämmen 2B und 2C ergeben sich Differenzierungen im

Abb. 68. Das Grünscheckungsmosaik der Gurke (Original USCHDRAWEIT)

Wirtspflanzenkreis und in den physikalischen Eigenschaften. Nach dänischen Angaben reagiert das Virus mit TMV-Antiserum.

Übertragung

Das hochinfektiöse Virus ist leicht durch Abreiben mit Preßsaft übertragbar. Ein Vektor dieses Virus ist bisher nicht bekannt.

Testpflanzen

Im Gegensatz zum Gurkenmosaikvirus ist keine Übertragung auf Solanaceen, Kürbis und *Bryonia dioica* möglich.

Bekämpfung

Die hohe Infektiosität des Virus erfordert bei der Vernichtung bzw. bei Isolierung infizierter Pflanzen besondere Vorsicht.

Verbreitung in Europa

Dänemark, Deutschland, England, Finnland, Holland, Norwegen, Rumänien, Schweden, Tschechoslowakei, UdSSR, fraglich in Italien.

Die Ringfleckigkeit der Gurke

Synonym

Tabakringfleckenvirus (siehe S. 30)

Krankheitsbild

Besonders auffällig sind die Fruchtsymptome. Es treten auf der Frucht zahlreiche helle eingesunkene Flecke auf, umgeben von einem dunkelgrünen, wäßrig erscheinenden Rand (Abb. 69). In anderen Fällen sind die eingesunkenen

Abb. 69. Die Ringfleckigkeit der Gurke; links Frucht-, rechts Blattsymptome (nach VAN KOOT und VAN DORST)

Flecke etwas größer, grau gefärbt und die dunkelgrüne Randzone ist weniger deutlich ausgeprägt. Auf den Blättern kommt es zur Bildung zahlreicher kleiner graubrauner Flecke, zuweilen sind hier die Symptome nur schwach ausgebildet. Auf jungen Gurkenpflanzen sind die kleinen braunen Flecke von einer helleren Randzone umgeben, gelegentlich Adernverbräunung. In anderen Fällen sind die eingesunkenen Flecke etwas größer, grau gefärbt und die dunkelgrüne Randzone ist weniger deutlich ausgeprägt. Auf den Blättern kommt es zur Bildung zahlreicher kleiner graubrauner Flecke, zuweilen sind hier die Symptome nur schwach ausgebildet.

Wirtspflanzenkreis

Gurke.

Eigenschaften

Thermale Inaktivierung: bei 60° C (10 min);

Beständigkeit in vitro: größer bei der Gurkenherkunft als beim Tabakringfleckenvirus;

Verdünnungsendpunkt: entspricht dem des Tabakringfleckenvirus.

Bei genügender Wärme im Gewächshaus unterbleibt die Symptomausbildung.

Übertragung

Durch Preßsaft übertragbar.

Testpflanze

Auf Gartenbohne entstehen kreisförmige braune Flecke mit hellerem Zentrum, speziell auf den Primärblättern, auf den anderen Blättern ist die Zahl der Flecke wesentlich geringer.

Bekämpfung

In Glashäusern ist für genügend warme Temperatur zu sorgen. Gurkenpflanzen auf *Cucurbita vicifolia* gepfropft sind weniger anfällig.

Verbreitung in Europa

Holland, Norwegen, Rumänien, Tschechoslowakei, UdSSR.

Die Schwarzringfleckigkeit des Kohls

Synonyme

Kohlringfleckenvirus, Goldlackmosaik, wallflower mosaic, cabbage black ring, cabbage black ring spot, cabbage mosaic, turnip mosaic, turnip virus 1, *Brassica* virus 1 Smith, *Aphidophilus cruciferae* Ryshkow, Wasserrüben- und Kohlrübenmosaik (siehe S. 39).

Krankheitsbild

Bei ausgewachsenen Pflanzen, besonders auf der Oberfläche älterer Blätter, nekrotische Ringe, gelegentlich von einem chlorotischen Hof umgeben (Abb.70). Die nahezu schwarzen Ringe sind in das Blattgewebe eingesunken. Die Nekrosen, die auch auf Blattstiel und Stengel übergreifen, besitzen bei jüngeren Pflanzen die Form runder oder unregelmäßiger Flecke. Es folgt Blattfall und teilweises oder totales Absterben der Vegetationspunkte.

Wirtspflanzenkreis

Weißkohl, Blumenkohl, Wasserrübe, Meerrettich, Spinat, Tabak, Stechapfel, *Datura metel, D. ferox, Nicotiana glutinosa, N. calyciflora, N. sylvestris, N. repanda, N. bigelovii, N. langsdorffii, N. multivalvis, N. quadrivalvis, N. rustica,* Goldlack, Levkoje, *Matthiola bicornis, Hesperis matronalis,* Zinnie, Rhabarber, Melde, *Chenopodium murale,* Vogelmiere, Hirtentäschel, Reseda, Petunie, *Arabis* spec., *Malcolmia maritima, Roripa nasturtium-aquaticum, Brassica napus, B. napus* var. *napobrassica, B. rapa, B. pekinensis, B. japonica, B. nigra, B. jun-*

cea, B. alba, B. arvensis, B. pe-tsai, B. adpressa, Lunaria annua, Begonia semperflorens, Verbena hybrida, Mohn, *Papaver nudicaule, P. rhoeas, Scabiosa atropurpurea, Senecio cruentus, Myosotis alpestris, Anchusa capensis, Chrysanthemum coronarium, Dimorphotheca aurantiaca, Raphanus sativus, R. sativus* var. *longipinnatus, Calendula officinalis.*

Eigenschaften

Thermale Inaktivierung: 59—60° C, nach anderen Angaben 56—65° C;
Beständigkeit in vitro: 2—3 Tage;
Verdünnungsendpunkt: 7×10^{-2} bis 10^{-3}, nach anderen Angaben bis 10^{-4};
Viruspartikel: fadenförmig, flexibel.

Übertragung

Als Vektoren des nichtpersistenten Virus fungieren *Brevicoryne brassicae, Aulacorthum pseudosolani, Doralis fabae, Pergandeida craccivora, P. medi-*

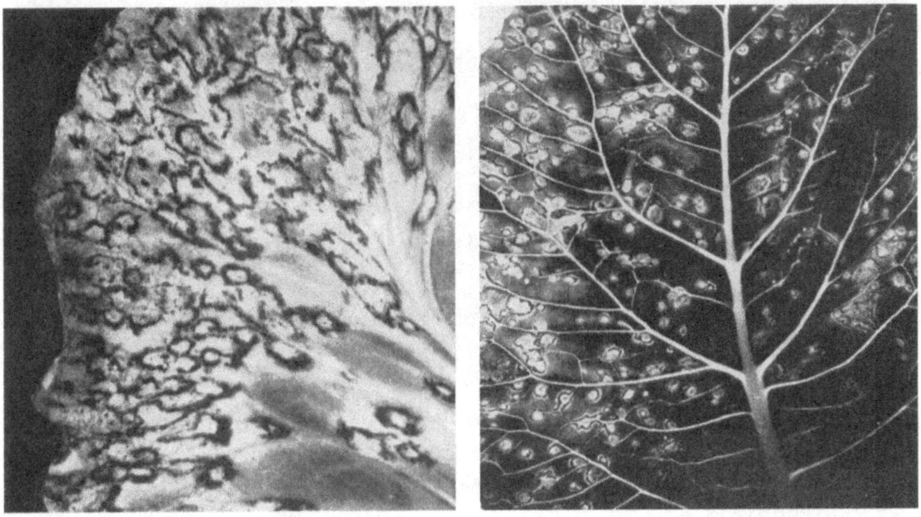

Abb. 153. Die Schwarzringfleckigkeit des Kohls; links Blumenkohl, rechts Weißkohl (Bild: BBA Neuss)

caginis, Cerosipha epilobiina, Cavaraiella pastinace a, Rhopalomyzus lonicerae, Myzodes certus, Capitophorus elaeagni, Dysaulacorthum aegopodii, Macrosiphoniella artemisiae und *Myzus persicae.* Das Virus ist mechanisch durch Preßsaft übertragbar. Saatgutübertragung ist nicht erwiesen.

Testpflanzen

Chenopodium amaranticolor (Lokalläsionen), auf den Tabaksorten „Samsun“ und „White Burley“ auf den abgeriebenen Blättern kleine braune Lokalläsionen (Inkubationszeit 7—10 Tage). Bei *Nicotiana glutinosa* systemisches gelbfleckiges Mosaik, bei niederen Temperaturen großflächige Nekrosen (Inkubationszeit 10—14 Tage), bei *N. langsdorffii* systemisches Mosaik.

Bekämpfung

Vernichtung der Unkräuter, die als Überwinterungswirte epidemiologisch bedeutsam sein können. Zusätzlich ist Bekämpfung der Vektoren anzuraten, insbesondere die Jungpflanzen sind vor einer Infektion zu schützen. Das Virus ist serologisch nachweisbar.

Verbreitung in Europa

Belgien, Deutschland, England, Griechenland, Irland, Österreich, Portugal, Spanien, Tschechoslowakei, fraglich für Frankreich und Norwegen.

Abb. 71. Das Liebstöckelmosaik (links gesund) (nach K. M. Smith und Markham)

Das Liebstöckelmosaik

Synonyme

Lovage virus, *Levisticum* mosaic.

Krankheitsbild

Deutliche streifenartige Blattscheckung, verbunden mit Entwicklungshemmung (Abb. 71). Vereinzelt treten Nekrosen auf.

Wirtspflanzenkreis

Liebstöckel, Tabak, Gartenbohne, Erbse, Gurke, Paprika, *Nicotiana glutinosa*, *N. sylvestris*, *N. langsdorffii*, *N. rustica*, Stechapfel, *Lavatera trimestris*, *Arabis hirsuta*; symptomloser Träger: Tomate.

Eigenschaften

Thermale Inaktivierung: zwischen 55 und 60° C;

Beständigkeit in vitro: etwa 1 Woche;
Verdünnungsendpunkt: zwischen 10^{-2} und 10^{-3}.

Übertragung

Durch Abreibung mit infektiösem Preßsaft leicht übertragbar, bei Liebstöckel jedoch nur mit Schwierigkeiten. Ein Vektor dieses Virus ist nicht bekannt.

Testpflanzen

Deutliche Lokalläsionen bei Tabak (var. „White Burley") und *Nicotiana sylvestris* mit nachfolgender systemischer Nekrose.

Verbreitung in Europa

England, fraglich in Deutschland und in der Tschechoslowakei.

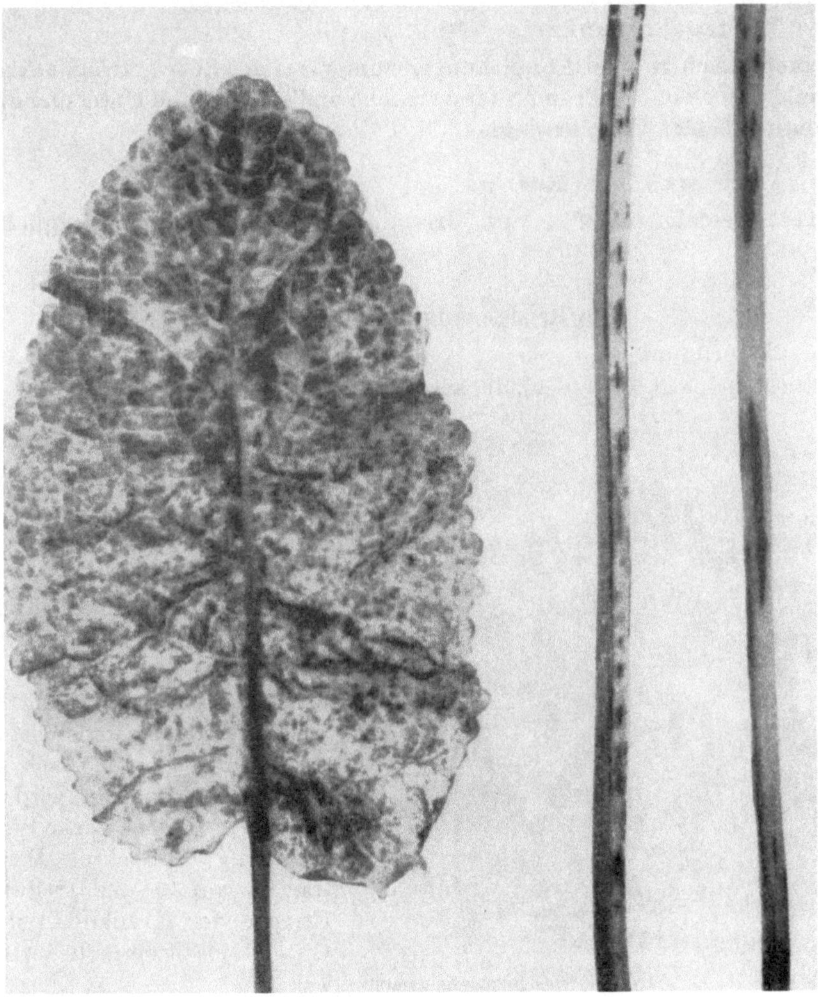

Abb. 72. Das Meerrettichmosaik (nach POUND)

Das Meerrettichmosaik

Synonym

Stamm des Virus der Schwarzringfleckigkeit des Kohls (siehe S. 84).

Krankheitsbild

Chlorotische, fleckenförmige Scheckung mit vorangehender Adernaufhellung, die Blätter bleiben klein. Mit zunehmendem Alter wird die Scheckung diffus, die eingestreuten chlorotischen Flecke sind dann hellgelb. An der Peripherie dieser Flecke kommt es später zu einer nekrotischen Ringbildung. Nekrosen treten auch an Blattstielen (Abb. 72), Blattadern und an den Wurzeln auf. Bei tieferen Temperaturen kann es zu einer ausgesprochenen Fadenblättrigkeit kommen.

Wirtspflanzenkreis

Es ergeben sich gewisse Abweichungen zum Virus der Schwarzringfleckigkeit des Kohls, jedoch haben Prämunitätsversuche und serologische Untersuchungen die Identität beider Viren erwiesen.

Verbreitung in Europa

Belgien, Deutschland, England, Irland, Rumänien, Spanien, fraglich für Frankreich.

Die Reisigkrankheit des Paprika

Synonyme

Rosette disease, arriciamento, ujhitu, kustistost, uiebla nueva, wtrunt schwane.

Abb. 73. Die Reisigkrankheit des Paprikas (nach KOVACHEVSKY)

Krankheitsbild

Typisch ist die gedrängte Blattanhäufung an der Sproßspitze bei Verkürzung der Internodien. Besonders die Spitzenblätter sind stark verschmälert und oft deformiert. Die Interkostalfelder der Blätter sind aufgehellt; der Fruchtansatz ist gering, die Früchte sind klein und meist mißbildet (Abb. 73). Je nach Zeitpunkt der Infektion wird eine mehr oder weniger starke Wuchshemmung beobachtet. Der Ertrag ist auf 10—30% reduziert. Erreger der Krankheit ist das Gurkenmosaikvirus (siehe Seite 79).

Verbreitung in Europa

In allen Paprikakulturen verbreitet.

Die Mosaikkrankheiten des Paprika

Die Paprikapflanzen werden noch von einer Reihe anderer Viren befallen. Infektionen des Kartoffel-X- und ähnlich des Tabakmosaik-, wie auch des Kartoffel-Aucuba-Virus bewirken je nach Virusstamm Symptome vom leichten Mosaik bis zu schwerer nekrotischer Reaktion, die auch zum Abwerfen der Blätter bzw. Absterben der ganzen Pflanze führen kann. Demgegenüber wirken sich Infektionen des Kartoffel-Y-Virus weniger stark aus und ergeben außer einer Aufhellung der Interkostalfelder keine Deformationen und auch kaum Einflüsse auf den Fruchtansatz. Durch große weiße oder gelbe Fleckung zeichnen sich die häufigen durch das Luzernemosaikvirus hervorgerufenen Infektionen (Buntblättrigkeit) aus (Abb. 74). Die Stolbur-Krankheit äußert sich in Aufhellung und Welken der Blätter. Da die Wurzeln der Pflanzen absterben, gehen diese bald ein. Eine Bekämpfung dieser Krankheit ist durch Verwendung insektizider Mittel zur Abtötung der Zikadenüberträger möglich.

Abb. 74. Die Buntblättrigkeit des Paprikas (nach KOVACHEVSKY)

Verbreitung in Europa

Polen, Spanien, Südeuropa, UdSSR.

Das Salatmosaik

Synonyme

Lettuce mosaic, *Lactuca* virus 1 (JAGGER) SMITH, *Marmor lactucae* HOLMES.

Krankheitsbild

Kranke Pflanzen bleiben bei unvollständiger Kopfbildung (lose Blattrosetten) kleiner, die mißbildeten Blätter sind gescheckt oder chlorotisch (Abb. 75) und von harter Konsistenz. Die Blattverfärbungen können blasse Flecke von unregelmäßiger Form darstellen. Charakteristisch ist eine ausgesprochene Blattrandzähnung. Im weiteren Krankheitsverlauf treten nekrotische Flecke zwischen

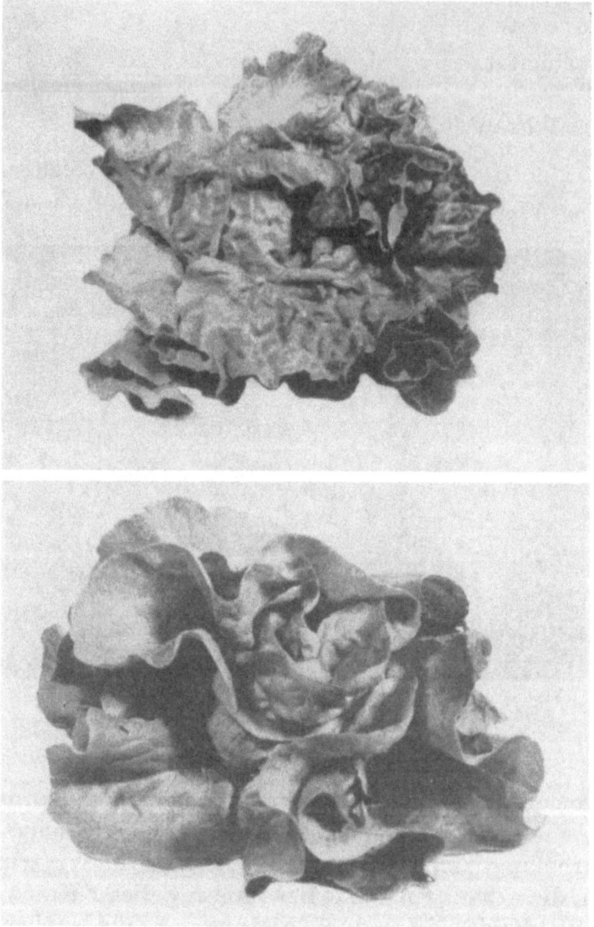

Abb. 75. Das Salatmosaik (oben virusinfiziert) (Original Klinkowski)

oder längs den Blattadern auf, bei einzelnen Sorten auch an Stengeln, Deckblättern und Blütenknospen. Nekrosen treten besonders im Sommer auf, im Frühjahr ist die Scheckung vorherrschend. Bei Samenträgern geringer Samenertrag.

Wirtspflanzenkreis

Salat, Endivie, *Lactuca serriola*, *L. virosa*, *L. angustana*, *L. livida*, *L. saligna*, *L. scariola*, *Sonchus asper*, *Carduus broteri*, *Urospermum picroides*, *Senecio vulgaris*, *Lathyrus odoratus*, *Tagetes erecta*, *Gomphrena globosa*, Aster, Cinerarie, Mangold, Zinnie.

Eigenschaften

Thermale Inaktivierung: zwischen 55 und 60° C, nach anderer Angabe bei 54° C;

Beständigkeit in vitro: 48 Stunden bei Zimmertemperatur;

Verdünnungsendpunkt: $5—7 \times 10^{-1}$, bei Zusatz von 0,5%iger Natriumsulfitlösung bei 10^{-2} bis $1{,}5 \times 10^{-2}$;

Viruspartikel: fadenförmig, flexibel 22×746 mμ.

Übertragung

Durch Abreibung mit infektiösem Preßsaft. Als Vektoren des nichtpersistenten Virus fungieren *Doralis frangulae*, *Myzus persicae*, *Nasonovia ribisnigri*, *Aulacorthum scariolae*, *A. pelargonii*, *Macrosiphon solanifolii*, *Dactynotus sonchi*. Nicht unwesentliche Bedeutung hat beim Salatmosaikvirus die Samenübertragung.

Testpflanzen

Gomphrena globosa und *Chenopodium urbicum* reagieren 10—14 Tage nach erfolgter Infektion mit Bildung von Lokalläsionen. Bei *Lathyrus odoratus* Stengelnekrose.

Bekämpfung

Die Verwendung gesunden Saatgutes ist die wichtigste Vorbeugungsmaßnahme, kranke Sämlingspflanzen sind beim Verpflanzen auszusondern. Salat verschiedener Altersstufen soll nicht benachbart angebaut werden. Samenanbauflächen isolieren. Frühpflanzungen sind stärker gefährdet als späte, ein gleiches gilt für Pflanzen in geschützter Anbaulage. Der Bekämpfung des Winterwirtes (*Senecio vulgaris*) ist Beachtung zu schenken. Estermittel vermindern die Infektionsrate, jedoch ist hier bei Anwendung bei fortgeschrittener Entwicklung, im Hinblick auf den Konsum, Vorsicht am Platze. Starke Stickstoffdüngung ist zu vermeiden. Bei der Sorte „Cheshunt Early Giant" erfolgt keine Samenübertragung.

Verbreitung in Europa

Bulgarien, Dänemark, Deutschland, England, Frankreich, Holland, Irland, Italien, Jugoslawien, Norwegen, Österreich, Polen, Portugal, Schweden, Schweiz, Tschechoslowakei, Ungarn, fraglich für Rumänien.

Die Blattnekrose des Salates

Synonyme

Dandelion yellow mosaic, lettuce necrosis, *Taraxacum* virus 1 KASSANIS, *Marmor taraxaci* KLINKOWSKI.

Krankheitsbild

Primärsymptom bronzefarbene Nekrosen, die netzförmig die Blattspreite bedecken, vereinzelt sind sie ringförmig oder Ringbruchstücke. Die Blätter werden schwarz und schrumpfen (Abb. 76). Unter Glas treten sekundär Chlorosen auf, Wachstumshemmung und Verzwergung sind die Folge. Bei Samenträgern sind die Blütenstände nekrotisch, der Samenansatz ist weitgehend reduziert. Bei Löwenzahn hellgelbe Ringe und Flecke.

Wirtspflanzenkreis

Salat, *Lactuca serriola*, *L. virosa*, Löwenzahn.

Übertragung

Bei Karborundzusatz durch Abreiben mit infektiösem Preßsaft übertragbar. Als Vektoren fungieren *Myzus ornatus*, *M. ascalonicus*, *Nasonovia ribisnigri*, *Aulacorthum pseudosolani*.

Bekämpfung

Die Vernichtung des perennierenden Wirtes (Löwenzahn) ist anzustreben.

Verbreitung in Europa

England, Norwegen, fraglich für die Schweiz.

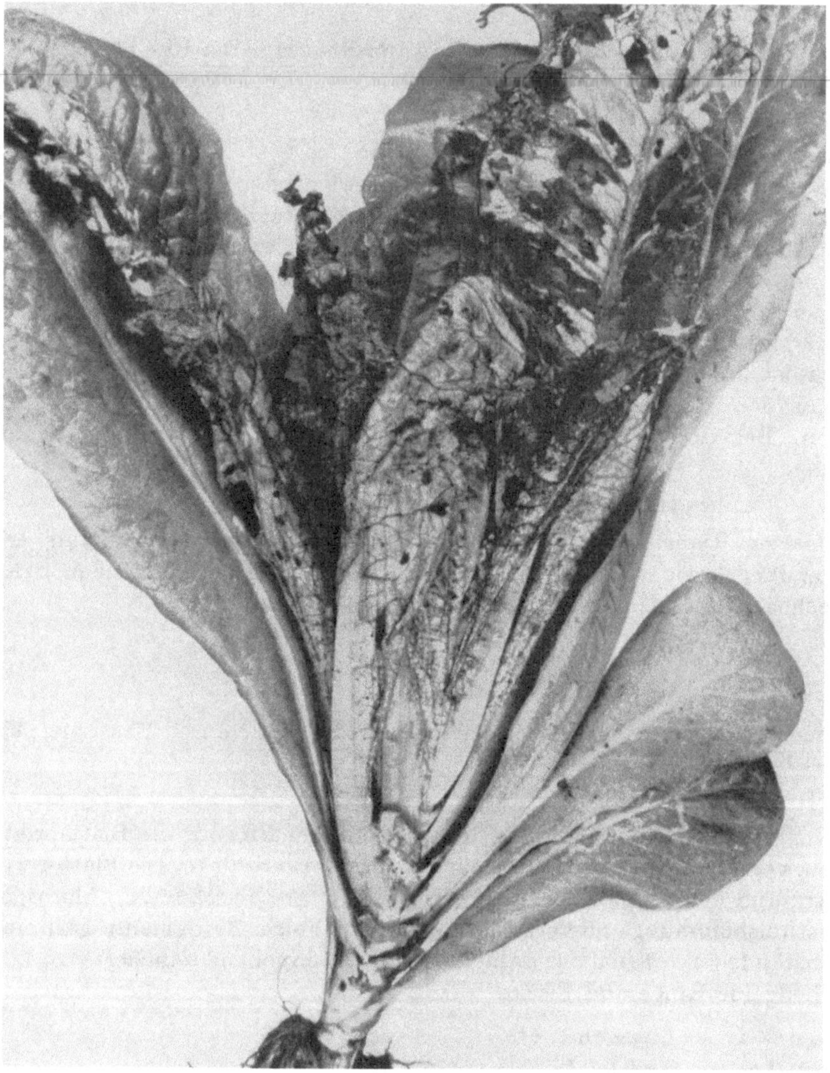

Abb. 76. Die Blattnekrose des Salates (nach KASSANIS)

Das Selleriemosaik

Synonyme

Western celery mosaic, *Apium* virus 1 ROLAND, *Marmor umbelliferarum* HOLMES.

Krankheitsbild

Gelbliche Adernbänderung, auf den äußeren Blättern oft gelbliche, punktförmige Verfärbungen (Abb. 77). Die Blattstiele bleiben oft kurz, gelegentlich tritt dieses Symptom nur auf den mittleren Blättern auf. Mit fortschreitender Erkrankung treten auf der Oberseite der äußeren Blätter anfänglich rostfarbene, später braune nekrotische Flecke auf.

Wirtspflanzenkreis

Sellerie, Mohrrübe. Experimentell übertragen auf Dill, Kerbel, Kümmel, Koriander und Petersilie.

Abb. 77. Das Selleriemosaik, links virusinfiziertes, rechts gesundes Blatt (nach ROLAND)

Eigenschaften

Thermale Inaktivierung: zwischen 40 und 45° C, nach anderen Angaben zwischen 55 und 60° C;
Beständigkeit in vitro: 4—6 Tage bei Zimmertemperatur;
Verdünnungsendpunkt: 4×10^{-3}.

Übertragung

Durch Preßsaft übertragbar. Als Vektoren fungieren *Myzus persicae, Doralina apigraveolens, D. apii, Yezabura middletoni, Y. inculta, Doralis fabae, D. frangulae, Aulacorthum pseudosolani, Hyadaphis mellifera, Cavaraiella archangelicae, Neomyzus circumflexus.*

Testpflanze

Bei Mohrrübe Chlorosen der jüngsten Blätter.

Verbreitung in Europa

Belgien, Polen, vermutlich auch in Deutschland.

Das Südliche Selleriemosaik

Synonyme

Celery southern mosaic, Gurkenmosaikvirus (siehe S. 79), *Commelina* virus 1 WELLMAN, celeryvirus 1 WELLMAN, *Marmor cucumeris* var. *commelinae* HOLMES.

Krankheitsbild

Als Anfangssymptom folgt einer Adernaufhellung eine leuchtend gelbe, später schwächer werdende Scheckung. In Einzelfällen Verkürzung der Blattstiele. Folgesymptome bestehen in chlorotischer Eichenblattzeichnung, seltener in Zickzackbänderung. Auch das Vorkommen unregelmäßiger chlorotischer Flecke ist bekannt. Im weiteren Krankheitsverlauf nekrotische (anfangs lachsfarbene, später braune) Flecke und Streifen auf den Blattstielen.

Bekämpfung

Im Umkreis von mindestens 20 m soll die Vernichtung aller Wirtspflanzen des Gurkenmosaikvirus erfolgen.

Verbreitung in Europa

England, Frankreich, Norwegen, Polen; fraglich Deutschland, Italien und Tschechoslowakei.

Abb.78. Das Spinatmosaik (Rübenmosaikvirus) (nach BÖNING)

Das Spinatmosaik

Synonym

Rübenmosaikvirus (siehe S. 34)

Krankheitsbild

Anfangssymptom bei Sommerspinat deutliches Aufwärtswölben der jüngeren Blätter, gleichzeitig kleine goldgelbe Flecke, die oft einen dunklen Zentralpunkt besitzen (Abb. 78). Einzelne Flecke können sich vereinigen, die Verfärbung bleibt jedoch stets mosaikartig. Kranke Pflanzen bleiben deutlich in der Entwicklung zurück, die älteren Blätter sterben ab. Schließlich bleibt nur ein kleiner Schopf runzliger Blätter bestehen. Bei Winterspinat sind die Symptome weniger auffällig. Die Krankheit tritt bevorzugt dort auf, wo das Rübenmosaik stärker auftritt.

Bekämpfung

Beseitigung der Infektionsquellen. Vektorenbekämpfung.

Verbreitung in Europa

Belgien, Bulgarien, Deutschland, England, Frankreich, Irland, Italien, Jugoslawien, Norwegen, Schweiz, Tschechoslowakei, Ungarn.

Abb. 79. Die Gelbfleckigkeit des Spinats (GMV) (nach BEHR)

Die Gelbfleckigkeit des Spinats

Synonym

Spinach blight, Gurkenmosaikvirus (siehe S. 79)

Krankheitsbild

Mehr oder minder ausgeprägte Chlorose, die allmähliche Vergilbung der ganzen Pflanze, von den jüngeren Blättern ausgehend, bedingt (Abb. 79). In Einzelfällen Kräuselung, Aufbauchung und Deformation der jüngeren Blätter, oft mit deutlicher Wachstumshemmung verbunden. Im späteren Krankheitsverlauf vorzeitiges Absterben der gebräunten Blätter, von den älteren auf die jüngeren übergreifend. Die Pflanze geht zugrunde. Bei schwacher Infektion Reduktion der Blattspreite, häufig ist das Blatt einwärts gerollt.

Bekämpfung

Beseitigung der Infektionsquellen. Vektorenbekämpfung.

Verbreitung in Europa

Belgien, Deutschland, England, Frankreich, Griechenland, Holland, Italien, Jugoslawien, Polen, Rumänien, Schweden, Tschechoslowakei.

Die Spinatvergilbung

Synonym

Vergilbungsvirus der Rübe (siehe S. 35).

Krankheitsbild

Unregelmäßige große gelbe Flecke auf der Blattspreite (Abb. 80), gestauchter Wuchs und Deformation der Blätter, die oft unsymmetrisch sind. Blattstiele verdreht. Tritt besonders dort auf, wo das Vergilbungsvirus der Rübe endemisch ist; Winterspinat dann häufige Ansteckungsquelle für die *Beta*-Rüben.

Abb. 80. Die Spinatvergilbung (Sorte „Virginia Savoy"), Anfangssymptome (Bild: BBA Neuss)

Bekämpfung

Vektorenbekämpfung mit systemischen Insektiziden, Beseitigung der Infektionsquellen.

Verbreitung in Europa

Belgien, Bulgarien, Dänemark, Deutschland, England, Frankreich, Irland, Jugoslawien, Polen, Schweiz, Tschechoslowakei, Ungarn, fraglich für Italien und Österreich.

Das Tomatenmosaik

Synonyme

Ordinary tomato mosaic, mild tomato mosaic, Tabakmosaik (siehe S. 24); Stämme: Tomaten-Aukuba-Mosaik, Tomaten-Strichel- und Streifenkrankheit.

Krankheitsbild

Leichte bis mittlere Stauchung der ganzen Pflanze. Die Blätter zeigen bei Grünstämmen (gewöhnliches Tomatenmosaik) schwache bis mittlere Mosaikfleckung mit leichten Blattentstellungen, die sich besonders in einer deutlichen Zuspitzung der Blättchen und der Blattzähnung äußern. Auch Kräuselungen und Verdrehungen der Blattspreite kommen vor. Alle Symptome sind bei den Gelbstämmen, dem Aukubamosaik, sehr viel deutlicher; besonders fällt das gelbstichige Mosaik auf (Abb. 81). Die Früchte sind gelegentlich fleckig. Der Ertragsverlust ist bei Gelbstämmen größer. Bei der Strichel- und Streifenkrankheit treten außerdem noch schwärzliche strichelförmige Nekrosen auf Blattadern, Blattstielen und Stengeln auf. Die Früchte können fleckige Nekrosen und zuweilen

Abb. 81. Das Tomatenmosaik, hervorgerufen durch einen Gelbstamm des TMV (Original USCHDRAWEIT)

schwere Entstellungen zeigen. Gelegentlich treten Reduktionen der Blattspreite auf, die bis zur „Fadenblättrigkeit“ führen können (siehe S. 107). Da das TMV in vielen Stämmen vorkommt, variieren die Symptome beträchtlich.

Bekämpfung

Bei der Anzucht auf strengste Hygiene achten, dampfentseuchte Erde verwenden, sorgfältig auf kranke Pflanzen achten und diese vorsichtig entfernen und unschädlich machen. Hände und Geräte gut reinigen. Hände gründlich mit Seife oder besser mit einem Gemisch aus 8% Trinatriumphosphat und 4% Seife, in warmem Wasser aufgelöst, waschen und mit sauberem Wasser nachspülen. Geizen und Anbinden bei gesunden und kranken Pflanzen getrennt vornehmen. Bei den Arbeiten nicht rauchen. Bei fraglichen Pflanzen Saatgewinnung nach der Salzsäuremethode (auf 100 l Fruchtpulpe 2—4 l Handelssalzsäure von 27 Gewichtsprozenten. spezifisches Gewicht 1,14, zufügen, umrühren, mit Wasser gut nachwaschen und sorgfältig trocknen). Die Möglichkeit der Saatgutübertragung wird unterschiedlich beurteilt.

Testpflanzen

Bei *Nicotiana glutinosa* Lokalläsionen, bei *Chenopodium amaranticolor* Lokalläsionen mit nachfolgender systemischer Infektion, beim Typus des TMV lediglich Lokalläsionen.

Verbreitung in Europa

In allen Tomatenanbaugebieten. In Deutschland kommen hauptsächlich Stämme vor, die auf *Nicotiana sylvestris* nicht systemisch werden, sondern nur nekrotische Primärläsionen hervorrufen.

Die Schwere Strichelkrankheit der Tomate

Synonyme

Kombinationsstrichel, severe tomato-streak, tomato double virus streak, estria negra, black streak.

Krankheitsbild

Die Schwere Strichelkrankheit wird hervorgerufen durch eine Mischinfektion der Viren TMV (siehe S. 24) und Kartoffel-X-Virus.

Abb. 82. Die Schwere Strichelkrankheit der Tomate mit Nekrosen auf Blättern und Trieben (Original Uschdraweit)

Die Infektion äußert sich meist als schwerer Schock, wobei die jungen Pflanzen häufig absterben; ältere und stärkere Pflanzen erholen sich, bleiben aber schwach und geben keinen Ertrag. Schwere Stauchung und Verfärbung der jungen Triebe, Blätter klein und mosaikfleckig mit Nekrosen in den Interkostalfeldern (Abb. 82). Strichelförmige Nekrosen an Blattstielen und Stengeln. Absterben der

Triebspitze und der stark befallenen Blätter, Blütenbildung gering. Früchte oft fleckig, teilweise nekrotisch und entstellt.

Bekämpfung

Hygienische Maßnahmen gegen die Viren, die beide nur durch Saft, nicht durch Insekten übertragen werden. Vorsicht beim Arbeiten mit Kartoffeln!

Verbreitung in Europa

Vermutlich in allen Tomatenanbaugebieten.

Die Aspermie der Tomate

Synonyme

Lycopersicon virus 7 BLENCOWE et CALDWELL, aspermy disease of tomato BLENCOWE et CALDWELL, *Chrysanthemum* Aspermie (siehe S. 199). Stamm des Gurkenmosaikvirus (siehe S. 79).

Krankheitsbild

Durch Schwächung und Absterben der Triebspitzen erhöhte Bildung von Seitentrieben und buschiges Aussehen (Abb. 83). Die Blätter sind verkrümmt,

Abb. 83
Die Aspermie der Tomate, Sorte „Condine Red“ (nach HOLLINGS)

zeigen dunkelgrüne Verfärbung und bilden Enationen. Die Samenbildung wird unterdrückt. Nach erfolgter Infektion gebildete Früchte bleiben oft klein.

Übertragung

Durch Saft, nicht durch Samen und Boden. Als Vektoren fungieren *Myzus persicae*, *Dysaulacorthum vincae*, *Aulacorthum pseudosolani*, *Pyrethromyzus sanborni* und *Coloradoa rufomaculata* (?). Das Virus ist nichtpersistent.

Testpflanzen

Mit einiger Einschränkung *Petunia* und *Physalis angulata*. *Nicotiana glutinosa* eignet sich zur Differenzierung von Stämmen. Die Reaktionen bestehen in einer schwachen Scheckung ohne Blattdeformationen oder in erheblichen Blattdeformationen oder in schwerer Nekrose. Lokalläsionen auf *Chenopodium amaranticolor*.

Bekämpfung

Hygienische Maßnahmen. Insektenbekämpfung. Vermeidung gemeinschaftlichen Anbaus von Tomaten und Chrysanthemen.

Verbreitung in Europa

Dänemark, England, Italien, Norwegen, Schweden.

Das Kartoffel-Y-Virus an Tomate

Krankheitsbild

Nicht sehr charakteristische Adernaufhellung und Scheckung, die etwa 7—9 Tage nach der Infektion auftritt, dann aber meist völlig verschwindet. Durch schwere Stämme treten seit einigen Jahren aber auch nekrotische Bezirke auf den Blattspreiten, besonders der Spitzenblätter auf, die Scheckung ist viel deutlicher als bei schwachen Stämmen, außerdem wird Stauchung beobachtet. Bei Mischung mit X-Virus treten auch Nekrosen auf.

Verbreitung in Europa

Allgemein.

Das Kartoffel-X-Virus an Tomate

Krankheitsbild

Sehr schwache Mosaikscheckung, leichte Stauchung, jedoch meist deutliche Ertragsdepression. Bei Mischung mit anderen Viren verstärken sich die Symptome erheblich (siehe besonders Schwere Strichelkrankheit der Tomate, S. 98).

Verbreitung in Europa

Allgemein.

Das Gurkenmosaikvirus an Tomate

Krankheitsbild

Meist nur geringfügige Symptome, die bei ungünstiger Witterung allerdings sehr verstärkt werden, wobei Entstellungen der Blätter bis zur Fadenblättrigkeit auftreten können. Bei Mischung mit anderen Viren wesentlich schwerere Symptome.

Verbreitung in Europa

Allgemein.

Die Korkwurzelkrankheit der Tomate

Nach neueren Untersuchungen wird diese sehr verbreitete und gefürchtete Krankheit nicht, wie bisher vermutet, durch Viren der Tabaknekrosegruppe, sondern durch noch nicht näher bekannte bodenbewohnende Pilze verursacht. Die folgenden Angaben gelten daher wohl für ein sekundär auftretendes Virus.

Synonyme

Kurkwortel van tomaat, corky scab, brune røtter, Schlafkrankheit, corky root disease.

Krankheitsbild

Abnorme Vergrößerung der Zellen in den äußeren Geweben der Wurzel, darauf Bildung eines Korkkambiums zwischen den hypertrophierten Geweben und dem

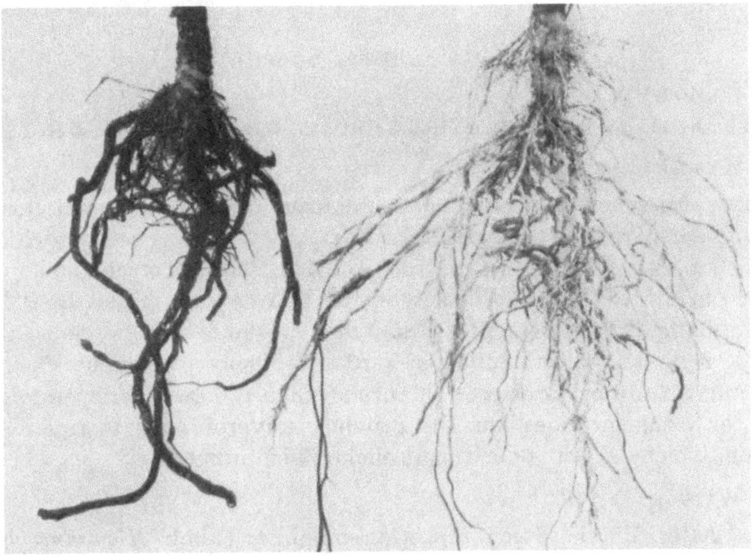

Abb. 84. Die Korkwurzelkrankheit der Tomate, links kranke, rechts gesunde Pflanze (nach BREMER)

normalen Rindengewebe (Abb. 84). Die Wurzeln schwellen an und werden nekrotisch, die Rinde löst sich vom Zentralzylinder. Sekundäre Fäulniserscheinungen. Die Pflanzen sind schmächtig, welken leicht, zeigen Wachstumsstockungen und leichte Chlorose der Blätter.

Wirtspflanzenkreis

Experimentell übertragbar auf spanischen Pfeffer, Tomate, Stechapfel, Tabak, Petunie, Gartenbohne, *Gomphrena globosa* und *Physalis franchetti*.

Eigenschaften

Thermale Inaktivierung: bei 92° C;
Beständigkeit in vitro: mindestens 3 Monate;
Verdünnungsendpunkt: 10^{-4};
Das Virus gehört vermutlich zur Gruppe der Tabaknekroseviren (siehe S. 25).

Übertragung

Durch den Boden.

Bekämpfung

Erddämpfung, Entseuchung mit chemischen Mitteln (Injektion mit Larvacide (Chlorpikrin) 4—5 l je a; Gießen mit handelsüblichem Formaldehyd (Formalin) 70 l je a auf leichten Böden scheint der Erddämpfung nachzustehen. Verbesserung der Bodenstruktur.

Verbreitung in Europa

Dänemark, Deutschland, Holland, Norwegen, Schweden, fraglich für Frankreich.

Das Bushy-Stunt der Tomate

Synonyme

Tomato bushy stunt, *Lycopersicon* virus 4 SMITH, *Marmor dodecahedron* HOLMES.

Krankheitsbild

Buschiges Aussehen der befallenen Pflanzen durch Absterben der Triebspitzen und Ausbildung sekundärer Sprosse. Ältere Blätter werden chlorotisch und verfärben sich gelb oder purpurrot. Auf den Blättern erscheinen leuchtend gelbe oder purpurne Ringe und Linienmuster. Später schrumpfen die Blätter ein und fallen häufig ab. Auf den Infektionsstellen erscheinen runde, oft nekrotische Flecke, die primär infizierten Blätter werden fahlgelb mit grünen Flecken und fallen häufig ab. Junge infizierte Pflanzen gehen ein oder fallen infolge einer Nekrose des Stengelgrundes um. Die Frucht oft symptomlos, in anderen Fällen Scheckung, bleiche Flecke oder ringähnliche Zeichnungen.

Wirtspflanzenkreis

Tomate, Aster, Zinnie, Stechapfel, Gartenbohne, Tabak, *Nicotiana glutinosa*, *N. langsdorffii*, *Mimulus* spec. und *Vigna sinensis*.

Eigenschaften

Thermale Inaktivierung: bei 80° C;
Beständigkeit in vitro: bei Zimmertemperatur sehr gering, bei + 1° C länger als 28 Tage;
Viruspartikel: sphärisch oder nahezu sphärisch, Durchmesser 29—30 mμ.

Übertragung

Durch Preßsaft leicht übertragbar, ebenfalls durch *Cuscuta campestris*, nicht durch Samen.

Testpflanzen

Bei *Vigna sinensis* kleine Lokalläsionen nach 3—4 Tagen, zuerst blaß, dann entwickeln sich rote Ränder. Die Läsionen vergrößern sich, behalten aber das blasse Zentrum und die roten Ränder bei. Keine systemische Infektion. Beim Stechapfel gelbe runde Flecke oder Flecke mit verästelten Ausläufern als Lokalsymptome, später systemische Infektion mit Kräuselung und ockergelber und grüner Fleckung. Lokalläsionen entstehen nach Infektion bei *Amaranthus caudatus* und Gartenbohne.

Bekämpfung

Gewöhnliche Vorsichtsmaßregeln gegen saftübertragbare Krankheiten. Hitzebehandlung kranker Tomaten führt nach 4—5 Wochen bei 37° C zur Bildung virusfreier Triebe. Das Virus ist serologisch nachweisbar.

Verbreitung in Europa

England, Irland, Italien, Schweden.

Ob die aus anderen europäischen Ländern gemeldeten Virosen mit ähnlichen Symptomen (siehe auch Verzwergungskrankheit der Tomate) durch das Bushy-Stunt-Virus hervorgerufen sind, ist nicht mit Sicherheit bekannt.

Die Stolburkrankheit der Tomate

Synonyme

Chlorogenus australiensis var. *stolbur* KOVACHEWSKY, *Leptomotropus koraževscianus* RYSHKOW, Südliche Stolburkrankheit, Fruchtverholzungsvirus der Tomate.

Das Virus wird vielfach als ein Stamm des bisher in Europa noch nicht mit Sicherheit beobachteten „Tomato big bud virus", *Lycopersicon* virus 5 (SAMUEL, BALD et EARDLEY) SMITH, *Galla australiensis* HOLMES, *Chlorogenus australiensis* HOLMES, *Leptomotropus lycopersici* RYSHKOW angesehen, das neuerdings als Stamm des Virus der Falschblütigkeit von *Vaccinium macrocarpon* (*Vaccinium* virus 1 (DOBROSCKY) SMITH, *Chlorogenus vaccinii* HOLMES, *Leptomotropus vaccinii* RYSHKOW) betrachtet wird. Siehe auch S. 22.

Krankheitsbild

Die Blätter infizierter Pflanzen sind stark verkleinert, die Einzelblättchen sind z. T. löffelförmig verbeult, ihre Nerven und der Rand der Blattunterseiten sind rötlich, der Blattrand oberseits z. T. hellgrün gefärbt. Infloreszenzen und Blütenknospen stehen aufrecht, die Kelchsegmente sind ganz oder teilweise verwachsen, der Kelch ist blasenförmig erweitert und viel größer als normal (Abb. 85). Die Petalen und auch die Stamina sind sehr klein und teilweise grün. Das Gynaeceum dagegen ist häufig vergrößert, vor allem der Gynophor kann außerordentlich verlängert sein. Solche Blüten sind steril und bilden sich dann, wenn die Blüte sich nach der Infektion entwickelt. Erfolgt die Infektion während des Blühens oder des Fruchtansetzens, dann bilden sich nur kleinere Früchte aus, die ganz oder in Segmenten weniger intensiv gefärbt, hart, zäh (Holzigkeit der Früchte) und geschmacklos sind und weniger Samen enthalten als normal. Solche Früchte sind ohne jeden wirtschaftlichen Wert.

Abb. 85. Die Stolburkrankheit der Tomate (nach KOVACHEVSKY)

Wirtspflanzenkreis

Tomate, Eierfrucht, Kartoffel, Tabak, Paprika, Stechapfel, *Datura tatula*, *Helianthus annuus* und eine Reihe von Unkräutern, von denen besonders der Ackerwinde, *Convolvulus arvensis*, eine große Bedeutung als Winterwirt des Vektors und als Infektionsreservoir des Virus zukommt.

Übertragung

Durch Pfropfung, durch *Cuscuta campestris*, nicht durch den Saft, nicht durch den Samen. Als Vektor fungiert *Hyalesthes obsoletus*, unsicher ist die Angabe für *Aphrodes bicinctus*.

Bekämpfung

Bekämpfung der Überträger mit Insektiziden. Bekämpfung der ausdauernden Wirtspflanzen, besonders der Ackerwinde.

Verbreitung in Europa

Bulgarien, Jugoslawien, Österreich, Italien, Rumänien, Schweiz, Tschechoslowakei, Ungarn, UdSSR.

Die Verzwergungskrankheit der Tomate

Erreger

Als Erreger werden genannt: Mischinfektionen von TMV und GMV. Doch scheint auch ein noch nicht näher bekanntes selbständiges Virus ähnliche Symptome hervorrufen zu können.

Krankheitsbild

Stauchung und buschiger Wuchs. Entstellung der Blätter, wobei die Blättchenzahl vermehrt oder vermindert wird; es tritt auch unsymmetrische Fiederung mit rundlichen Blättchen auf, die gekräuselt und aufgewölbt sein können (Abb. 86). Farbveränderungen ins Rötliche und Violette. Unfruchtbarkeit.

Stauchung besonders bei zeitiger Infektion deutlich, bei Infektion im Juli und später meist nur Verfärbungen.

Bekämpfung

Übliche Bekämpfungsmaßnahmen gegen TMV und GMV. Da schwere Verluste besonders bei der Infektion junger Tomatenpflanzen eintreten, ist spätes Auspflanzen zu vermeiden.

Verbreitung in Europa

Deutschland, Frankreich, Holland, Schweiz, Ungarn, vermutlich in allen Tomatenanbaugebieten.

Abb. 86. Die Verzwergungskrankheit der Tomate (nicht näher identifiziertes Virus) (Original USCHDRAWEIT)

Die Bronzefleckenkrankheit der Tomate

Synonyme

Bronzetop, stripe, maladie bronzée, taches bronzées, kromnek oder Kat River disease, tomato spotted wilt, „T. S. W.“ virus, tomato virus, tomato virus 1 JOHNSON, *Lycopersicon* virus 3 (BRITTLEBANK) SMITH, *Lethum australiense* var. *typicum* HOLMES, pineapple yellow spot, pineapple side rot, *Ananas* virus 1 SMITH, *Thripsophilus lycopersici* RYSHKOW.

Krankheitsbild

Das erste Symptom ist ein büscheliges Aussehen der Triebspitze durch Wachstumshemmung, ferner Abwärtskrümmung und Starrtracht der Blätter, dann erscheinen bronzefarbene oder nekrotische Flecke (Abb. 87), besonders an der Basis der Blättchen, auch diffuse Bronzefärbung ohne scharfe Ränder, zuerst nur auf der Oberseite, später auch auf der Unterseite. Dunkle Flecke an Blattstielen und Blättern. Später deutliche Stauchung der ganzen Pflanze. Fruchtansatz sehr schlecht, Früchte klein, mit gelben und roten konzentrischen Zeichnungen. Meistens vorzeitiges Absterben der ganzen Pflanze.

Wirtspflanzenkreis

Zahlreiche Arten der Familien: *Solanaceae* (Tomate, Tabak, Kartoffel, Eierfrucht), *Compositae* [Salat, Endivie, Sonnenblume, *Callistephus*, *Chrysanthe-*

mum, Dahlia, Senecio (*Cineraria*)] und *Papilionaceae* (Gartenbohne, Erbse), ferner Spinat, Sellerie, *Hippeastrum, Zantedeschia, Impatiens, Begonia, Campanula, Trachelium, Matthiola, Saintpaulia, Sinningia, Papaver, Calceolaria, Tropaeolum* u. a.[1])

Eigenschaften

Thermale Inaktivierung: zwischen 40—48° C;

Beständigkeit in vitro: unterschiedliche Angaben: 1 Stunde, weniger als 5 Stunden, 5—6 Stunden;

Verdünnungsendpunkt: 10^{-5} bis 10^{-6};

Das Virus besteht aus Ellipsoiden von 90—120 mμ Durchmesser.

Übertragung

Nicht durch Samen. Durch Preßsaft junger infizierter Pflanzen mit Wattebausch bei Anwendung von Abrasionsmitteln, wobei sich Zusatz von Natrium-

Abb. 87. Die Bronzefleckenkrankheit der Tomate (nach KLINKOWSKI und USCHDRAWEIT)

sulfit empfiehlt. Als Vektoren fungieren: *Thrips tabaci, Frankliniella nigripes, F. moultoni, F. occidentalis, F. fusca, F. paucispinosa, F. schultzei* und *Liothrips pistaciae*.

Testpflanzen

Bei *Nicotiana glutinosa* nach etwa 3—4 Tagen Primärläsionen, mit heller Mitte und dunklem Rand, die sich allmählich, häufig unter Bildung konzentrischer Ringe, auf ∅ von 2—3 mm vergrößern. Später häufig Absterben der Testpflanzen. Bei Petunie Lokalläsionen nach 2—3 Tagen als runde Flecke mit heller Mitte und rostbraunem Rand, später systemische Erkrankung, jedoch nur in seltenen Fällen.

[1]) Weitere Wirtspflanzen sind im Test- und Wirtspflanzenverzeichnis (S. 288) aufgeführt und mit einem Stern gekennzeichnet worden.

Bekämpfung

Bekämpfung der Überträger. Vermeidung von gemeinschaftlichem Anbau mit möglichen Wirtspflanzen wie *Zantedeschia*, *Dahlia* und anderen.

Verbreitung in Europa

In den meisten tomatenbauenden Ländern Europas (Belgien, Bulgarien, Deutschland, England, Frankreich, Irland, Italien, Norwegen, Polen, Schweden, Spanien, Tschechoslowakei, UdSSR); in klimatisch ungünstigen Gebieten in Gewächshäusern und nur selten im Freiland.

Die Farn- oder Fadenblättrigkeit der Tomate

Synonyme

Nadelblättrigkeit, tomato narrow-leaf, shoe string mosaic, fern leaf.

Hervorgerufen durch das Tabakmosaikvirus (siehe S. 24), das Gurkenmosaikvirus (siehe S. 79). Umweltbedingungen wie Lichtmangel, hohe Temperaturen und hohe Luftfeuchtigkeit fördern die Symptomausprägung.

Krankheitsbild

Schwache chlorotische Verfärbung oder Fleckung, Vermehrung oder Verringerung der Fiederblättchen, Verschmälerung der Blattfläche, oft bis zur völligen Reduktion, so daß nur der Mittelnerv übrig bleibt (Fadenblättrigkeit, siehe Bd. I, Abb. 20). Blattzähnung sehr verschärft, Blattfläche oft gewölbt. Früchte kleiner als normal. Manchmal die ganze Pflanze anomal verzweigt und buschig.

Ähnliche Symptome treten auch als Folge von Hormonbehandlungen auf.

Verbreitung in Europa.

Allgemein.

Die Schwarzringfleckigkeit der Tomate

Synonym

Tomato black ring disease.

Krankheitsbild

An jungen Tomatenpflanzen zeigen die Blätter und manchmal auch die Stengel kleine schwarze Ringe, die sich ausbreiten (Abb. 88) und den Vegetationspunkt zerstören können. An Stengeln und Unterseite der Blattstiele entwickeln sich außerdem dunkle rötliche Striche. Überstehen die Pflanzen den ersten Anfall, so verlieren sich die Symptome rasch bis auf leichte dunkelgrüne Blattverfärbungen und geringe Entstellungen. Die Frucht weist keine Symptome auf.

Wirtspflanzenkreis

Tomate, Tabak, *Nicotiana glutinosa*, Gurke, Kürbis, Gartenbohne, Stechapfel, Rote Rübe, Spinat, Kapuzinerkresse, Petunie, *Chenopodium amaranticolor*, *Tetragonia expansa*. Latente Träger sind *Atropa belladonna*, *Cheiranthus cheiri*,

Abb. 88. Die Schwarzringfleckigkeit der Tomate, Sorte „Condine Red" (nach K. M. Smith)

Abb. 89. Nekrotische Ringbildung bei Tabak (Sorte „White Burley") nach Inokulation mit dem Virus der Schwarzringfleckigkeit der Tomate (nach K. M. Smith)

Dipsacus silvestris, Löwenmaul, *Lampsana communis*, *Primula obconica*, *Schizanthus* spec., *Viola tricolor*, *Sinningia* spec.

Eigenschaften

Thermale Inaktivierung: bei etwa 58° C;
Beständigkeit in vitro: 7 Tage und mehr;
Verdünnungsendpunkt: zwischen 10^{-2} und 10^{-3}.

Übertragung

Durch Preßsaft; ein übertragendes Insekt ist nicht bekannt.

Testpflanze

Chenopodium amaranticolor: blaßgelbe Lokalläsionen nach 3—5 Tagen, die sich in kleine gelbe Ringe und Flecke umwandeln. Systemische Symptome: gelbliche Flecke und Blattentstellungen nach 2—3 Wochen. Bei Tabak (Sorte „White Burley") nekrotische Ringe (Abb. 89) oder hellgelbe chlorotische Ringe oder chlorotische Ringe und hellgrünes Bandmosaik. Auf Gurke (Sorte „Telegraph") Enationenbildung (Abb. 90).

Bekämpfung

Hygienische Maßnahmen.

Verbreitung in Europa

England.

Abb. 90. Die Schwarzringfleckigkeit der Tomate, Enationenbildung auf Gurke, Sorte „Telegraph" (nach K. M. SMITH)

Die Fleckenkrankheit und Gelbsucht der Zichorie

Synonyme

Virenfleckigkeit, chicory blotch, chicory yellows, *Cichorium* virus 1 KVÍČALA, *Marmor cichorii* KVÍČALA.

Krankheitsbild

Einer Adernaufhellung folgen Scheckung, Gelbfleckung, Nekrosen und Blattdeformationen.

Wirtspflanzenkreis

Cichorium intybus var. *sativum*.

Eigenschaften

Thermale Inaktivierung: zwischen 65 und 70° C;

Beständigkeit in vitro: bei 18—22° C 24 Std.;
Verdünnungsendpunkt: 5×10^{-1}.

Übertragung

Das Virus ist durch Preßsaft unter Karborundzusatz übertragbar.

Verbreitung in Europa

Tschechoslowakei.

Die Gelbstreifigkeit der Zwiebel

Synonyme

Zwiebelrotz, Rotzkrankheit, Streifenkrankheit, onion yellow dwarf, onion mosaic, onion brittle, onion crinkles, bigarrure jaune de l'oignon, *Allium* virus 1 (MELHUS) SMITH, *Marmor cepae* HOLMES.

Krankheitsbild

Auf den gelblichgrünen Schlotten deutliche längere gelbe Streifen, außerdem unregelmäßig gewellt und verdreht. Die Schlotten im Querschnitt abgeflacht und vielfach eingebeult, ihre schlaff herabhängenden Spitzen berühren den Erdboden (Abb. 91). Häufig Krankheitskennzeichen nur auf einem Teil der Schlotte. Blütenstengel turgeszent, aber chlorotisch, verdreht und bis zu 30 cm kürzer als bei gesunden Samenträgern. Wachstumshemmung auch deutlich bei Aufwuchs aus Steckzwiebeln. Blütenansatz wesentlich geringer, Samen oft nur mangelhaft ausgebildet und vielfach nicht keimfähig. Im ersten Anbaujahr infizierte Zwiebeln überwintern schlecht. Ertragsausfälle in einjährigen Beständen bis 25%, im Samenbau Ertragsminderungen bis zu 50 bis 75%.

Abb. 91. Die Gelbstreifigkeit der Zwiebel (Original KLINKOWSKI)

Wirtspflanzenkreis

Zwiebel, Porree, *Allium ascalonicum*, *A. vineale*, *A. cepa* var. *viviparum* (symptomloser Träger), *A. cepa* var. *solaninum*, *Muscari comosum*, *Narcissus tazetta*, *N. jonquilla*.

Eigenschaften

Thermale Inaktivierung: zwischen 75—80° C;
Beständigkeit in vitro: 100 Std. in Blättern bei 29° C;
Verdünnungsendpunkt: 10^{-4}.

Übertragung

Bei Preßsaftübertragung beträgt die Inkubationszeit 7—14, im Mittel 12 Tage. Infektion auch durch hypodermale Injektion. Als Vektoren des nichtpersistenten Virus sind bekannt: *Monellia caryae, M. caryella, Myzocallis alhambra, M. asclepiadis, M. quercicola, Drepanaphis acerifoliae, Calaphis betulella, Therioaphis* spec., *Thripsaphis ballii, Neothomasia populicola, Pseudomicrella viminalis, Periphyllus negundinis, Pterocomma salicis, Ceruraphis viburnicola, Brachycaudus cardui, Cryptosiphon essigi, Hyalopterus pruni, Rhopalosiphon maidis, R. rhois, Carolinaia setariae, Comaphis* (?) *helianthi, Doralis fabae, D. frangulae, Doralina ageratoidis, D. decepta, D. oenotherae, D. pomi, Aphis sambucifoliae, Pergandeida medicaginis, Brevicoryne brassicae, Brachycolus atriplicis, Lipaphis pseudobrassicae, Myzus cerasi, M. persicae, M. ornatus, M. ascalonicus, Capitophorus flaveolus, Cryptomyzus ribis, Hyperomyzus* (?) *monardae, Acyrthosiphon onobrychis, A. porosum, Nectarosiphon rossi, N. rubi, Neomyzus circumflexus, Aulacorthum pelargonii, A. pseudosolani, A. purpurascens, Dysaulacorthum vincae,, Macrosiphon rosae, M. solanifolii, Dactynotus ambrosiae, D. gravicornis, D. rudbeckiae, D. taraxaci, Anoecia* spec., *Prociphilus fraxinifolii, Stagona corrugatans.* Unsicher sind die Angaben für *Macrosteles divisus* und *Phenacoccus* spec.

Testpflanze

Bei *Narcissus jonquilla* ähnliche Symptome wie bei der Zwiebel.

Bekämpfung

Frühzeitige Vernichtung erkrankter Pflanzen. Samenbau isoliert von einjährigen Beständen. Speziell bei Schalotten frühzeitige Ernte der als Pflanzgut bestimmten Zwiebeln. Zur Orientierung über den Gesundheitszustand zur Samengewinnung bestimmter Zwiebeln ist bereits im Winter Vortreiben im Gewächshaus oder in einem hellen und warmen Raum zweckmäßig. Bei der Ernte Pflanzenrückstände vernichten. Das Virus ist serologisch nachweisbar.

Verbreitung in Europa

Vermutlich in allen zwiebelanbauenden Ländern, das Vorkommen ist bisher nicht erwiesen in Belgien, Griechenland, Irland, Jugoslawien, Portugal und der UdSSR.

Die Virosen des Kern-, Stein- und Beerenobstes

Von

G. Baumann

Die Bekämpfung der Viruskrankheiten der Obstbäume

In der Bekämpfung der Viruskrankheiten der Obstbäume sind wir bisher lediglich auf vorbeugende Maßnahmen angewiesen. Da der Ausgangspunkt der Virusverbreitung vor allem in der Verwendung infizierter Reiser oder Unterlagen bzw. in der Stecklings- oder Samengewinnung von kranken Mutterbäumen zu suchen ist, müssen die ersten Maßnahmen in Baumschulen und Wildlingsbaumschulen einsetzen. Alle sichtbar erkrankten Unterlagen sind zu entfernen und die Mutterpflanzen mit Hilfe geeigneter Indikatoren auf latenten Virusbefall zu prüfen. Den gleichen Prüfungen werden die Standbäume für die Reisergewinnung und die Samenspenderbäume unterzogen. Dieser Test erfolgt am zweckmäßigsten nach der in East Malling/Großbritannien entwickelten Methode des „Doppelpfropfens" (double budding — double grafting): In eine nachweislich virusfreie Unterlage werden ein Auge des zu prüfenden Baumes und darüber ein Auge des geeigneten Indikators okuliert. Am Austrieb der Indikatorsorte läßt sich dann in den folgenden Jahren erkennen, ob der unter Test befindliche Baum virusfrei ist oder nicht. Für einige Steinobstvirosen hat sich auch der Pfirsichtest im Gewächshaus gut bewährt: An ein- oder zweijährigen getopften Pfirsichsämlingen werden etwa ab Mai Rindenpfropfungen mit den zu testenden Bäumen durchgeführt. (Einsetzen zungenförmiger Rindenschildchen ohne Augen in entsprechende Kerben ober- oder unterhalb eines Auges am Pfirsichsämling = chip-budding.) Wird der Sämling dann bis zur Pfropfstelle zurückgeschnitten, lassen sich in der Regel am Neuaustrieb schon nach 4—6 Wochen Symptome erkennen.

Diejenigen Mutterbäume, die sich frei, auch von latentem Virusbefall, erweisen, werden dauerhaft gekennzeichnet und damit für die Reiser- bzw. Samengewinnung angekört. In Holland, wo die Baumschulkontrolle auf Virusfreiheit vorbildlich durchgeführt wird, erfolgen Reiserentnahme und -versand ausschließlich durch Vertreter des Niederländischen Allgemeinen Anerkennungsdienstes für Baumschulware (NAKB), die auch die regelmäßige Kontrolle der Anzucht und der verkaufsfähigen Ware in den Baumschulen durchführen und die Entfernung virusinfizierten Materials beaufsichtigen. Das Markenetikett bürgt in Holland nicht nur für Sortenechtheit und Qualität, sondern auch für Virusfreiheit der Baumschulware.

Durch Schnittmaßnahmen ist der Virusbefall nicht zu beeinflussen, im Gegenteil, starker Verjüngungsschnitt fördert in der Regel die Symptomausprägung. Eine Übertragung durch Schnittwerkzeuge ist nicht sehr wahrscheinlich.

Die grundsätzliche Entfernung virusbefallener Ertragsbäume aus den Anlagen kann — solange Insektenübertragbarkeit der betreffenden Virose nicht sicher erwiesen ist, — nur dort angeraten werden, wo garantiert virusfreies Baumschulmaterial zum Nachpflanzen zur Verfügung steht. In allen anderen Fällen sollte man sich vorläufig nur auf das Roden schlecht tragender und abgängiger Bäume beschränken.

Das Apfelmosaik

Synonyme

Apple mosaic, apple infectious variegation, aucubabont, mosaico del melo, Jelta jabalkova mosaika, *Pyrus* virus 2 (BRADFORD et JOLEY) SMITH, *Marmor mali* HOLMES.

Krankheitsbild

Die Symptome sind ausschließlich auf die Blätter beschränkt und treten hier in Form einer gelben oder cremefarbenen Scheckung auf (Abb. 92, siehe auch Bd. I, Abb. 12 und 14). Am häufigsten entstehen Flecke, Ringe oder Linien in wechselnder Form und Anzahl, auch Adernbänderung kommt vor. Die Scheckung erfaßt oft ganze Teile der Blattspreite, wobei es später, begünstigt durch intensive Lichteinstrahlung zur Bildung nekrotischer Flecke und zu stärkerem Blattfall kommen kann. Die unterschiedliche Symptomausprägung ist zum Teil sortenbedingt, im wesentlichen aber dem Vorhandensein von mehreren Virusstämmen zuzuschreiben, die auch die Ertragsleistung empfindlicher Sorten in wechselndem Ausmaß beeinflussen können. Bei „Cox Orange Pippin" und „Allington Pippin" sind Ertragseinbußen von 30—40% durch Befall mit einem virulenten Mosaikstamm nachgewiesen worden, der auch das Wachstum von Apfelsämlingen stark beeinträchtigte.

Abb. 92. Das Apfelmosaik (Original BAUMANN)

Wirtspflanzenkreis

Apfel. Experimentelle Übertragung gelang auf *Cotoneaster harroviana, Eriobotyra japonica, Photinia arbutifolia, Sorbus pallescens*, Pfirsich und *Rosa* spec.

Übertragung

Die Übertragung erfolgt durch Pfropfung oder Okulation. In jungen stark wachsenden Trieben wird das Virus nicht immer systemisch und die jüngsten Augen solcher Triebe können virusfrei sein. Für Samen- oder Insektenübertragbarkeit bestehen keine Anhaltspunkte. Während aus Amerika über mechanische Übertragung auf krautige Pflanzen und gelungene Rückinfektionen mittels *Cuscuta subinclusa* eines auf Apfel Mosaiksymptome hervorrufenden Virus berichtet wird, sind bei dem in Europa vorkommenden Apfelmosaikvirus bisher keine der genannten Übertragungsarten erfolgreich gewesen.

Testpflanzen

„Lord Lambourne", Malling IX (*Malus pumila domestica*). Latentes Vorkommen schwacher Stämme des Virus in Unterlagen — East Malling Klone — ist möglich.

Bekämpfung

In England konnte eine erfolgreiche Wärmebehandlung erarbeitet werden: Im Herbst inokulierte getopfte Apfelsämlinge werden während der Sommermonate 27 Tage einer konstanten Temperatur von 37° C bei möglichst geringer Luftfeuchtigkeit ausgesetzt. Die nach der Behandlung gebildeten Triebe zeigten keine Symptome, und das Virus ließ sich auch durch Pfropfübertragung in ihnen nicht mehr nachweisen.

Verbreitung in Europa

Belgien, Bulgarien, Dänemark, Deutschland, England, Finnland, Frankreich, Holland, Italien, Jugoslawien, Norwegen, Österreich, Schweden, Schweiz, Tschechoslowakei, Ungarn, UdSSR, fraglich für Rumänien.

Das Linienmosaik des Apfels

Synonyme

Apple line mosaic, prastenovidno proscharvane, *Pyrus* virus 5 CHRISTOFF.

Krankheitsbild

Schon auf den jungen sich gerade entfaltenden Blättern sind bereits vereinzelte oder zahlreiche blaßgrüne unregelmäßige Flecke, Bogen oder Ringe zu erkennen (Abb. 93). Sie sind meist nicht scharf umgrenzt, verlaufen aber in der Regel in der Nähe der Nervatur. Gelegentlich bleiben die Blätter auch symptomlos. Auf den Früchten kommt es zur Bildung zahlreicher dunkelgrüner Flecke von ringförmiger Gestalt.

Wirtspflanzenkreis

Apfel. Die East Malling-Typen I—V, VII—X, XIV, XV und XVII—XX sind symptomlose Träger.

Abb. 93. Das Linienmosaik des Apfels; Blattsymptome (nach CHRISTOFF)

Übertragung

Durch Pfropfung und Okulation; Inkubationszeit 10—12 Monate.

Verbreitung in Europa

Bulgarien.

Die Flachästigkeit des Apfels

Synonyme

Flat limb, Rillenkrankheit, furede grene, flate greiner, fårade grenar, plastomania.

Krankheitsbild

In der Regel am zwei- oder dreijährigen Holz, seltener an jüngerem, treten die ersten Symptome in Form flacher Rillen oder Mulden, meist in der Nähe einer Verzweigungsstelle auf. Mit fortschreitendem Dickenwachstum nehmen die Einsenkungen an Tiefe zu, häufig entstehen durch einseitig gehemmtes Dickenwachstum Verdrehungen und Mißbildungen der stärkeren Äste (Abb. 94). An diesen Stellen ist die Gewebedifferenzierung gestört. Im fortgeschrittenen Stadium

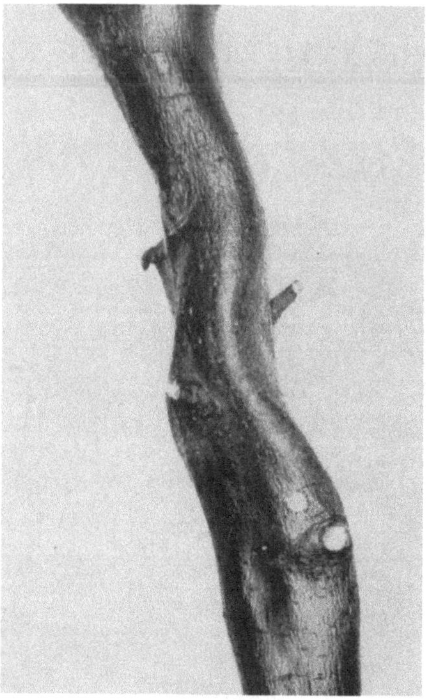

Abb. 94. Die Flachästigkeit des Apfels (Sorte „Gravensteiner“) (Original BAUMANN)

der Erkrankung kann es neben scharf begrenzten frostplattenartigen Einsenkungen zum Aufreißen der Rinde und zum Freilegen des Holzkörpers kommen, ein Schadbild, das nicht selten auch bereits am Stamm zu beobachten ist. Die hierdurch hervorgerufene Brüchigkeit des Holzes führt häufig zum Abbrechen der Tragäste. Die Stärke der Symptomausprägung ist je nach Sorte und auch innerhalb der Bäume der gleichen Sorte unterschiedlich. Stark wachsende Unterlagen und alle Umweltbedingungen, die ein kräftiges Wachstum der Sorte begünstigen, fördern die Symptombildung. Inwieweit Virusstämme am Zustandekommen der unterschiedlichen Krankheitsbilder beteiligt sind, ist noch nicht geklärt. Als besonders anfällig gelten die Sorten „Gravensteiner“ und „Signe Tillish“, daneben „James Grieve“, „Ontario“ u. a.; „Ingrid Marie“ ist symptomloser Träger.

Wirtspflanzenkreis

Apfel.

Übertragung

Durch Pfropfung und Okulation, Inkubationszeit 8 Monate bis 2 Jahre. Für Insekten- oder Samenübertragbarkeit bestehen keine Anhaltspunkte.

Testpflanzen

„Gravensteiner“, „Signe Tillish“ (*Malus pumila domestica*).

Verbreitung in Europa

Belgien, Bulgarien, Dänemark, Deutschland, Italien, Jugoslawien, Norwegen, Österreich, Schweiz.

Die Gummiholzkrankheit des Apfels

Synonyme

Rubbery wood, rubberziekte, gummistammer, gummived.

Krankheitsbild

Vor allem an diesjährigen Trieben zweijähriger und älterer Äste und Stämme wird durch den Virusbefall die vollständige Lignifizierung des Xylems und der Tracheiden unterbunden, die Wände sind nur mit Zellulose verdickt. Die Triebe werden dadurch biegsam (Gummiholz) (Abb. 95) und häufig so weich, daß man sie mit dem Finger eindrücken kann. Bei starkem Befall, ist die mangelnde Holzausbildung auch an älteren Ästen festzustellen, die sich bei Fruchtbehang nach unten neigen. In leichteren Fällen findet man beim Durchschneiden diesjähriger

Abb. 95. Die Gummiholzkrankheit des Apfels, links gesund (Sorte „Lord Lambourne") (nach POSNETTE und CROPLEY)

Triebe auch noch Sektoren mit normaler Lignifizierung. Daher gibt der Farbtest zum Nachweis dieser Virose (Ligninprobe mit Phlorogluzin-Salzsäure) nicht immer befriedigende Ergebnisse, d. h. er läßt infizierte Bäume nicht immer mit Sicherheit erkennen. Die Stärke der Symptomausprägung wird im wesentlichen durch die Unterlage beeinflußt, schwächer wachsende Unterlagen lassen das

Schadbild stärker in Erscheinung treten. Deutliche Symptome zeigen in der Regel die Sorten „Lord Lambourne", „Sunset", „Michaelmas Red", „Golden Delicious" und „James Grieve". „Laxtons Superb", „Blenheim", E. M. I, II und IX gelten als latente Träger. Das Virus kommt in mehreren Stämmen vor, virulente rufen bei „Lord Lambourne" stärkereWachstumsdepressionen hervor.

Wirtspflanzenkreis

Apfel.

Übertragung

Durch Pfropfung und Okulation. Für Insekten- und Samenübertragbarkeit bestehen keine Anhaltspunkte.

Testpflanze

„Lord Lambourne" (*Malus pumila domestica*).

Verbreitung in Europa

Dänemark, Deutschland, England, Frankreich, Holland, Irland, Norwegen, Schweden, Schweiz, fraglich für die Tschechoslowakei.

Der viröse Besenwuchs des Apfels

Synonyme

Viröse Triebsucht, Hexenbesenkrankheit, Proliferationsvirose, proliferatieziekte, witch's broom, scopazzi del melo.

Krankheitsbild

Vornehmlich an den Wasserschossen der Apfelbäume kommen diesjährige Augen vorzeitig zur Entwicklung und bilden in großer Anzahl kurze Seitentriebe (Abb. 96). Der Haupttrieb stellt häufig sein Wachstum ein und stirbt gegen Ende der Vegetationsperiode ab. An den normalen Trieben des Baumes kommt dieser vorzeitige Austrieb weniger häufig vor, doch findet hier eine Umstimmung der Blütenknospen in Laubknospen statt. An den Blättern fällt die ab-

Abb. 96. Der viröse Besenwuchs des Apfels, links gesund (Sorte „Schöner von Boskoop") (nach BOVEY und BLUMER)

normale Größe der Stipeln auf (Abb. 97). Die Früchte zeigen keine besonderen Symptome, bleiben aber kleiner und der Ertrag infizierter Bäume ist geringer als der gesunder. Die Laubentwicklung ist bei kranken Bäumen schwächer und die Laubfarbe heller als bei gesunden. Die beschriebenen Symptome wurden bisher

Abb. 97. Der viröse Besenwuchs des Apfels, links gesund (Sorte „Schöner von Boskoop") (nach VAN KATWIJK)

meist an älteren Bäumen beobachtet. Besonders häufig wurde diese Virose bei „Schöner von Boskoop" und „Abbondanza" gefunden, ferner an „Goldreinette", „Golden Delicious", „Transparent de Croncels", „Jakob Lebel" u. a.

Wirtspflanzenkreis

Apfel.

Übertragung

Durch Pfropfung und Okulation.

Testpflanze

„Schöner von Boskoop" (*Malus pumila domestica*).

Verbreitung in Europa

Deutschland, Finnland, Frankreich, Holland, Italien, Österreich, Schweiz, Tschechoslowakei.

Die Rosettenkrankheit des Apfels

Synonyme

Rozet, *Pyrus* virus 6 VAN KATWIJK, *Acrogenus rosettae* VAN KATWIJK.

Krankheitsbild

An kranken Bäumen fallen zunächst Äste auf, die keinen Fruchtbehang aufweisen, häufig bleibt auch der gesamte Baum ohne Ertrag. Die Blätter dieser Äste bzw. Bäume sind wesentlich kleiner als gesunde, die Ränder sind leicht nach oben gewölbt und sehr scharf gezähnt (Abb. 98). Das Internodienwachstum ist gehemmt, so daß die Blätter rosettenartig angeordnet sind. Gelegentlich treten auch Deformationen auf, und die Blätter sind verdickt und spröde. Beobachtet wurde diese Virose bisher lediglich an der Sorte „Schöner von Boskoop".

Abb. 98. Die Rosettenkrankheit des Apfels, links gesund (Sorte „Schöner von Boskoop") (nach van Katwijk)

Wirtspflanzenkreis

Apfel.

Übertragung

Durch Pfropfung.

Testpflanze

„Schöner von Boskoop" (*Malus pumila domestica*).

Verbreitung in Europa

Dänemark, Holland, fraglich für die UdSSR.

Die Rauhschaligkeit des Apfels

Synonyme

Stilett-Krankheit, rough skin, star cracking, smårevner, ruwschilligheid, *Pyrus* virus 8 van Katwijk.

Krankheitsbild

Das Krankheitsbild tritt hier vornehmlich auf den Früchten in Erscheinung. Kurz nach dem Entwicklungsbeginn der Früchte zeigen sich auf der Schale braune Berostungen in Form unregelmäßig verteilter Flecke oder Ringe oder Streifen (Abb. 99). Bei Früchten von stark befallenen Bäumen sind große Teile der

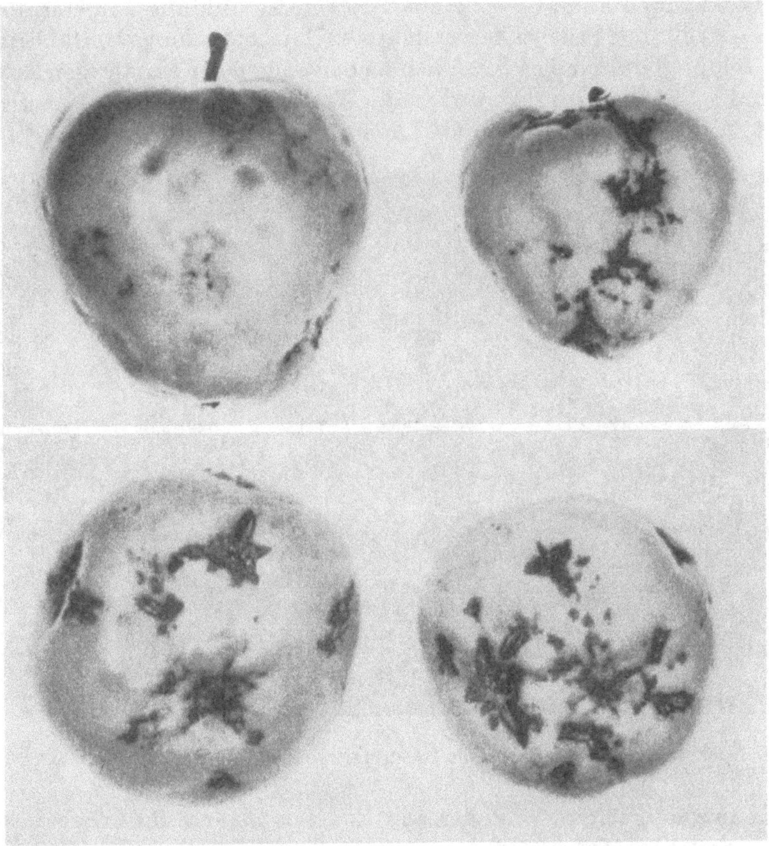

Abb. 99. Die Rauhschaligkeit des Apfels (oben Sorte „Glockenapfel", unten Sorte „Champagner Reinette") (nach FISCHER)

Oberfläche derartig berostet. Später können kleinere oder größere, häufig sternförmige Risse auftreten. Gelegentlich kommen auch schwache Fruchtdeformationen vor. Das Schadbild erscheint zuerst nur an wenigen Früchten infizierter Bäume, doch nimmt die Zahl kranker Äpfel von Jahr zu Jahr zu. Über den Einfluß, den Umweltfaktoren auf die Schnelligkeit der Befallsausbreitung innerhalb eines Baumes haben können, besteht noch keine Klarheit. Ebensowenig ist bekannt, auf welchem Wege die beobachtete langsame Ausbreitung der Krankheit innerhalb einer Anlage erfolgt und ob eine in Holland an infizierten Bäumen gefundene schwache Blattadernaufhellung mit der Rauhschaligkeit in unmittelbarem Zusammenhang steht. Besonders betroffen von der Fruchtschädigung werden die Sorten „Schöner von Boskoop“, „Glorie van Holland“, „Glockenapfel“, „Ontario“, „Champagner Reinette“, „Golden Delicious“ u. a. Eine schwere Form der Rauhschaligkeit stellt wahrscheinlich das in England, Dänemark und Norwegen beobachtete „star cracking“ dar, das vor allem auf der Sorte „Cox Orange Pippin“ vorkommt. Neben der Bildung von sternförmigen, tiefen Rissen auf der Fruchtoberfläche treten Triebstauchungen, Rauhrindigkeit und die Bildung krebsartiger Läsionen an den Augen der einjährigen Triebe auf. Es kommt schließlich zum Absterben der Triebe von der Spitze her. Der Blühbeginn kranker Bäume ist gegenüber dem gesunder erheblich verzögert.

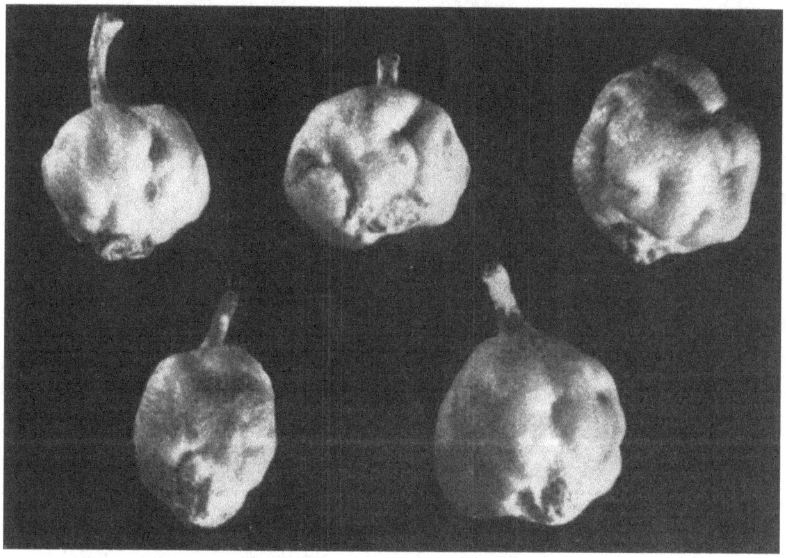

Abb. 100. Buckelaebler bzw. Knarteple [= green crinkle (?)] (nach Rønde Kristensen)

Die Rauhschaligkeit ist mit der aus Neuseeland und Bulgarien bekannten Ringfleckigkeit des Apfels (apple ring spot, apple Henderson-spot) nahe verwandt, vielleicht identisch.

Wirtspflanzenkreis

Apfel.

Übertragung

Durch Pfropfung und Okulation.

Testpflanzen

„Schöner von Boskoop“, für die „star cracking“-Form „Cox Orange Pippin“ (*Malus pumila domestica*).

Verbreitung in Europa

Deutschland, England, Holland, Norwegen, Schweiz, fraglich für die Tschechoslowakei.

Es ist noch unklar, in welcher Beziehung zu diesen Krankheitsformen die aus Kanada unter dem Namen „false sting" bekannte, in Neuseeland als „green crinkle", in Dänemark als „buckelaebler" (Abb. 100) und in Norwegen als „knarteple" bezeichnete Apfelvirose steht, bei der es zu starken Fruchtmißbildungen, warzenähnlichen Auftreibungen, Rissen und Berostungen kommt.

Die Kleinfrüchtigkeit des Apfels

Synonyme

Chat fruit, smafrugter.

Krankheitsbild

Die Früchte befallener Bäume bleiben klein und färben sich nicht aus. Zur Zeit der Reife haben sie einen ∅ von etwa 3—5 cm und sind noch vollständig grün oder mit einem matten rötlich-braunen Ton überzogen (Abb. 101). Die Fruchtstiele sind verlängert, so daß die Früchte zu pendeln vermögen. Die gesamte Ernte eines Baumes ist in der Regel wertlos. Der Wuchs stark befallener Bäume ist extrem aufrecht und außerordentlich kräftig. Zur Gummiholzkrankheit bestehen keine Beziehungen, obwohl beide Virosen häufig zusammen auf einem Baum gefunden werden können. Die einzige, deutliche Symptome zeigende Sorte ist „Lord Lambourne" und erst nach der Verbreitung dieser Neuzüchtung („James Grieve" x „Worcester") in England vor etwa 30 Jahren wurde offenbar, daß ein großer Teil der englischen Apfelsorten latent mit dem Virus verseucht ist. Auch E. M. IV, XII und XVI sind Träger dieses Virus.

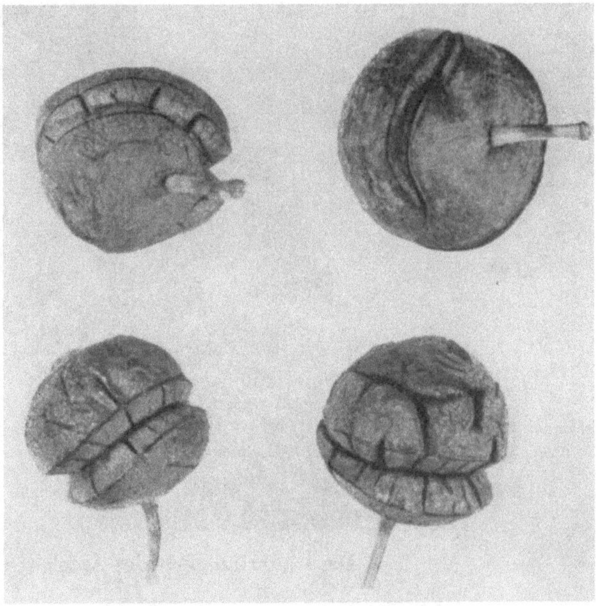

Abb. 101. Kleinfrüchtigkeit und schweres star cracking an Apfel, Sorte „Ribston" (Original RAMSFJELL)

Wirtspflanzenkreis

Apfel.

Übertragung

Durch Pfropfung.

Testpflanze

„Lord Lambourne“ (*Malus pumila domestica*).

Verbreitung in Europa

Dänemark, England.

Die Rauhrindigkeit des Apfels

Synonym

Rough bark.

Krankheitsbild

An mindestens 5-jährigen Ästen älterer Bäume erscheinen zuerst eingesunkene Flecke, in denen die Rinde trocken und rissig wird. Von dieser Stelle ausgehend umfaßt die Schädigung allmählich den gesamten Ast (Abb. 102), die Rinden-

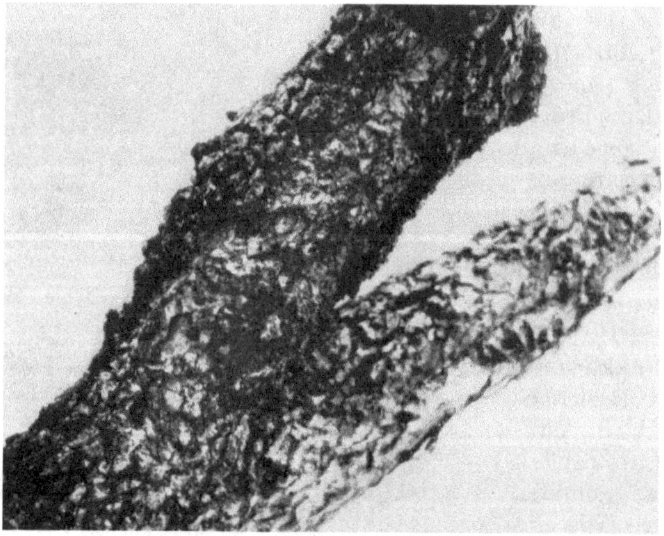

Abb. 102. Die Rauhrindigkeit des Apfels (Original BAUMANN)

risse werden tiefer, und der Ast schwillt an dieser Stelle an. Während der Herd zunächst begrenzt ist, breitet er sich allmählich an dem befallenen Ast aus und gibt zu Störungen des Wachstums und der Laubentwicklung Veranlassung. Gelegentlich werden die Rinde und die tiefer liegenden Gewebeschichten gesprengt und der Holzkörper freigelegt, diese Äste sterben dann ab. Eine langsame Ausbreitung der Krankheit in befallenen Anlagen wurde beobachtet, es ist jedoch noch ungeklärt, auf welchem Wege sie erfolgt.

Wirtspflanzenkreis

Apfel.

Übertragung

Durch Pfropfung, bei mindestens sechsjähriger Inkubationszeit.

Testpflanze

„Bramley“ (*Malus pumila domestica*).

Verbreitung in Europa

England.

Die Steinfrüchtigkeit der Birne

Synonyme

Pear stonypit, dimpling, cork, gravelle, stenigheid, kruschova mosaika, *Rimocortius pyri* HOLMES (= *Marmor pyri* HOLMES).

Krankheitsbild

Als erste Symptome sind auf der Frucht, etwa 10—20 Tage nach dem Abwurf der Blütenblätter, dunkelgrün verfärbte Flecke unter der Epidermis festzustellen.

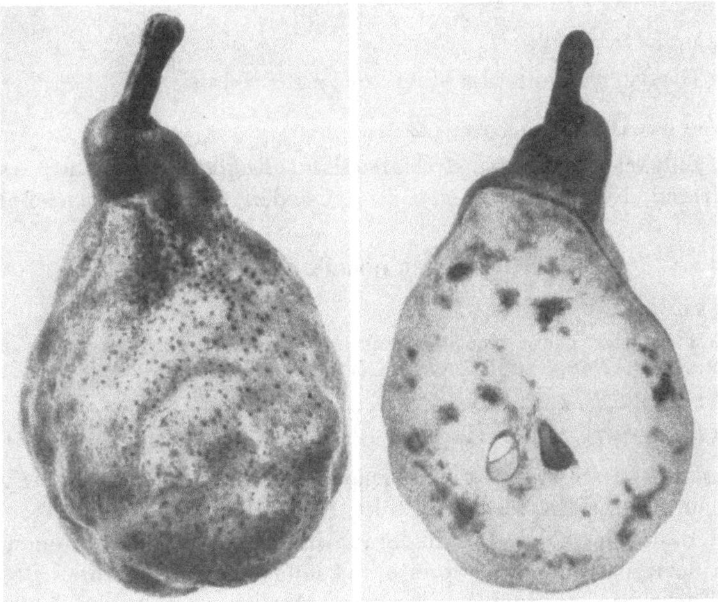

Abb. 103. Die Steinfrüchtigkeit der Birne (nach VAN KATWIJK)

Die Sklerenchymzellen liegen im Fruchtfleisch nicht gleichmäßig verteilt, sondern in Nestern zusammen. Durch Wachstumshemmungen an diesen Stellen kommt es zu Deformationen der Früchte, ferner zur Bildung von Nekrosen und zu abnorm starker Produktion von Sklerenchymzellen im Fruchtfleisch (Abb. 103), die zur völligen Ungenießbarkeit der Birnen führt. Die Anzahl derartig geschädigter Früchte an infizierten Bäumen ist unterschiedlich. Von Wanzenschäden (*Lygus pratensis*) läßt sich das virusbedingte Krankheitsbild durch das Fehlen der Einstichstellen auf der Schale unterscheiden. Gelegentlich kommt es an Trieben und Ästen, manchmal auch am Stamm zu einem Aufreißen der Epidermis und zum Kollabieren des darunterliegenden Gewebes (siehe Bd. I, Abb. 9). Die Neigung zur Bildung dieser ,,Eichenrindigkeit" ist bei den einzelnen Sorten unterschiedlich. Auch Blattsymptome, in Form feiner Aufhellungen längs der Adern (veinlet chlorosis, nerfchlorose) sind verschiedentlich beobachtet worden.

Wirtspflanzenkreis

Birne.

Übertragung

Durch Pfropfung. Für Samen- oder Insektenübertragbarkeit bestehen keine Anhaltspunkte.

Bekämpfung

Zum Umpfropfen wird die Sorte ,,Bartlett" empfohlen, da die Frucht bei normaler Form und Größe symptomlos bleibt.

Testpflanzen

,,Beurré Hardy", ,,Clapps Liebling" (*Pirus communis*).

Verbreitung in Europa

Belgien, Bulgarien, Dänemark, Deutschland, England, Finnland, Frankreich, Holland, Irland, Norwegen, Österreich, Schweden, Schweiz, Tschechoslowakei.

Das Ringfleckenmosaik der Birne

Synonyme

Ringvlekkenmozaiek, paere mosaik, Kruschovo prastenovidno proscharvane, *Pyrus* virus 3 Christoff, *Pyrus* virus 7 van Katwijk, *Marmor dilucidum* van Katwijk, *Annulus pyri* Christoff.

Krankheitsbild

Im Gegensatz zur Steinigkeit der Birne sind bei dieser Virose die Symptome ausschließlich auf die Blätter beschränkt. Neben hellgrünen bis gelben Ringen, Linien und Bändern (Abb. 104), die häufig in großer Zahl vorkommen, können bei einigen Sorten auf der Blattspreite und längs des aufgewölbten Blattrandes zahlreiche Nekrosen gebildet werden. Bei starkem Befall sind Längen- und Dickenwachstum der Baumschulware beeinträchtigt. In Holland leiden unter dieser Virose besonders die Sorten ,,Beurré d'Anjou" und ,,Neue Poiteau", in Deutschland ,,Gellerts Butterbirne".

Wirtspflanzenkreis

Birne, Felsenmispel.

Übertragung

Durch Pfropfung und Okulation.

Testpflanzen

„Beurré Hardy“, „Neue Poiteau“ (*Pirus communis*).

Verbreitung in Europa

Bulgarien, Dänemark, Deutschland, Holland, Norwegen, Schweiz, Tschechoslowakei.

Daneben kommt bei Birne auch ein Mosaik-Virus vor, das sich in der Bildung sehr schwacher, unscharf begrenzter hellgrüner oder gelblicher Flecke auf der Blattspreite äußert. Zur Nekrosenbildung kommt es nicht, auch Steinigkeit der Früchte tritt nicht auf. Nach Beobachtungen in Holland läßt aber die Ertragsleistung der Bäume erheblich nach. Es ist nicht ganz klar, ob diese Mosaikerkrankung von *Pyrus* virus 2 hervorgerufen wird.

Abb. 104. Das Ringfleckenmosaik der Birne (Original KEGLER)

Die Citrus-Psorosis-Krankheit

Synonyme

Citrus psorosis virus A, viröse Rindenschuppigkeit, scaly bark, Warmbaths disease, psoriasis, corteza escamosa, *Citrivir psorosis* var. *vulgare* FAWCETT, *Rimocortius psorosis* var. *vulgare* (FAWCETT) HOLMES.

Krankheitsbild

Auf den jungen Blättern finden sich kleine weiße oder gelbe Flächen entlang der Seitenadern. Häufig treten auch größere chlorotische Bezirke oder Eichenblattmuster auf. Rindensymptome sind vor allem von Süßorangen, Mandarinen und Grapefruit bekannt. Zunächst werden die äußersten Rindenteile schuppenförmig abgestoßen, die allmähliche Ausbreitung der Schädigung auch auf tiefere Rindenschichten ist von Gummibildung begleitet. Im fortgeschrittenen Stadium der Erkrankung finden sich Gummiansammlungen auch im grau oder rötlichbraun verfärbten Holz. Die Beeinträchtigung der Wasserleitung bedingt Wachstumsstörungen und kann schließlich zum Absterben des Baumes führen.

Vom Virus der Psorosis-Krankheit sind mehrere Stämme bekannt, die sich symptomatologisch unterscheiden lassen (Abb. 105). Das Psorosis-Virus B [*Citrivir psorosis* var. *anulatum* FAWCETT, *Rimocortius psorosis* var. *anulatum* (FAWCETT) HOLMES] ruft auf älteren Blättern größere runde Flecke oder Ringe hervor, die Symptome der jüngeren Blätter gleichen denen der Psorosis-A-Virose. Gummiansammlungen treten bereits bei beginnender Schup-

Abb. 105. Die *Citrus*-Psorosis, links Blattsymptome der Psorosis B (nach FAWCETT), unten Symptome der Konkaven Gummi-Psorosis (nach KLOTZ)

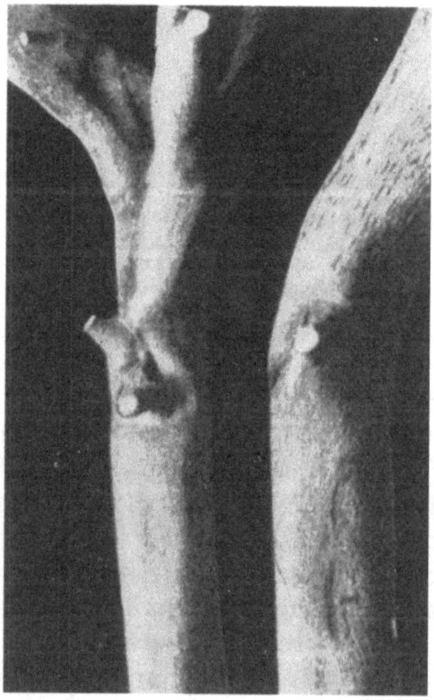

penbildung auf, der Krankheitsverlauf ist heftiger und rascher und die Schädigung, die auch jüngere Äste und Zweige erfaßt, häufig auf eine Seite des Baumes beschränkt. Auf der Fruchtschale von Orangen, Zitronen und Pampelmusen finden sich nekrotisch eingesunkene Ringflecke und Furchungen. Die konkave Gummi-Psorosis [concave-gum psorosis, *Citrivir psorosis* var. *concavum* FAWCETT et BITANCOURT, *Rimocortius psorosis* var. *concavum* (FAWCETT et BITANCOURT) HOLMES] tritt in erster Linie an Orangen, seltener an Zitronen auf. Die Blattsymptome ähneln denen der beiden anderen Stämme, an Stamm und Ästen kommt es zu muldenartigen Vertiefungen und Aushöhlungen, aus denen im Sommer durch Rindenrisse Gummi austritt. Im Holz bilden sich zuerst unter den Vertiefungen Gummiansammlungen, die mit fortschreitendem Dickenwachstum größeren Umfang annehmen. Die Blindtaschen-Psorosis [blind-pocket psorosis, *Citrivir psorosis* var. *alveatum* FAWCETT et BITANCOURT, *Rimocortius psorosis* var. *alveatum* (FAWCETT et BITANCOURT)

HOLMES] ist bisher nur aus Kalifornien bekannt. Die Kräuselblatt-Psorosis (crinkle leaf psorosis) tritt vornehmlich bei Zitronen auf. Neben den für die anderen Stämme beschriebenen Blattsymptomen kommt es zu Kräuselungen der Blattspreite. Die Oberfläche der deformierten Früchte ist rauh und mit warzenähnlichen Höckern bedeckt.

Wirtspflanzenkreis

Süßorange, Sauerorange, Zitrone, Pampelmuse.

Übertragung

Durch Pfropfung, auch von Rinden- und Blattstückchen, die unter die Rinde geschoben werden.

Bekämpfung

Die Pfropfreiser sollen nur von älteren, etwa 20jährigen Bäumen genommen werden. Schadstellen an Stamm und Ästen können nach sorgfältigem Auskratzen mit Gelbspritzmitteln oder 1% Dinitro-o-cyclo-hexylphenol in Petroleum behandelt werden. Bei der Psorosis-B-Virose sind diese Behandlungen ohne Erfolg.

Verbreitung in Europa

Italien; Spanien, hier nur Psorosis A und B.

Die Tristeza-Krankheit der *Citrus*-Arten

Synonyme

Citrus-Abbau, viröser Verfall, orange tree quick decline virus, bud union decline, West-African lime disease, grapefruit stem pitting disease of South Africa, lime die-back, tristeza root rot virus, tristeza dos citrus, podridão das radicelas, prodredumbre de las raicillas.

Krankheitsbild

An älteren Orangenbäumen macht sich zuerst eine Hemmung des Triebwachstums bemerkbar, die von Blattverfärbungen begleitet ist. Der darauf folgende Blattfall beginnt bei den ältesten Blättern und breitet sich allmählich auf die Triebe aus, bis ganze Äste entblättert sind. Aus den Achselknospen entwickeln sich schwache Seitentriebe, an denen kleine aufgehellte Blätter gebildet werden. Die stärkeren Äste sterben von der Spitze her ab. Erkrankte Bäume blühen reichlich und haben in den ersten Stadien der Erkrankung noch einen guten Fruchtansatz. Später sinkt der Ertrag stark ab. Die Wurzeln werden schwer in Mitleidenschaft gezogen. Durch eine Nekrose des Phloems wird die Ableitung der Kohlehydrate gehemmt. Die Wurzeln beginnen abzusterben, wodurch Wasser- und Mineralstoffaufnahme des Baumes weitgehend unterbunden werden. Als charakteristische Symptome treten bei Grapefruitbäumen kleine langgestreckte Löcher oder Rillen im Holz des Hauptstammes und der stärkeren Äste auf, während die jüngeren Äste und Zweige gebogen und verdreht sind (Abb. 106).

Wirtspflanzenkreis

Orange, Zitrone, Mandarine, Pampelmuse. Die Schädigung tritt aber nur bei bestimmten Reis-Unterlagen-Kombinationen auf. Die genannten *Citrus*-Arten sind nicht anfällig, wenn sie auf eigener Wurzel stehen, hochanfällig dagegen, wenn sie auf *Citrus aurantium* oder *C. maxima* gepfropft sind. Auch bei Verwendung von *C. aurantium* als Reis und Orange als Unterlage macht sich keine Schadwirkung bemerkbar. Die Ursache dieser eigenartigen Beziehungen ist noch nicht geklärt.

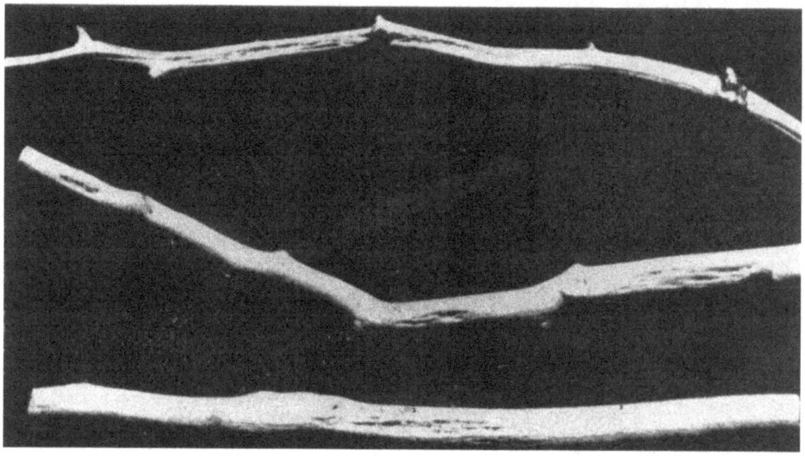

Abb. 106. Die Tristeza-Krankheit der *Citrus*-Arten an Pampelmuse (nach Wallace)

Übertragung

Durch Pfropfung und durch *Doralina citricida* Kirk., bei einer Mindestsaugzeit an der Testpflanze von 30 Min. *Cuscuta subinclusa* überträgt in niedrigen Prozentsätzen, mechanische Übertragung ist nicht möglich, für Samenübertragbarkeit bestehen keine Anhaltspunkte.

Testpflanzen

Auf Zitronensämlingen (West Indian lime seedlings) entwickeln sich vier bis sechs Wochen nach der Inokulation (Rinden- und Blattstückchenpfropfung siehe Psorosiskrankheit S. 129) deutliche Blattsymptome in Form von Schekkungen, Adernaufhellungen und Verdrehungen.

Bekämpfung

Die Verwendung von *Citrus sinensis*, *C. limon* und *C. aurantifolia* sowie von *C. maxima* und *Poncitrus trifoliata* als Unterlagen wird empfohlen.

Verbreitung in Europa

Italien.

Das Feigenmosaik

Synonyme

Fig mosaic, *Ficus* virus 1 (Condit et Horne) Smith, *Ficivir caricae* Condit et Horne, *Marmor caricae* (Condit et Horne) Holmes.

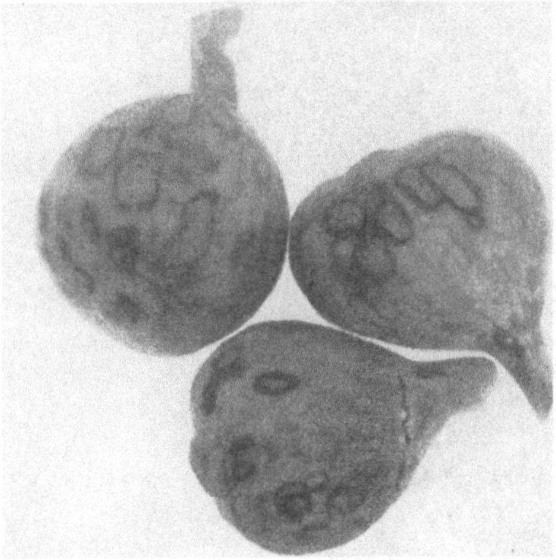

Abb. 107. Das Feigenmosaik, oben Blattsymptome (nach CONDIT und HORNE), unten Fruchtsymptome (nach NICOLIĆ)

Krankheitsbild

Unregelmäßige, wahllos verteilte gelbgrüne bis hellgelbe Blattflecke wechselnder Größe, oft sind die Blattränder heller gefärbt. In anderen Fällen längs der größeren Adern hellgrüne Flecke oder Bänder, oft mit schmaler rostfarbener bis rötlichbrauner Randzone, selten Nekrosen. Symptome stets nur auf der Oberseite der Blätter. Kranke Blätter oft von unregelmäßiger Form und Größe, unregelmäßig am Baum verteilt. Fruchtflecke der eßbaren Feigen denen der Blätter ähnlich (Abb. 107). Die Feigen der *Caprificus*-Bäume weisen anfangs wäßrige oder mißfarbene Verfärbungen auf, die später kreis- oder halbmondförmig werden, oft kommt es zur Ringbildung (Durchmesser 1—6 mm). Die kreisförmigen Flecke stellen kraterähnliche Erhebungen dar, die anfänglich braun und später nekrotisch sind.

Wirtspflanzenkreis

Feige, *Ficus carica* var. *sylvestris*, *F. altissima*, *F. krishna*, *F. tsida*; als resistent gilt *F. palmata*.

Übertragung

Durch Pfropfung, als Vektor fungiert *Aceria ficus*, unsicher sind die Angaben für *Lepidosaphes fici*.

Bekämpfung

Keine Stecklinge kranker Pflanzen verwenden.

Verbreitung in Europa

Bulgarien, England, Frankreich, Griechenland, Italien, Jugoslawien, Spanien, UdSSR.

Das Linienmosaik der Felsenmispel (*Amelanchier vulgaris*)

Synonyme

Amelanchier lijnenbont, pereringvlekkenmozaiek, Ringfleckenmosaik der Birne, *Marmor dilucidum* VAN KATWIJK, *Pyrus* virus 7 VAN KATWIJK (siehe S. 126).

Krankheitsbild

Auf der Blattspreite sind gelblichgrüne, später gelb werdende Streifen, Ringe und Wellenlinien (Abb. 108) zu beobachten, die meist nahe den Blattadern

Abb. 108. Das Linienmosaik der Felsenmispel (Original Plantenziektenkundige Dienst Wageningen)

liegen. Die Verfärbungen breiten sich immer stärker aus, so daß das Blatt zum größten Teil gelb erscheint. Die chlorotischen Linien können unter Braunfärbung nekrotisch werden.

Übertragung

Durch Pfropfung von Felsenmispel auf Birne und umgekehrt. Bei Übertragung auf Felsenmispel sind die Symptome im dritten, gelegentlich auch schon im zweiten Jahr nach der Infektion zu beobachten.

Verbreitung in Europa

Holland.

Die Ringfleckenkrankheit der Süßkirsche

Synonyme

Ring- und Bandmosaik, viröse Blattdurchlöcherung, ring spot, tatter leaf, ring mottle, cherry mosaic, Lochkrankheit, ringpletsyge, Prastenovidno proscharvane, *Prunus* virus 6 b CHRISTOFF, *Nanus pruni* var. *annulorum* CHRISTOFF.

Krankheitsbild

Diese Krankheit wird durch einen Stamm des Pfirsichringfleckigkeits-Virus (siehe S. 144) hervorgerufen.

Auf den Blättern treten hellgrüne bis kräftig gelbe Ringe, Linien oder Bänder auf. Neben vereinzelt vorkommenden Ringflecken kann die Blattspreite völlig von der Scheckung erfaßt sein, wobei sich breite bandförmige Ringe und Linien und gezonte Flecke finden (Abb. 109). Eine andere Form der Krankheit bedingt die Entwicklung zahlreicher Nekrosen auf der gelblich-grün gescheckten Blattspreite; die Nekrosen brechen später aus, wobei es zum sog. „Schrotschußeffekt" kommt. Schließlich können auch Nekrosen zusammen mit gelbbraunen bandförmigen Symptomen oder im auffallenden Licht wahrnehmbare Ringe und eichenblattförmige Bänder auftreten. Diese verschiedenartige Ausprägungsform der Krankheit ist nicht nur sortentypisch, sondern auch durch eine Vielzahl von Stämmen des Virus bedingt. Bei einigen Stämmen treten die Symptome nur ein oder wenige Jahre nach der Infektion auf und bleiben dann maskiert. Durch starken Rückschnitt ist es möglich, diese Symptommaskierung zu beheben. Während auf Ertrag und Qualität der Früchte die Ringfleckigkeit keinen bzw. nur geringen Einfluß ausübt, können Längen- und Dickenwachstum der Baumschulware von den einzelnen Formen der Virose in wechselndem Ausmaß beeinflußt werden.

Abb. 109. Die Ringfleckenkrankheit der Süßkirsche (Original BAUMANN)

Wirtspflanzenkreis

Süßkirsche, Sauerkirsche, Pfirsich, Aprikose, *Prunus mahaleb*, *P. cerasifera*, *P. amygdalus*.

Eigenschaften

Virusinaktivierung: in Reisern bei 50° C, Inaktivierung einer amerikanischen Herkunft in Gurkenblättern bei 65° C;

Beständigkeit in vitro: bei Zimmertemperatur mehr als 72 Std., bei 0° > 96 Std.;

Verdünnungsendpunkt: 10^{-2} bis 10^{-3}.

Übertragung

Durch Pfropfung und Okulation, durch Samen von Süßkirsche, Pfirsich und *Prunus mahaleb*. Für die Ausbreitung der Virose von Baum zu Baum bestehen Anhaltspunkte, ein Insektenvektor ist bisher nicht bekannt. Mechanische Übertragung auf Gurke ist möglich.

Testpflanzen

Vogelkirsche East Malling F 12/1, Pfirsich (chlorotische Flecke, Absterben von der Spitze her).

Verbreitung in Europa

Bulgarien, Dänemark, Deutschland, Frankreich, Jugoslawien, Schweiz, Tschechoslowakei, fraglich für Norwegen.

Zwei weitere, Blattsymptome bei Süßkirsche hervorrufende und für Europa bisher nur in England nachgewiesene, Virosen sind das Rauhmosaik (rugose mosaic, rosette, cherry mosaic 1) und die Rostscheckung (severe rusty mottle, *Marmor rubiginosum* REEVES). Beide weisen untereinander und auch zur Ringfleckenkrankheit keine Beziehung auf.

Beim Rauhmosaik sind die Deformation (Asymmetrie) und die Sprödigkeit der kleinen Blätter das charakteristischste Merkmal. Eine anfängliche Adernaufhellung kann gegen Ende der Vegetationsperiode in eine diffuse Fleckung übergehen. Die Internodien sind verkürzt und die Blattknospen häufig rosettenartig angeordnet. Der Fruchtertrag ist etwas reduziert, die Frucht selbst kann abgeplattet sein. Das Wachstum junger Bäume wird durch die Virose stark beeinträchtigt. Auch bei dieser Virose ist eine Symptommaskierung möglich. Besonders empfindlich ist die Sorte „Schrecken".

Auf den Blättern der von der Rostscheckung befallenen Bäume zeigen sich zuerst kompakte gelbe Flecke, die im August/September an Farbintensität zunehmen und allmählich von einer rostroten Pigmentierung der Blattspreite überlagert werden. Die Intensität dieser Färbung ist abhängig von der Sorte und von den verschiedenen Stämmen des Virus. Die Virose ist in Südost-England außerordentlich stark verbreitet und ruft Ertragseinbußen hervor. Bei Bäumen, die länger als 2 Jahre erkrankt sind, sind die Früchte oft kleiner und spätreif.

Von beiden Viren ist bisher nur die Süßkirsche als Wirt bekannt, die Übertragung gelingt durch Pfropfung und Okulation. Indikator für beide Viren ist die Vogelkirsche East Malling F 12/1.

Experimentelle Übertragung gelang beim Rauhmosaikvirus auf Mandel, Pfirsich und *Prunus mahaleb*, beim Rostscheckungsvirus auf Pfirsich und Sauerkirsche. Die Inkubationszeit beträgt beim Rauhmosaikvirus 9 Monate.

Die Pfeffinger Krankheit der Süßkirsche

Synonyme

Rauhblättrigkeit, Eckelraderziekte, Schmalblättrigkeit, Rosettenbüschelkrankheit.

Krankheitsbild

Die Virose ist gekennzeichnet durch einen anfangs schleichenden, später rapiden Krankheitsverlauf. Im Anfangsstadium zeigen sich als Primärsymptome die sog. Ölflecke auf den leicht deformierten Blättern. Dies sind olivgrüne, im durchfallenden Licht wie Fettflecke erscheinende größere, ziemlich scharf begrenzte Verfärbungen, meist in der Nähe des Blattrandes. In der Nähe dieser Ölflecke ist der Seitenadernverlauf unregelmäßig. Gelegentlich treten auch Ringflecke oder eine Mosaikscheckung auf. Als Sekundärsymptome erscheinen frühestens im zweiten Jahr nach der Infektion höcker- oder blättchenähnliche Gewebeausstülpungen — Enationen — auf der Blattunterseite nahe der Mittel-

Abb. 110. Die Pfeffinger Krankheit der Süßkirsche (nach MALLACH)

rippe (Abb. 110). Die Blätter sind kleiner und schmaler, etwas verdickt und auffallend scharf gezähnt. Mit fortschreitender Erkrankung läßt das Triebwachstum nach, und es kommt zur rosettenartigen Anordnung der Knospen (Abb. 111), zur Verkahlung der Äste und zum Gummifluß, den Spätsymptomen der Krankheit.

DiePfeffinger Krankheit kommt in der Schweiz in zwei Formen vor, von denen die starkpathogene bis zum Absterben der Bäume führt. Qualitätssorten werden empfindlicher geschädigt als Landsorten. Die wirtschaftliche Bedeutung der Krankheit ist außerordentlich groß. Vermutlich wird die Pfeffinger Krankheit, in Holland als Eckelraderziekte bezeichnet, durch einen Viruskomplex hervorgerufen, dessen eine Komponente das Ringfleckenvirus darstellt. Die in England vorkommende „Rauhblättrigkeit" (rasp leaf, ruffled leaf, leaf enation, cockscomb) der Süßkirsche weist in vielen Merkmalen Ähnlichkeit mit dieser

Abb. 111. Die Eckelraderziekte der Süßkirsche (nach MULDER)

Süßkirschenvirose auf: Blattdeformationen, Enationen- und Rosettenbildung (Abb. 112) und stellt vielleicht eine weitere Komponente des Komplexes dar.

Wirtspflanzenkreis

Süß- und Sauerkirsche, *Prunus mahaleb.*

Übertragung

Durch Pfropfung und Okulation bei einer Inkubationszeit im Experiment von 5 Monaten bis zu zwei Jahren. Mechanische Übertragung gelang auf Gurke, die Symptome weisen Ähnlichkeit mit dem durch Hormonmittelbehandlung hervorgerufenen Schadbild auf. Aus Pfeffinger-kranken Süßkirschen konnte ein zur Tabakringfleckenvirus-Gruppe gehörendes Virus isoliert und auf Gurke, Tabak, *Nicotiana glutinosa*, Tomate, Petunie, *Solanum demissum, Gomphrena globosa* und *Chenopodium quinoa* übertragen werden. Es bestehen weiterhin Anhaltspunkte für Samenübertragbarkeit, möglicherweise der Ringfleckenvirus-Komponente. Die beobachtete spontane Ausbreitung der Krankheit ist auf Bodenübertragung zurückzuführen, Insektenvektoren konnten bisher nicht gefunden werden.

Testpflanzen

Süßkirschensorten „Bing“ und „Napoleon“.

Verbreitung in Europa

Dänemark, Deutschland, Frankreich, Holland, Italien, Norwegen, Schweiz.

Abb. 112. Die Rauhblättrigkeit der Süßkirsche (Sorte „Frogmore“) (nach POSNETTE)

Die Blattrollkrankheit der Süßkirsche

Synonym

Cherry leaf roll.

Krankheitsbild

Das Krankheitsbild dieser Süßkirschenvirose erinnert an Befall durch *Armillaria mellea* bzw. *Pseudomonas mors-prunorum*. Die Blätter rollen sich nach oben ein (Abb. 113), sind spröde und bei der besonders anfälligen Sorte „Early Rivers“ purpurrot gefärbt. Nach dem Welken und vorzeitigen Abwerfen der Blätter kann es zum Absterben der Äste und zum Auftreten von Gummifluß kommen. Im Frühjahr erfolgt die Blattentwicklung spärlich und das Aufbrechen der Blütenknospen bis zu drei Wochen später. Diese Blühverzögerung gilt als gutes Diagnostikum für die Virose, da das Krankheitsbild während des Sommers von anderen Ursachen des frühen Verfärbens und Welkens der Blätter und von Absterbeerscheinungen an den Ästen nicht mehr zu unterscheiden ist. Ältere Süßkirschenbäume können innerhalb weniger Jahre eingehen. Nach Übertragung auf die Vogelkirschenunterlage F 12/1 können drei Formen der Krankheit unterschieden werden:

Abb. 113. Die Blattrollkrankheit der Süßkirsche (Sorte „Early Rivers") (nach Posnette und Cropley)

1. Im Jahr nach der Infektion werden nur wenige und kleine Blätter gebildet, es setzt ein allmähliches Absterben der Pflanze ein.

2. Oberhalb der Okulationsstelle stirbt der Trieb sehr schnell ab und es erfolgt eine starke Bildung neuer Triebe von unten her.

3. An einigen Trieben treten im Jahr nach der Inokulation starke Blattrollerscheinungen auf, die Blätter färben sich rot, welken und werden vorzeitig abgeworfen. Diese Zweige treiben in der Regel im nächsten Jahr nicht mehr aus.

Wirtspflanzenkreis

Süßkirsche sowie nach experimenteller Übertragung Pfirsich und Aprikose.

Übertragung

Durch Pfropfung und Okulation.

Testpflanze

Vogelkirsche East Malling F 12/1.

Verbreitung in Europa

England.

Die Stecklenberger Krankheit der Sauerkirsche

Synonyme

Viröse Blattdurchlöcherung, Rauhblättrigkeit, Sauerkirschenenationen-Virus.

Krankheitsbild

Ältere Bäume weisen im fortgeschrittenen Stadium der Erkrankung eine starke Hemmung des Triebwachstums auf. An den gestauchten Trieben sitzen

Abb. 114. Die Stecklenberger Krankheit der Sauerkirsche (Sorte „Schattenmorelle") Rosettenbildung an gestauchten Trieben (nach BAUMANN)

Rosetten kleiner, schmaler Blätter (Abb. 114), die lederig verdickt sind und oberseits fettig glänzen. Die Blattränder können nach der Mitte und aufwärts gewölbt sein. Auf den ältesten Blättern treten häufig ringförmige braune oder rotbraune Nekrosen auf, die später ausbrechen können (Abb. 115). Auf den jüngeren Blättern ist eine hellgrüne-gelbliche Sprenkelung, in der sich vielfach gezonte dunkelgrüne oder gelbe Ringflecke finden, bis zum Abschluß der Vege-

Abb. 115. Die Stecklenberger Krankheit der Sauerkirsche (Sorte „Schattenmorelle"), Mosaikscheckung und Nekrosen (nach BAUMANN)

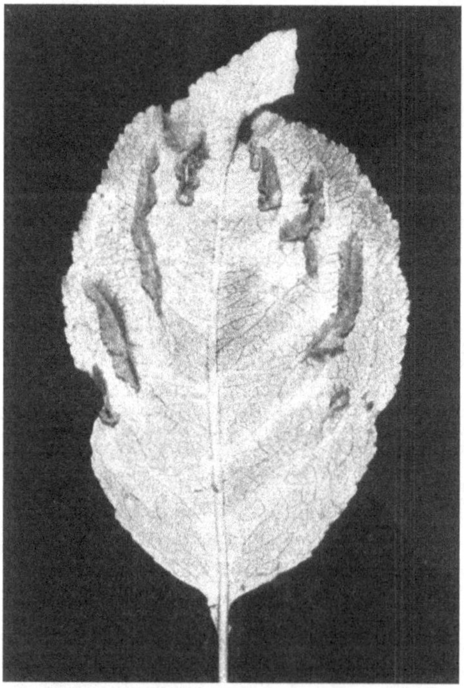

Abb. 116. Die Stecklenberger Krankheit der Sauerkirsche (Sorte „Schattenmorelle"), Enationenbildung (nach BAUMANN)

tationsperiode sichtbar (Abb. 115). Ein weiteres charakteristisches Kennzeichen der Virose sind die meist nur an wenigen Blättern auf der Unterseite gebildeten blättchenförmigen Enationen (Abb. 116). Nach einem für die Viren der Ring spot-Gruppe bekannten Schockeffekt mit starker Symptomausprägung der Wirtspflanze können die Symptome in der Folge maskiert bleiben oder es kann ein allmähliches Absterben des Baumes erfolgen. Am stärksten leidet die Sorte „Schattenmorelle" unter der Erkrankung, andere Sorten wie z. B. bestimmte Herkünfte von „Köröser" weisen nicht so starke Schädigungen auf. Ob diese Virose mit dem aus Dänemark, Holland und Jugoslawien bzw. Nordamerika bekannten sour cherry necrotic ring spot-Virus identisch ist, mit dem sie das Auftreten der Nekrosen, die Triebstauchung und die Möglichkeit der Symptommaskierung sowie der Saftübertragung auf Gurke gemeinsam hat, ist noch nicht geklärt. Wahrscheinlich aber wird die Stecklenberger Krankheit durch einen Viruskomplex hervorgerufen, dessen eine Komponente das necrotic ring spot-Virus oder andere Stämme des ring spot-Virus sind.

Wirtspflanzenkreis

Sauerkirsche, Süßkirsche, *Prunus mahaleb*; nach experimenteller Übertragung: Pfirsich, Aprikose, *Prunus cerasifera* var. *myrobalana*.

Übertragung

Durch Pfropfung und Okulation bei einer Inkubationszeit von 2 bis 10 Monaten. Mechanische Übertragung auf Gurke und Kürbis möglich. Für Samenübertragbarkeit bestehen Anhaltspunkte, ebenso für eine spontane Ausbreitung der Krankheit innerhalb der Anlage.

Testpflanzen

„Schattenmorelle", Pfirsich (kleine gelbe Flecke, Absterben von der Spitze her).

Verbreitung in Europa

Deutschland, Holland, Tschechoslowakei, fraglich für Ungarn.

Die Sauerkirschenvergilbung

Synonyme

Sour cherry yellows, yellow leaf, cherry yellows, cherry yellow leaf, physiological leaf drop, physiological yellow leaf, physiological yellows, boarder tree, virus leaf drop, *Chlorogenus cerasi* HILDEBRAND.[1]

Krankheitsbild

Die charakteristischen Symptome sind die Gelb-Grünscheckung der Blätter (Abb. 117) und der anschließende Blattfall. Zuerst entstehen nur einzelne gelblich-grüne Bezirke auf der Blattspreite, die allmählich von der Chlorose vollständig erfaßt wird. Am längsten bleiben in der Regel die Hauptadern grün. Die Blätter kön-

Abb. 117. Die Sauerkirschenvergilbung (Sorte „Montmorency"), rechts symptomloses Blatt eines kranken Baumes (nach KEITT und CLAYTON)

[1] HILDEBRAND gibt irrtümlich *cerasae* an.

nen abgeworfen werden, ehe eine Verfärbung einsetzt, bei warmer Witterung in völlig grünem Zustand. Konstante Temperaturen über 20° C führen zur Symptommaskierung. Blattabwurf und Vergilbung setzen unter europäischen Verhältnissen, je nach dem Witterungsverlauf, etwa um Mitte Juni herum, ein. Mehrjährig erkrankte Bäume zeigen Triebstauchung und Ertragsminderungen bis zu 50%. Es wird vermutet, daß die Sauerkirschenvergilbung durch einen Viruskomplex hervorgerufen wird. Neuere Ergebnisse in England deuten allerdings darauf hin, daß im Gegensatz zu den Befunden in Amerika das necrotic ring spot-Virus am Zustandekommen der Sauerkirschenvergilbung nicht beteiligt zu sein braucht.

Wirtspflanzenkreis

Sauerkirsche, nach experimenteller Übertragung Pfirsich, Pflaume, *Prunus cerasifera*, *P. serotina*, *P. mahaleb*.

Eigenschaften

Thermale Inaktivierung: im Gurkenblattpreßsaft bei 65° C;

Beständigkeit in vitro: bei Zimmertemperatur ca. 12 Std., bei 0° C bis etwa 48 Std;

Verdünnungsendpunkt: 10^{-3}.

Übertragung

Durch Pfropfung und Okulation bei einer Inkubationszeit von 1 bis 2 Jahren und durch den Samen von *Prunus mahaleb*. Für eine spontane Ausbreitung innerhalb der Anlagen bestehen Anhaltspunkte; Saftübertragung gelang auf Gurke.

Testpflanze

Sauerkirschensorte „Montmorency".

Verbreitung in Europa

England, fraglich für Holland.

Die Blattrollchlorose des Pfirsichs

Synonym

Enroulement chlorotique.

Krankheitsbild

Das Wachstum der diesjährigen Triebe ist im Frühjahr schwach, obwohl die ersten Blätter noch ein normales Aussehen zeigen. Die Internodien sind kürzer und die Nodien folgen einander in unregelmäßigen Abständen. Während des Sommers erfolgt eine teilweise Entblätterung der Terminal- und Lateraltriebe. Die verbleibenden Blätter sind klein, deformiert und ihre Ränder nach oben eingerollt (Abb. 118). Der Blattrand wird mit fortschreitender Vegetationsperiode immer stärker chlorotisch. Die den Adern 1. und 2. Ordnung anliegenden Zonen behalten eine fahle bronze-grüne Färbung, die Blattadern sind rötlich verfärbt. Die Früchte fallen vor der Reife ab oder bleiben klein, sind ungenießbar und nicht völlig ausgefärbt. Infizierte Bäume sind frostempfindlicher als gesunde. Es ist möglich, daß diese Virose mit dem aus Nordamerika bekannten, zikadenübertragbaren Stamm peach yellow leaf roll der Westlichen X-Krankheit (peach western X-disease, red-leafed choke cherry disease, buckskin of sweet and sour cherry) identisch ist.

Wirtspflanzenkreis

Pfirsich.

Abb. 118. Die Blattrollchlorose des Pfirsichs (nach BOVEY)

Übertragung

Durch Pfropfung und Okulation, bei einer Inkubationszeit von 10 bis 12 Monaten.

Testpflanze

Pfirsich.

Verbreitung in Europa

Schweiz.

Die Warzenkrankheit des Pfirsichs

Synonyme

Peach wart, smooth wart, peach blister, pesco verrucosa, *Prunivir verruca* BLODGETT, MILBRATH, REEVES et ZELLER, *Galla verrucae* BLODGETT.

Krankheitsbild

Auf der jungen Frucht kommt es zur Bildung schwach gefärbter Höcker. Die Früchte können klein und mißbildet sein. Später tritt eine rötlich-braune Färbung des geschädigten Gewebes ein und es entwickeln sich warzenähnliche Auswüchse (Abb. 119). Vielfach tritt Gummifluß auf. Blattsymptome wurden nicht beobachtet, das Baumwachstum wird nicht beeinträchtigt.

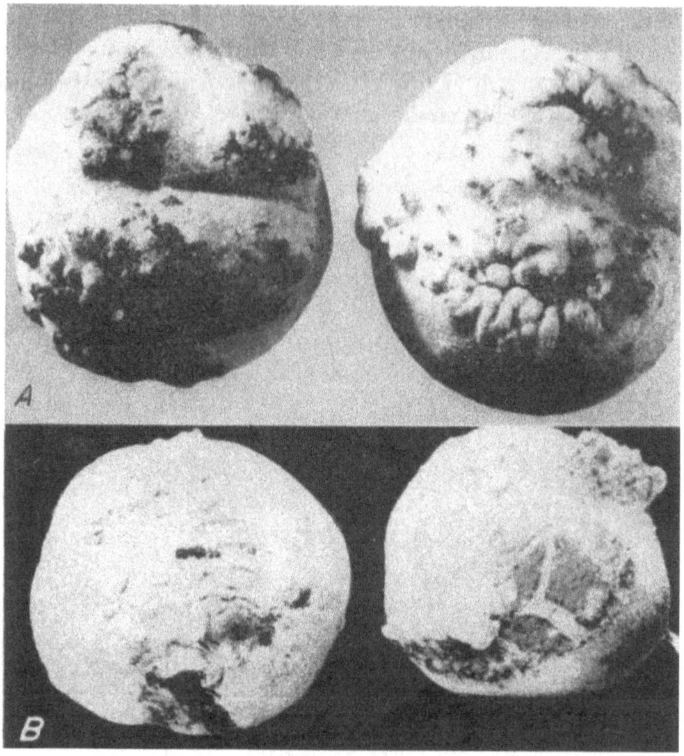

Abb. 119. Die Warzenkrankheit des Pfirsichs *A* harte, *B* weiche Form (nach BLODGETT, REEVES und ZELLER)

Wirtspflanzenkreis

Pfirsich, experimentell konnte das Virus auf Süßkirsche und Pflaume übertragen werden.

Übertragung

Okulation.

Verbreitung in Europa

Italien.

Die Ringfleckigkeit des Pfirsichs

Synonyme

Ring spot virus, *Annulus cerasi* HILDEBRAND[1], *Prunivir circummaculum* COCHRAN, HUTCHINS, MILBRATH, STOUT et ZELLER.

Krankheitsbild

Das Ringfleckenvirus kommt in zahlreichen Stämmen in nahezu allen Steinobstarten vor. Das Krankheitsbild ist neben Süß- und Sauerkirsche (vgl. S. 133)

[1] HILDEBRAND gibt irrtümlich *cerasae* an.

vor allem von Pfirsich bekannt, weswegen es hier noch einmal gesondert behandelt werden soll.

Die Reaktion auf den Virusbefall ist sortenverschieden und abhängig vom jeweiligen Virusstamm. Einige Formen können bei Pfirsich neben verzögerter Knospenentwicklung im Frühjahr und vermindertem Triebwachstum ein Absterben der Triebe von der Spitze her verursachen. Häufig kommt es zur Bildung von Zweignekrosen. Blattsymptome zeigen nur die ersten sich im Frühjahr entwickelnden Blätter in Form von chlorotischen oder nekrotischen Ringen und

Abb. 120. Die Ringfleckigkeit des Pfirsichs (nach RICHARDS und COCHRAN)

Flecken, die häufig zu ausgedehnteren Schädigungen des Blattes führen (Abb. 120). Auf einen derartigen „Schockeffekt" folgt gewöhnlich die für Infektionen durch ring spot-Viren bekannte „Erholung" (recovery) ohne Symptomausprägung. Stark befallene Bäume haben einen geringen Fruchtansatz, die Früchte bleiben kleiner.

In vielen Sorten ist das Virus latent vorhanden und tritt häufig auch als Begleiter anderer Viren z. B. des Mosaiks und des Bandmosaiks auf.

Wirtspflanzenkreis

Alle *Prunus*-Arten.

Übertragung

Durch Pfropfung und Okulation mit einer Inkubationszeit von 14 Tagen (nach Frühjahrsinfektion) bis 9 Monate (nach Okulation im Herbst). Das Virus ist mechanisch übertragbar, die Übertragbarkeit durch Vogelkirschen- und *Prunus mahaleb*-Samen sowie gelegentlich durch Pfirsichsamen wird für die weltweite Verbreitung des Virus verantwortlich gemacht. Auch eine spontane Ausbreitung innerhalb des Standortes auf bisher ungeklärtem Wege ist beschrieben worden.

Testpflanzen

Als sehr empfindlicher Indikator für nahezu alle Stämme des Virus hat sich die *Prunus serrulata*-Varietät „Shirofugen" erwiesen. Nach Okulation der Vorjahrstriebe mit virusinfizierten Augen bilden sich um die Okulationsstelle nekrotische Läsionen, die nach Entfernung der äußeren Rinde gut sichtbar sind. Kürzlich ist festgestellt worden, daß alle in Amerika und wahrscheinlich auch die in Europa für Testzwecke verwendeten „Shirofugen"-Klone latent mit dem little cherry-Virus verseucht sind. „Shirofugen" kann daher als Indikator erst dann wieder verwendet werden, wenn virusfreie Klone von dieser Pflanze aufgebaut worden sind.

Verbreitung in Europa

In allen Gebieten mit Steinobst-Anbau.

Die Fleckenkrankheit des Pfirsichs

Synonyme

Peach blotch disease, maculatura clorotica del pesco.

Krankheitsbild

Auf einzelnen Blättern befallener Bäume tritt eine zusammenhängende chlorotische, meist hellgrüne Fleckung auf, die entweder die Blattspreite nahezu vollständig erfaßt oder auf die der Mittelrippe anliegende Zone beschränkt bleibt. Im letzteren Falle kommt es auch zu einer Aufhellung der Seitenadern. Gegen Ende September können im chlorotischen Gewebe schwache Nekrosen gebildet werden, die vor allem am Blattrand auftreten. Die abgestorbenen Gewebeteile brechen später aus, so daß der Blattrand ausgefranst erscheint. Die Krankheit hat keine wirtschaftliche Bedeutung, da Wuchs- und Ertragsleistung infizierter Bäume nicht beeinträchtigt werden. Sie wurde auf folgenden Sorten gefunden: „Hale", „Elberta", „Rochester", „Vedette", „Golden Jubilee", „Peregrine".

Wirtspflanzenkreis

Pfirsich.

Übertragung

Durch Okulation.

Verbreitung in Europa

Italien, Jugoslawien.

Das Bandmosaik der Pflaume und des Pfirsichs

Synonyme

Shiro line pattern, plum line pattern, peach line pattern, plum mosaic, oriental cherry banded chlorosis, Bandchlorose, Pflaumenmosaik, marbrure zonale, figuurbont, linjemosaikk, jelto praskovno proscharvane, *Prunus* virus 10 ZELLER et MILBRATH, *Prunus* virus 9 CHRISTOFF, *Marmor lineopictum* CATION (= *M. pallidolimbatus* ZELLER et MILBRATH), *Annulus pruni* var. *artum* CHRISTOFF.

Krankheitsbild

Auf den Blättern tritt eine grünliche bis leuchtend gelbe Musterung in Form von Bändern, eichenblattförmigen Linien oder Ringen auf (Abb. 121). Gelegentlich findet man auch eine netzartige Adernaufhellung. Bei Pflaume zeigen in der Regel nur die im Frühjahr gebildeten Blätter, während deren Entwicklung die mittlere Tagestemperatur 13—13,5° C nicht überstieg, Symptome (Abb. 122). Die unter höheren Temperaturen gebildeten Blätter weisen Symptommaskierung auf. Letztere ist beim Pfirsich weniger deutlich ausgeprägt, die Symptome sind auf den Blättern des Sommertriebes zwar etwas schwächer, aber meist immer noch deutlich ausgebildet. Das Bandmosaik kommt wahrscheinlich in mehreren, noch nicht genauer definierten Stämmen und auch mit dem ring spot-Virus vergesellschaftet vor. Bei starkem Befall kann es bei empfindlichen Sorten zu einer Verminderung der Blattentwicklung und zu Triebwachstumsstörungen kommen. Deutliche Symptome zeigen „Blaue Hauspflaume“, „Nancy-Mirabelle“, „Wangenheim“, *Prunus cerasifera* var. *myrobalana* u. a. Als latente Träger gelten „Große Grüne Reineclaude“, „Gelbe Eierpflaume“ u. a.

Abb. 121. Das Bandmosaik des Pfirsichs (nach BAUMANN und KLINKOWSKI)

Wirtspflanzenkreis

Pflaume, Pfirsich, Aprikose, Mandel, Süßkirsche, Sauerkirsche, Apfel, *Prunus salicina*, *P. insititia*, *P. serrulata*, *P. mahaleb*, *P. cerasifera.*

Eigenschaften

Thermale Inaktivierung in ruhenden Reisern bei 62° C; Trennung von den Viren der Sauerkirschenvergilbung, der nekrotischen Ringfleckigkeit und der

Zwergkrankheit der Pflaume ist durch Passage durch die Pflaumensorte „Abundance" möglich.

Übertragung

Durch Pfropfung und Okulation bei einer Inkubationszeit von $8^1/_2$ bis $13^1/_2$ Monaten.

Testpflanzen

Prunus cerasifera var. *myrobalana*, Vogelkirsche East Malling F 12/1 (Mosaikfleckung, chlorotische Ringe und Linien, manchmal Nekrosen).

Verbreitung in Europa

Bulgarien, Dänemark, Deutschland, England, Frankreich, Holland, Italien, Jugoslawien, Norwegen, Österreich, Polen, Schweden, Schweiz, Tschechoslowakei.

Abb. 122. Das Bandmosaik der Pflaume (Original BAUMANN)

Die Weidenblättrigkeit der Pflaume

Synonyme

Triebstauchung, Zwergkrankheit, prune dwarf, prune mosaic, Fellenberg mosaic, plum dwarf, willows, shoestring of Italian prune, déformation mosaique, blomme-dvaergsyge, deformiraschto proscharvane, *Prunus*, virus 6 THOMAS et HILDEBRAND, *Prunus* virus 6 a CHRISTOFF, *Nanus pruni* HOLMES.

Krankheitsbild

Als Anfangssymptome der Krankheit bemerkt man auf den Blättern der empfindlichen Sorte „Fellenberg" (*Prunus domestica* var. *italica*) ein schwaches chlorotisches Mosaik. Mit fortschreitender Erkrankung werden die Blätter schmaler und stark verlängert, so daß sie schließlich wie Weidenblätter aussehen (Abb. 123). Sie sind etwas verdickt, glasig spröde und auf der Oberfläche glänzend. Nervatur und Blattrandzähnung sind anomal und unregelmäßig. Das terminale Wachstum ist gehemmt, die Internodien gestaucht, und der Baum verliert allmählich an Vitalität. Die Früchte schwer befallener Bäume werden frühzeitig abgeworfen.

Abb. 123. Die Zwergkrankheit der Pflaume („Fellenberg") (nach BOVEY und BLUMER)

Wirtspflanzenkreis

Pflaume, Aprikose, Pfirsich, Mandel, Schlehe, Süßkirsche, Sauerkirsche, *Prunus insititia*, *P. cerasifera*, *P. pissardi*, *P. mahaleb*, *P. salicina*, *P. sinensis*, *P. triloba*.

Eigenschaften

Thermale Inaktivierung: in ruhenden Reisern bei 60°, in Gurkenpreßsäften bei 65° C;

Beständigkeit in vitro: bei Zimmertemperatur weniger als 1 Stunde, bei 0° C zwischen 12 und 24 Stunden;

Verdünnungsendpunkt: unterhalb 10^{-2}.

Übertragung

Durch Pfropfung und Okulation bei einer Inkubationszeit von $7^1/_2$ bis $12^1/_2$ Monaten.

In Amerika ist mechanische Übertragung auf Gurke gelungen.

Verbreitung in Europa

Bulgarien, Deutschland, England, Jugoslawien, Schweiz, fraglich für Dänemark und Österreich.

Die Sharka-Krankheit der Pflaume

Synonyme

Pockenkrankheit, plum pox disease, *Prunus* virus 7 CHRISTOFF, *Annulus pruni* CHRISTOFF.

Krankheitsbild

Von dieser Krankheit werden in erster Linie die Früchte in Mitleidenschaft gezogen. Sie fallen vor der Reife in großen Mengen ab, die am Baum verbleiben-

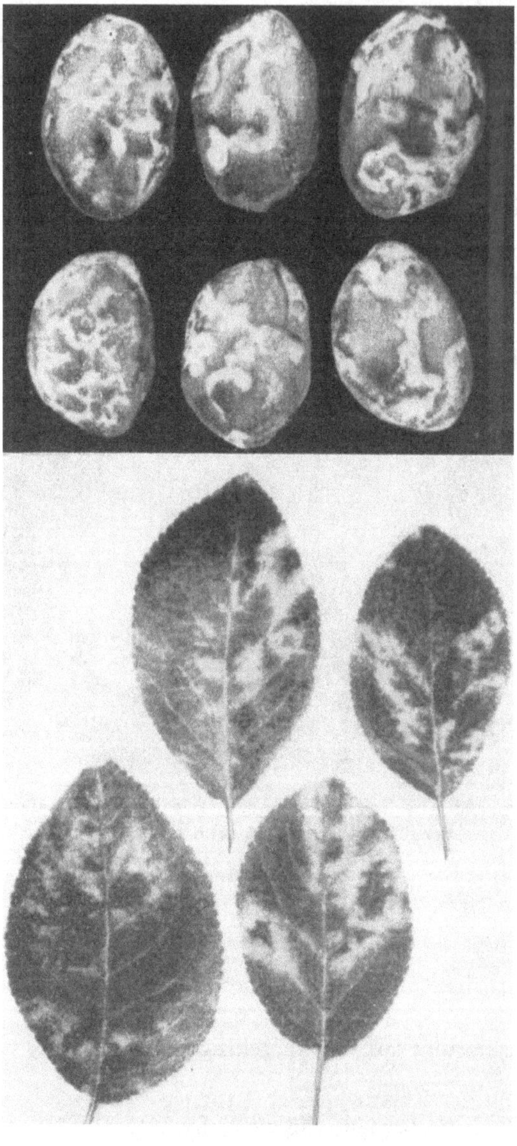

Abb. 124. Die Sharkakrankheit der Pflaume (Sorte „Požegača), Frucht- und Blattsymptome (nach YOSSIFOVITCH)

den werden vorzeitig reif und sind für den Verkauf wertlos. Sie sind von tiefen und breiten Rissen durchzogen, das Fleisch ist gummiartig, von bräunlich-roter Farbe, ungenießbar und auch für die Trocknung, Marmeladenherstellung und Brennereiverarbeitung unbrauchbar. Auf den Blättern tritt ein schwaches oft nur bei durchfallendem Licht erkennbares Mosaik in Form von Ringen, Bändern oder Linien auf (Abbildung 124); Lebensalter und Entwicklung der Bäume sowie Blüte und Fruchtansatz werden nicht beeinträchtigt. Die Krankheit kommt in der gleichen Form, aber weniger heftig, auch bei Aprikose vor. Die wirtschaftliche Bedeutung dieser Virose in den südosteuropäischen Staaten ist außerordentlich groß. In Jugoslawien waren bis 1952 16 Millionen Bäume befallen. In Jugoslawien und Bulgarien leidet besonders die dort am meisten verbreitete Zwetschensorte „Požegača" bzw. „Kjüstendil". „Dzanarika" wird in Jugoslawien als resistent angesehen.

Das aus Bulgarien beschriebene Linienmosaik-Virus der Pflaume (Tesnolinejno proscharvane, plum narrow striped variegation, *Prunus* virus 7 a CHRISTOFF) wird als ein Stamm des Sharka-Virus angesehen.

Wirtspflanzenkreis

Pflaume, Aprikose, *Prunus cerasifera*, *P. insititia*, *P. triloba*.

Eigenschaften

Thermale Inaktivierung des Virus oberhalb 66° C.

Übertragung

Durch Pfropfung und Okulation bei einer Inkubationszeit von 9 bis 13 Monaten. *Brachicaudus helichrysi* ist zur Übertragung befähigt, die spontane Ausbreitung erfolgt auch durch vegetative Vermehrung der Zwetschenbäume. In Jugoslawien gilt neuerdings *Phorodon humuli* als der wichtigste Überträger.

Testpflanze

Pflaumensorte „Požegača" („Kjüstendil").

Verbreitung in Europa

Bulgarien, Deutschland, England, Jugoslawien, Tschechoslowakei, Ungarn.

Die Rindennekrose der Pflaume

Synonyme

Rindenrissigkeit, bark split.

Krankheitsbild

Am jungen Stamm beginnt die Rinde, zunächst an lokal begrenzten Stellen, aufzuplatzen. Rings um diese Initialstelle ist die Rinde rötlich verfärbt. Mit fortschreitendem Dickenwachstum nehmen auch die Risse an Umfang und Tiefe zu (Abb. 125), und es tritt Gummifluß auf; das Schadbild ist dann auch an den stärkeren Ästen zu finden. Bäume der besonders empfindlichen Sorte „Cambridge Gage" verlieren schon im Alter von etwa zehn Jahren an Wüchsigkeit, während andere Sorten nicht so stark geschädigt werden. Das Virus kommt wahrscheinlich in der Unterlage „Blaue Hauszwetsche" latent vor, ein weiterer latenter Träger ist die Sorte „Monarch".

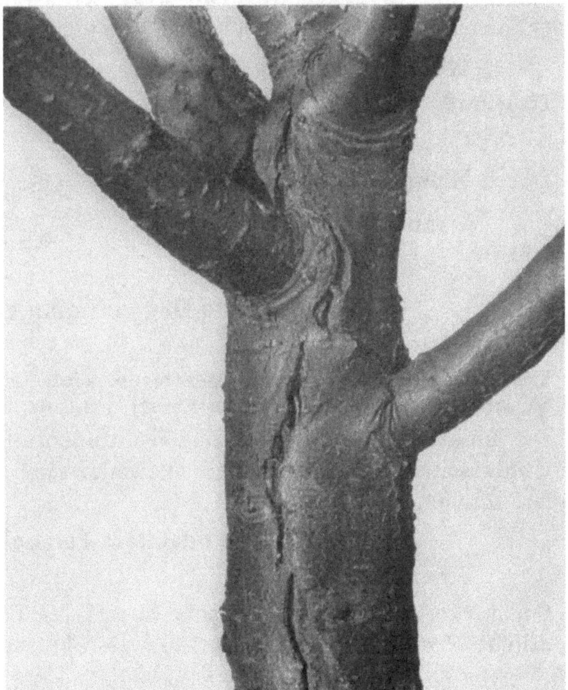

Abb. 125. Die Rindennekrose der Pflaume (Sorte „Cambridge Gage") (nach Posnette)

Wirtspflanzenkreis

Pflaume.

Übertragung

Durch Pfropfung und Okulation.

Testpflanze

Pflaumensorte „Cambridge Gage".

Verbreitung in Europa

England, Holland, Norwegen, fraglich für Frankreich und die Schweiz.

Das Bandmosaik der Haselnuß

Synonym

Maculatura lineare.

Krankheitsbild

Auf einzelnen Blättern von Haselnußsträuchern ist eine kräftig gelbe oder cremefarbene Scheckung zu finden, die entweder unregelmäßig über die Blattspreite verteilt sein oder sich in Form kleiner ineinanderfließender Flecke längs der Adern erstrecken kann. Auch Adernaufhellungen kommen vor, gelegentlich sind auch band- oder ringförmige Zeichnungen festzustellen.

An befallenen Trieben findet man auch vollkommen normal aussehende Blätter.

Die Art der Symptomausprägung und die Verteilung des Krankheitsbildes auf dem befallenen Strauch erinnern an das Bandmosaik der Pflaume und des Pfirsichs und es erscheint nicht ausgeschlossen, daß beide Viren verwandt oder identisch sind. Entsprechende Versuche wurden eingeleitet.

Wirtspflanzenkreis

Haselnuß.

Übertragung

Durch Rindenpfropfung.

Verbreitung in Europa

Italien.

Die infektiöse Degeneration der Weinrebe

Synonyme

Vine roncet, Reisigkrankheit, dégénérescence infectieuse, anthracnose déformant, court-noué, arriciamento, urticado, kurtschwostj, urticade, nettleaf disease u. a.

Die infektiöse Degeneration der Weinrebe umfaßt als Sammelbegriff mehrere gut unterscheidbare Virosen, die entweder allein oder gemeinsam die Rebe befallen können.

1. Die infektiöse Panaschüre[1]

Krankheitsbild

Bei stärkerer Erkrankung erscheint auf den Blättern eine mehr oder weniger deutliche Mosaikfleckung (Abb. 126), die Chlorophylldefekte können aber auch

[1] Die infektiöse Panaschüre dürfte als identisch mit dem Weinrebenmosaik anzusehen sein, für das folgende Synonyme gebräuchlich sind: panachure, vine white mosaic, vine mosaic, *Vitis* virus 1 (Stranak) Smith, *Marmor viticola* Holmes.

in den verschiedensten Variationen über die Blattfläche verteilt sein als Mosaik, Nervenbandpanaschnüre oder in Form von Ringfleckigkeit- und Eichenblattmustern. Befruchtungsstörungen sind häufig und führen zu einem äußerst geringen Traubenansatz, mit kleinen, meist kernlosen Beeren.

Abb. 126. Mosaik-Panaschüre am Rieslingblatt (Original Ochs)

Wirtspflanzenkreis

Europäer- und Amerikanerreben, Weinbergsunkräuter: *Galinsoga parviflora, Chenopodium album, Mercurialis annua, Medicago sativa, Sonchus oleraceus, Stellaria media, Convolvulus arvensis.*

Übertragung

Die Infektion kann vom Boden her, durch kranke Unterlagsreben (Pfropfung) erfolgen, ebenso kann das Virus auf krautige Pflanzen übertragen werden, die mit infektiösem Preßsaft abgerieben wurden. Im Versuch von einer Testpflanze zur anderen übertragen durch *Myzus persicae, Eriophyes vitis, Otiorrhynchus sulcatus* und *Cuscuta campestris.* Der Bestätigung bedarf die Angabe für den Vektor *Viteus vitifolii.*

Testpflanzen

Das Virus läßt sich durch Preßsaft übertragen auf Tabak, Sorte „Samsun“ (Adernaufhellung, feines Mosaik mit kleinen Strichelnekrosen und Blattdeformationen), *Nicotiana glutinosa* (schwache Panaschüren, Triebnekrosen), *Lathyrus tingitanus* (strichelförmige Blattaufhellungen, Blüte schwach buntstreifig), *Medicago sativa* (chlorotische, bandförmige Blattaufhellungen), Gurke (Blätter chlorotisch gescheckt, später nekrotisch), *Chenopodium quinoa* (runde, gelbliche Lokalläsionen, nicht systemisch). Das Virus ist mit dem Gurkenmosaikvirus identisch.

Bekämpfung

Kranke Pflanzen sind zu vernichten und dürfen nicht weiter vermehrt werden. Unterlagsreben müssen virusfrei sein, Weinberge von Unkraut freigehalten werden und Vektoren durch Insektizide bekämpft werden. In ausgesprochenen Krankheitsherden empfiehlt sich eine gründliche Bodenentseuchung mit Schwefelkohlenstoff und eine 4- bis 6jährige Brache.

2. Das „Jaune canare“ oder Gelbmosaik

Krankheitsbild

Die stark erkrankten Reben zeigen Blätter, die fast vollständig lebhaft gelb verfärbt sind (Abb. 127), die kleinen, aufrechtstehenden Träubchen tragen meist kernlose, ungleich entwickelte Beeren. Die Stöcke sind gestaucht und zeigen oft Blattdeformationen verschiedenster Ausprägung. Die kanariengelben Stöcke weichen häufig in ihrem Triebaufbau ab und sind reich verzweigt. Die Wurzeln sind schwach entwickelt und weisen korallenförmige Anschwellungen auf. Die sogenannten „intrazellulären Stäbchen“ in den Gefäßen kranker Reben sind ein Kennzeichen von nur geringem diagnostischen Wert.

Abb. 127. „Jaune canare“-kranke Riesling (Original Ochs)

Übertragung

Abreiben mit infektiösem Preßsaft oder Schneiden mit dem Messer überträgt die Krankheit, auch können gesunde Edelreiser oder Unterlagen durch Pfropfung infiziert werden. Im Versuch übertragen durch *Myzus persicae.*

Wirtspflanzenkreis

Europäer- und Amerikanerreben, *Convolvulus arvensis.*

Testpflanzen

Das Virus läßt sich durch Preßsaft übertragen auf Tabak, Sorten „Samsun“ und „White Burley“, die beide mit Adernaufhellung und perlmusterartig aufgehellten Chlorosen reagieren. Auf *Solanum demissum*-Bastard A 6 entstehen schwarze, nekrotische Einzelherde. Der Preßsaft verursacht auch auf anderen Solanaceen (*Datura metel* und *Physalis floridana*) ähnliche Symptome wie auf Tabak. Bei „Jaune canare“ handelt es sich immer um eine Mischinfektion entweder zusammen mit der vorher beschriebenen Virusart oder der nachstehend genannten. Das Virus ist mit dem Y-Virus identisch.

Bekämpfung

Wie unter 1. beschrieben.

3. Blattdeformationen und Besenwuchs

Krankheitsbild

Die viruskranken Stöcke sind schwer gestaucht und die Blätter rein grün, ohne Chlorphyllschäden, aber deformiert. Die Triebe zeigen Besenwuchs (Abb. 128), wobei die Internodien oft stark verkürzt sind und die Knoten so nahe zusammenrücken können, daß sich 2 Augen einander gegenüber stehen können, was das bekannte Bild der „Doppelaugen und Kurzglieder" ergibt. Verbänderungen, Raffungen der Nervatur und Fasciationen sind zahlreich. Der Traubenansatz ist sehr gering.

Abb. 128. Die Infektiöse Degeneration der Weinrebe; Riesling deformiert und Besenwuchs (Foto Dr. HERING)

Wirtspflanzenkreis

Europäer- und Amerikanerreben.

Übertragung

Durch Pfropfen von krankem Edelreiser- oder Unterlagenmaterial auf einen gesunden Partner, sowie durch Wurzelkontakt, wird die Krankheit übertragen. Testpflanzen, die mit Preßsaft von deformierten Rebblättern eingerieben worden sind, zeigen typische Virussymptome. Die Infektion kann entweder von einem Virusstamm verursacht werden, oder es können auch verschiedene Stämme oder die beiden vorher genannten Viren daran beteiligt sein.

Testpflanzen

Als wesentliche Testpflanzen kommen Tabak (Sorte „Samsun") und *Gomphrena globosa* in Frage. Auf Tabakblättern entstehen nach der Inokulation ringfleckenähnliche, chlorotische Flecke, die später nekrotisch werden. Auf *Datura stramonium* zeigt sich ebenfalls ein scheckiges, teilweise nekrotisches Mosaik. *Gomphrena globosa*-Blätter reagieren mit hellen, nekrotischen Kreisen mit einem rötlichen Rand. Das Virus ist mit dem X-Virus identisch.

Bekämpfung

Wie unter 1. beschrieben.

Verbreitung in Europa

Sämtliche drei beschriebenen Viruskrankheiten der Rebe sind in allen europäischen weinbautreibenden Ländern bekannt, und zwar in Bulgarien, Deutschland, Frankreich, Griechenland, Italien, Jugoslawien, Luxemburg, Österreich, Polen, Portugal, Rumänien, Schweiz, Spanien, Tschechoslowakei, Türkei, Ungarn, UdSSR.

Die Bekämpfung der Erdbeervirosen

Die Erdbeervirosen stellen in England, in Holland, in der Schweiz, in Deutschland und in anderen Ländern die Leistungsfähigkeit des Erdbeeranbaues stark in Frage, wobei der Blattrandvergilbungs-Kräuselkrankheits-Komplex von besonderer wirtschaftlicher Bedeutung ist. Mehrere, im Anbau weit verbreitete Sorten, wie z. B. „Madame Moutot", gelten heute als durchgängig verseucht. Die Selektion gesunder Mutterpflanzen und ihre Vermehrung in sog. Gesundheitslagen, in denen der Vektor *Pentatrichopus fragaefolii* Cock. nicht oder in nicht nennenswertem Umfang vorkommt, ist eine, z. B. in der Schweiz durchgeführte Maßnahme für den Aufbau neuer, leistungsfähiger Erdbeerpflanzungen. Die Heilung erkrankter Pflanzen durch Wärmetherapie ist in den letzten Jahren in England, in der Schweiz und in Holland in gewissem Umfang gelungen. Eine sieben- bis elftägige Einwirkungszeit von 37° C bei hoher Luftfeuchtigkeit erzielte Virusfreiheit der Pflanzen, die diese Behandlung überlebten; auch die von ihnen gebildeten Ausläuferpflanzen waren virusfrei. Dieses Verfahren dürfte für die Praxis kaum Bedeutung gewinnen, kann aber zur Erzielung gesunder Mutterpflanzen stark verseuchter Sorten wertvoll sein. Von größerer Bedeutung für die Praxis dürfte zur Zeit der Anbau toleranter Sorten sein, bei denen die Virusinfektion keine merkliche Beeinträchtigung der Leistungsfähigkeit hervorruft, wie z. B. bei der deutschen Sorte „Preußen". Hier bleibt zweifellos der Züchtung noch ein weites Betätigungsfeld offen, zumal Züchtung auf Resistenz kaum Aussicht auf Erfolg haben dürfte. Bisher liegen nur wenige Ergebnisse über die Erfolgsmöglichkeiten der Vektorenbekämpfung vor. In Verbindung mit frühem Roden befallener Pflanzen scheinen sich aber hierdurch Aussichten auf weitgehende Verhinderung der Verbreitung im Feldbestand zu eröffnen. Das Roden infizierter Pflanzen ist vorzunehmen, wenn die Symptome deutlich erkennbar sind, abhängig von den jeweiligen klimatischen Verhältnissen etwa im Mai und ein zweites Mal im August-September, zur Beseitigung der Infektionsquellen für die nächste Vegetationsperiode. Erkrankte Pflanzen sind sofort zu vernichten oder — bei weniger schädigenden Viren — zu markieren, um eine Entnahme infizierter Ausläuferpflanzen zu verhindern. Die Züchtung muß sich über die Feldselektion hinaus noch der Prüfung auf latenten Virusbefall durch Testübertragungen auf *Fragaria vesca* bedienen.

Die Blattrandvergilbung der Erdbeere

Synonyme

Strawberry yellow edge, strawberry yellows, strawberry xanthosis, strawberry virus 1 JOHNSON, *Fragaria* virus 1 (PLAKIDAS) SMITH, *Marmor marginans* HOLMES.

Krankheitsbild

Symptome erscheinen zuerst auf den jungen Blättern in Form von Chlorosen der Interkostalfelder und unscharf abgesetzter Vergilbungen des aufwärts gebogenen Blattrandes (Abb. 129). Die Pflanzen sind im Wuchs gestaucht, die Blätter bleiben klein und die Blattstiele kurz. Die Blattspreite kann verdreht sein. Bei später Infektion werden ältere Blätter nicht mehr merklich geschä-

Abb. 129. Die Blattrandvergilbung der Erdbeere (Sorte „Royal Sovereign") (nach PRENTICE)

digt, zeigen die Herbstfärbung aber früher als Blätter gesunder Pflanzen. Kranke Erdbeerpflanzen bringen geringere Erträge, die Früchte bleiben klein, die Ausläuferbildung infizierter Mutterpflanzen ist schwach. Die Symptomausprägung wird von Lufttemperatur und Bodenfeuchtigkeit merklich beeinflußt. Hohe Temperaturen und geringe Bodenfeuchtigkeit bewirken eine Maskierung der Symptome, daher ist das Krankheitsbild in der Regel in den Monaten Mai und September am deutlichsten. Die Blattrandvergilbung wird durch einen Viruskomplex hervorgerufen, an dem nach Untersuchungen englischer Autoren mindestens zwei Viren beteiligt sind. Aus den Komplexen der Blattrandvergilbung und Kräuselkrankheit (siehe S. 158) konnten bisher vier Viren isoliert werden, die nach ihrem Verhalten auf den Testpflanzen und im Vektor unterschieden werden. An der Blattrandvergilbung sind die Viren 1 (mottle, strawberry virus 1 PRENTICE) und 2 (mild yellow edge, strawberry virus 2 PRENTICE) oder 2 und 3 (crinkle, strawberry virus 3 PRENTICE) beteiligt.

Wirtspflanzenkreis

Kulturerdbeere, *Fragaria*-Hybriden, *Fragaria vesca, F. virginiana, F. chiloensis* und *F. chiloensis* var. *ovalis* sind symptomlose Träger. Von den Sorten der Kulturerdbeere gelten als besonders anfällig u. a. „Royal Sovereign“, „Deutsch Evern“, „Pillnitz“ und „Madame Moutot“; „Preußen“ als latenter Träger und die kalifornische Sorte „Lassen“ als resistent.

Übertragung

Für Europa konnte bisher als Überträger nur *Pentatrichopus fragaefolii* nachgewiesen werden, experimentell wurden in Amerika einige weitere Blattlausarten als Vektoren festgestellt. Die Verbreitung der Krankheit kann weiterhin durch Ausläuferpflanzen erfolgen. Durch Stolonen- und Blattstielpfropfungen lassen sich Testübertragungen sicher vornehmen. Einwandfreie mechanische Übertragung ist bisher noch nicht gelungen. Einige Komponenten des Komplexes konnten durch *Cuscuta subinclusa* übertragen werden. Nach den bisherigen Kenntnissen liegt bei keinem der Viren Samenübertragbarkeit vor.

Eigenschaften

Im Vektor sind die Viren 2 und 3 — bei einer Mindestsaugdauer an der infizierten Pflanze von 24 Stunden — persistent, das Virus 1 — bei einer Mindestsaugdauer an der infizierten Pflanze von 1 Stunde — nichtpersistent.

Testpflanzen

Fragaria vesca ist für alle bisher bekannten Erdbeervirosen ein guter Indikator. Ein East Malling-Klon dieser Art wird als Testpflanze und neben der Sorte „Royal Sovereign“ als Differentialwirt für die Komponenten des Vergilbungs-Kräuselkrankheit-Komplexes benutzt.

Verbreitung in Europa

Bulgarien, England, Frankreich, Holland, Irland, Norwegen, Österreich, Polen, Schweden, Schweiz, vermutlich in Deutschland, fraglich für Rumänien und die Tschechoslowakei.

Die Kräuselkrankheit der Erdbeere

Synonyme

Frisée, frisolée, leaf curl, strawberry crinkle, strawberry severe crinkle, strawberry virus 3 PRENTICE, strawberry virus 4 JOHNSON, *Fragaria* virus 2 (ZELLER et VAUGHAN) SMITH, *Marmor fragariae* HOLMES.

Krankheitsbild

Auf den jüngeren Blättern erscheinen zuerst verstreut kleine, chlorotische Flecke, meist mit rotem, später nekrotischem Mittelpunkt. Mit zunehmendem Alter der Blätter wird die Fleckung stärker, es kommt zu Adernaufhellungen und zur Kräuselung der Blattoberfläche (Abb. 130). Längs der aufgehellten Adern können sich chlorotische Streifen bis zur Mittelrippe hinziehen, auch Randchlorosen treten auf. Die Blattlappen entwickeln sich ungleichmäßig, häufig ist die Bildung von 1 oder 2 Lappen völlig unterdrückt, und die fehlende Zähnung führt zur unregelmäßigen Form des Blattrandes. Die Symptomausprägung zeigt bei dieser Virose die gleiche Abhängigkeit von den Witterungsbedingungen wie bei der Blattrandvergilbung, außerdem ist auf guten Böden das Krankheitsbild an den Ausläuferpflanzen im Spätherbst nicht immer deutlich zu erkennen. Die Ausläuferbildung kranker Pflanzen ist gering, Fruchtgröße und -anzahl sind vermindert. Von der Kräuselkrankheit sind zwei Formen

Abb. 130. Die Kräuselkrankheit der Erdbeere (Sorte „Royal Sovereign“) (nach PRENTICE)

bekannt, die als mild crinkle und severe crinkle bezeichnet werden. Mild crinkle wird entweder durch das nichtinsektenübertragbare strawberry virus 4 PRENTICE (vein chlorosis) oder durch die Viren 1 und 4 hervorgerufen, während am Zustandekommen des severe crinkle Virus 3 oder die Viren 1, 3 und 4 oder 3 und 4 beteiligt sind (siehe S. 157).

Wirtspflanzenkreis

Kulturerdbeere, *Fragaria vesca*, *F. cuneifolia*. *F. chiloensis* und *F. chiloensis* var. *ovalis* gelten als hochtolerant. Die zur *chiloensis*-Gruppe gehörigen Kultursorten sind symptomlose Träger, während die Sorten der *virginiana*-Gruppe besondere Anfälligkeit aufweisen.

Übertragung

Als Vektoren sind neben *Pentatrichopus fragaefolii* Cock. und *P. tetrarhodus* Walk. durch englische Autoren experimentell *Acyrthosiphon malvae* subsp. *rogersii* und *Myzus ascalonicus* nachgewiesen worden. Die Verbreitung kann weiterhin durch Ausläuferpflanzen erfolgen, Testübertragungen werden durch Blattstiel- oder Stolonenpfropfungen durchgeführt. Mechanische Übertragbarkeit ist nicht bekannt.

Eigenschaften

Hier gilt das für die Viren der Blattrandvergilbung gesagte (siehe S. 156).

Testpflanzen

Fragaria vesca-East Malling Klon, „Royal Sovereign".

Verbreitung in Europa

Belgien, Bulgarien, England, Finnland, Frankreich, Holland, Irland, Polen, Österreich, Schweiz, Ungarn, vermutlich in Deutschland, fraglich für Rumänien.

Die Hexenbesenkrankheit der Erdbeere

Synonyme

Strawberry witches' broom, strawberry virus 2 JOHNSON, *Fragaria* virus 3 (ZELLER) SMITH, *Blastogenus fragariae* (HOLMES) MCKINNEY, *Nanus fragariae* HOLMES.

Abb. 131. Die Hexenbesenkrankheit der Erdbeere (nach ZELLER)

Krankheitsbild

Das Krankheitsbild wechselt bei den einzelnen Sorten. Neben der Bildung langer, aufrechtstehender, dünner Blattstiele mit schmalen hellgrünen Blättern, kommt es bei mehreren Sorten zu stärkeren Verzwergungen der Pflanzen und zur Entwicklung abnorm vieler Blätter (Abb. 131). Die Stolonen können stark verkürzt und die Ausläuferpflanzen dicht um die Mutterpflanze gruppiert sein. Die zahlreichen Blüten sind deformiert und steril.

Wirtspflanzenkreis

Das Virus scheint auf die Kulturerdbeere beschränkt zu sein.

Übertragung

Die Verbreitung erfolgt durch Ausläuferpflanzen und durch *Pentatrichopus fragaefolii*, Testübertragungen sind durch Blattstiel- oder Stolonenpfropfungen möglich.

Verbreitung in Europa

Holland.

Die Blütenvergrünung der Erdbeere

Synonyme

Strawberry green petal disease, Blütenvergrünung des Weißklees.

Krankheitsbild

Die Symptome erscheinen zuerst an den Blüten. Die Kelchblätter sind stark verlängert, die Blütenblätter klein und hellgrün gefärbt. Während manche Blüten völlig steril sind, können sich bei anderen eine normale Anzahl von Eizellen entwickeln; da die Befruchtung aber meist ausbleibt, werden nur wenige Früchte gebildet, die in der Regel nicht ausreifen. Aus dem vertrockneten Blütenboden stehen dann die Früchtchen hervor und die abgestorbenen Infloreszenzen stellen ein gutes Diagnostikum dieser Virose dar (Abb. 132). Gegen Ende der Vegetationsperiode zeigen die älteren Blätter zuerst eine gelblich-olivgrüne, später leuchtend rote Färbung, die im August-September besonders hervortritt. Nach der Infektion gebildete Blätter bleiben klein, sind leicht nach oben gewölbt und weisen Rand- und Adernchlorosen auf. Infizierte Pflanzen können im Juli-August vollständig kollabieren, gelegentlich

Abb. 132. Die Blütenvergrünung der Erdbeere (Sorte „Auchincruive Climax") (nach Posnette)

aber im September eine vorübergehende „Erholung“ erfahren, wobei erneut schwache Triebe mit kleinen Blättern gebildet werden.

Nach neueren englischen Untersuchungen wird die Krankheit durch zwei Viren (Vergrünung und Hexenbesen) hervorgerufen.

Wirtspflanzenkreis

Kulturerdbeere, die Sorte „Auchincruive Climax“ ist besonders anfällig, *Duchesnea indica,* Weißklee, Rotklee, Inkarnatklee.

Übertragung

Die Verbreitung dieser Krankheit erfolgt durch Ausläuferpflanzen und durch die Zikade *Euscelis lineolatus.* Testübertragungen durch Stolonenpfropfungen und durch *Cuscuta subinclusa* gelangen.

Testpflanzen

„Auchincruive Climax“, Kulturerdbeere, Weißklee.

Verbreitung in Europa

Deutschland (an Weißklee), England, Holland, Irland, fraglich für die Tschechoslowakei.

Das Erdbeermosaik

Synonym

Strawberry mosaic virus.

Symptome

Infizierte Pflanzen haben gestauchten Wuchs und kleine gedrehte Blätter. Auf den Blattspreiten finden sich unregelmäßig verteilt gelbe Flecke, die nahe der Mittelrippe und dem Blattrand größere Flächen einnehmen (Abb. 133). Diese Virose ist bisher nur von der Sorte „Royal Sovereign“ bekannt, vom Virus können 2 Stämme unterschieden werden.

Abb. 133. Das Erdbeermosaik (Sorte „Royal Sovereign“) (nach POSNETTE)

Wirtspflanzenkreis

Erdbeere.

Übertragung

Durch Pfropfung von Stolonen gesunder Pflanzen an Blattstiele infizierter „Royal Sovereign", Inkubationszeit etwa 8 Wochen.

Pentatrichopus fragaefolii übertrug nicht das Erdbeermosaik-Virus, aber aus mosaikkranken Pflanzen die Erdbeerviren 1 und 3.

Verbreitung in Europa

England.

Die Bekämpfung der *Rubus*- und *Ribes*-Virosen

Wegen der großen Anzahl insektenübertragbarer Virosen bei den Beerensträuchern steht an erster Stelle der Bekämpfungsmaßnahmen das frühzeitige Roden befallener Pflanzen. Die Beerenobstpflanzungen sind möglichst zweimal im Jahre, kurz nach dem Austrieb und im Juni/Juli auf befallene Pflanzen hin zu prüfen und diese zu entfernen. Das Bereinigen wird durch die hohe Virustoleranz einiger Sorten allerdings erschwert. Über die Wirksamkeit der Vektorenbekämpfung liegen noch kaum genügend Untersuchungen vor. In einigen Ländern ist man bereits dazu übergegangen, auch für die Beerenobststräucher eine Ankörung der auf Virusfreiheit getesteten Mutterpflanzen vorzunehmen, um auf diese Weise in den Baumschulen nur noch virusfreies Material zur Vermehrung gelangen zu lassen. Neuanpflanzungen mit gesunden Sträuchern sollten möglichst weit entfernt von alten Pflanzungen angelegt und wildwachsende Wirtspflanzen der betreffenden Viren in größerem Umkreis vernichtet werden. Die Resistenz- und Toleranzzüchtung verspricht vor allem gegen die *Rubus*-Virosen einige Aussicht auf Erfolg. So existieren in Nordamerika bereits hochgradig vektorresistente Himbeersorten und solche mit partieller Resistenz, auf denen es nur zur Entwicklung kleiner Vektorpopulationen kommt. Man bemüht sich nun, diese Eigenschaft mit hoher Virusanfälligkeit und starker Symptomausprägung zu kombinieren, um die Feldbereinigung zu erleichtern. Gegen verschiedene Viren aus der Gruppe der *Rubus*-Mosaikkrankheiten sind die englischen Sorten „Malling Promise", „Malling Exploit", „Malling Juwel" und „Malling Notable" tolerant. Gegen den Vektor *Nectarosiphon rubi* Kalt. sollen nach holländischer Erfahrungen „Malling Landmark" und „Milton" resistent sein. Für die breite Praxis hat die Anwendung der Wärmetherapie, z. B. bei der *Rubus*-Verzwergung, bisher keine Bedeutung.

Die *Rubus*-Verzwergung

Synonyme

Himbeerstauche, Kümmerwuchs der Brombeere, *Rubus* stunt, dwergziekte, loganberry dwarf, bushy dwarf.

Krankheitsbild

Neuentwickelte Triebe bleiben schwach, kurz und dünn und werden in großer Anzahl gebildet, an den Nodien kommt oft mehr als 1 Knospe zur Entwicklung. Im unteren Bereich der Ruten treiben häufig schlafende Augen vorzeitig aus, entwickeln sich zu kurzen Seitentrieben und geben so der Pflanze ein buschiges

Abb. 134. Die *Rubus*-Verzwergung an Himbeere (Sorte „Lloyd George") (Original CADMAN)

Aussehen (Abb. 134). Die geschwächten Ruten bilden in der nächsten Vegetationsperiode keine oder nur eine sehr geringe Anzahl von Blüten aus. Die Kelchblätter sind abnorm verlängert (Abb. 135), Blütenblätter und Karpelle vergrünen. Zu Beginn der Vegetationsperiode sind kranke Pflanzen an der wesentlich helleren Blattfarbe zu erkennen.

Abb. 135. Die *Rubus*-Verzwergung an Brombeere; Kelchblätter anomal verlängert, Karpelle steril (Original BAUMANN)

Wirtspflanzenkreis

Himbeere, Brombeere (Kultursorten und wildwachsende), Loganbeere, die *Rubus*-Hybriden Youngbeere, Boysenbeere und Laxtonbeere, *Rubus laciniatus*, *R. bellardii*, *R. foliosus*, *R. ammobium*, *R. gratus*, *R. plicatus*, *R. affinis*, *R. carpinifolius*, *R. pyramidalis*.

Übertragung

Durch Pfropfung (in Übertragungstests als „Flaschenpfropfung") und die Zikade *Macropsis fuscula*. Nach holländischen Untersuchungen kommt der Überträger dort in 2 wirtsspezialisierten Formen, Himbeerrasse und Brombeerrasse, vor.

Bekämpfung

Das Virus läßt sich durch $1^1/_2$—2stündige Warmwasserbehandlung bei 45° C in Wurzelschnittlingen inaktivieren. Erkrankte Pflanzen sind aus den Anlagen so früh als möglich zu entfernen und intensive Vektorenbekämpfung ist durchzuführen. Winteröl- oder DNC-Spritzungen und 14tägiges Spritzen von Parathion ab Monat Mai hatten in Holland befriedigende Erfolge.

Verbreitung in Europa

Dänemark, Deutschland, England, Finnland, Holland, Norwegen, Schweden, fraglich für Rumänien.

Die Schottische Blattkräuselkrankheit der Himbeere

Synonyme

Raspberry scottish leaf curl disease, raspberry ring spot, Baumforth B disease.

Krankheitsbild

Bereits im zeitigen Frühjahr sind erkrankte Pflanzen der Sorte „Norfolk Giant" daran erkennbar, daß die Fruchtruten entweder abgestorben sind oder eine große Anzahl deformierter Fruchttriebe bilden (Abb. 136). In schweren Fällen entwickeln sich letztere nur noch zu Rosetten von kleinen gekräuselten Blättern, Blüten werden vorzeitig gebildet und sterben gewöhnlich ab. Bei leichterem Befall ist die Entwicklung normaler Blüten und Früchte möglich, die Blätter weisen dann ausgedehntere nekrotische oder chlorotische Bezirke auf (Abbildung 137), die Stengel sind verdickt und spröde. Junge Ruten von im Vorjahr infizierten Pflanzen sind gestaucht und zeigen Phloem-Nekrosen und Kollabieren des Rindenparenchyms. Sie sterben gegen Ende der Vegetationsperiode von der Spitze her ab. Die Symptomausprägung ist sortenverschieden; während „Baumforth's Seedling B" eine nekrotische Blattkräuselung zeigt, ent-

Abb. 136. Die Schottische Blattkräuselkrankheit der Himbeere (Sorte „Norfolk Giant") (Original CADMAN)

wickelt sich bei „Preußen", „Enterprise" und anderen eine letale, bei „Lloyd George" eine nichtletale Chlorose. Symptome erscheinen in der gleichen Vegetationsperiode nur, wenn die Infektion im zeitigen Frühjahr erfolgte. Durch warme Witterung, mit Temperaturen oberhalb 19°C, können die Symptome maskiert werden. An der Kräuselkrankheit sind nach Ergebnissen gelungener mechanischer Übertragungen offenbar mehrere Viren der Tabak-Ring spot-Gruppe beteiligt. Von den unten genannten Unkräutern und von Zuckerrüben aus befallene Himbeerplantagen konnten ebenfalls Ring spot-Viren isoliert

Abb. 137. Die Schottische Blattkräuselkrankheit der Himbeere (Sorte „Malling Jewel") (Original CADMAN)

werden, jedoch blieben mechanische Übertragungen von diesen Pflanzen auf Himbeere bisher erfolglos. Rückübertragung von Petunie und *Nicotiana rustica* sind bisher nur in einem noch nicht wieder reproduzierbaren Versuch gelungen.

Wirtspflanzenkreis

Himbeere und wahrscheinlich: *Myosotis arvensis*, Huflattich, Winden-, knöterich, Ackerdistel, Vogelmiere, *Carduus nutans*, *Senecio jacobaea*, *S. vulgaris*, *Heracleum sphondylium*. Experimentell wurden infiziert: Petunie, *Nicotiana rustica*, *N. glutinosa*, Tabak (Sorte „White Burley"), Gurke, Gartenbohne, Stechapfel, *Physalis floridana*, *P. angulata*. Auf diesen Wirtspflanzen werden entweder nekrotische oder chlorotische Ringe und Läsionen gebildet.

Übertragung

Durch Pfropfung und mechanisch. Bodenübertragbarkeit des Virus ist nachgewiesen.

Testpflanzen

Himbeersorte „Norfolk Giant"; *Chenopodium amaranticolor* (Lokalläsionen).

Verbreitung in Europa

England, fraglich für Dänemark.

Die Vergilbungskrankheit der Himbeere

Synonyme

Blattvergilbung, yellows disease, severe yellows disease, mild yellows disease.

Krankheitsbild

Von der Virose sind eine starke und eine schwache Form bekannt (severe yellows, mild yellows). Die Symptome der erstgenannten Krankheitsform sind am besten im zeitigen Frühjahr zu erkennen als kräftige interkostale Gelb- oder Braunfärbung an Blättern von Fruchttrieben(Abb. 138) und an den untersten Blättern der jungen Ruten. In schweren Fällen wird das Interkostalgewebe vollständig weiß-gelb und dann nekrotisch. Auf den Blättern der Sommertriebe setzt eine weitgehende Abschwächung der Symptome ein, die Chlorose ist gewöhnlich

Abb. 138. Die Vergilbungskrankheit der Himbeere (Sorte „Norfolk Giant"), schwache, mäßige und starke Form (Original CADMAN)

weniger intensiv, und es treten eichenblattförmige Muster auf. Die Symptome der schwachen Form sind ebenfalls auf den Blättern der Fruchttriebe und den untersten Blättern der jungen Ruten sehr deutlich ausgeprägt. Während die allerersten Blätter zwischen den Adern fahlgelb und nekrotisch werden, ist auf den jüngeren die Chlorose auf schmale Bänder entlang der Adern beschränkt. Im Hochsommer gebildete Blätterzeigen nur eine ganz schwache, diffuse chlorotische Fleckung. Bei beiden Formen der Vergilbungskrankheit kann bei warmer Witterung völlige Maskierung eintreten.

Wirtspflanzenkreis

Himbeere.

Übertragung

Durch Pfropfung.

Testpflanze

Himbeersorte ,,Norfolk Giant''.

Verbreitung in Europa

Dänemark, England, Schweden.

Die Mosaikkrankheiten der Himbeere

Die Himbeere leidet unter einer Reihe von Virosen, die selten einzeln, sondern meist als Viruskomplex oder als Mischinfektionen auftreten und von leichter Mosaikfärbung bis zu starken Wuchsstauchungen eine Reihe verschiedenartiger Krankheitsbilder hervorrufen können.

In Arbeiten englischer Forscher ist die Analyse des Viruskomplexes bzw. der Mischinfektion weitgehend gelungen und es werden heute folgende Virosen unterschieden:

1. Das Himbeermosaik

Synonyme

Fleckenmosaik, raspberry mosaic 2.

Krankheitsbild

Die schwache Form der Virose (mild mosaic 2) ruft über die Blattoberfläche verteilte Flecke unregelmäßiger Größe und Form hervor. Bei der schweren Form der Krankheit (severe mosaic 2) sind die Pflanzen im Wuchs gestaucht, die Blätter sind verdreht und zeigen eingesunkene scharf begrenzte chlorotische Flecke (Abb. 139). Die Symptome werden durch warme Witterung nicht maskiert. Latenter Träger ist die Sorte ,,Lloyd George''.

Wirtspflanzenkreis

Himbeere.

Übertragung

Durch Pfropfung.

Abb. 139. Das Himbeermosaik (Sorte „Baumforth's Seedling B") (nach HARRIS)

Testpflanzen

„Norfolk Giant", „Baumforth's Seedling B".

Verbreitung in Europa

Dänemark, England, Polen, Schweden.

2. Die Adernbänderung der Himbeere

Synonyme

Aderbandchlorose, raspberry veinbanding virus, veinbanding disease, mosaic 1 disease.

Krankheitsbild

Die Symptomausprägung ist sortentypisch unterschiedlich. Die Sorte „Norfolk Giant" zeigt eine deutliche Adernchlorose, auf den 2jährigen Ruten im Mai, auf den diesjährigen Ende Juni (Abb. 140). Das Anfangssymptom geht in eine kräftig gelb-grüne Adernbänderung und Mosaikfleckung über. Stark chlorotische Blätter sind nach unten gerollt. Auf den Blättern, die sich während warmer und trockener Witterung entwickeln, sind die Symptome maskiert.

Wirtspflanzenkreis

Himbeere, *Rubus saxatilis*, *Rubus*-Hybriden.

Eigenschaften

Nichtpersistentes Virus. Infektiosität des Vektors erlischt nach 12 Stunden.

Übertragung

Durch Pfropfung und durch den Vektor *Nectarosiphon rubi.*

Abb. 140. Die Adernbänderung der Himbeere (Sorte „Norfolk Giant“) (Original CADMAN)

Testpflanze

Himbeersorte „Norfolk Giant NG 6“.

Verbreitung in Europa

Dänemark, England, fraglich für Schweden.

3. Die Adernchlorose der Himbeere

Synonym

Vein chlorosis.

Krankheitsbild

Die Adernchlorose kommt in 3 Formen unterschiedlicher Pathogenität (mild, moderate, severe) vor, von denen angenommen wird, daß es sich um Stämme eines Virus handelt. Die Symptomausprägung wird außerdem in hohem Maße von den Sorten beeinflußt. Auf „Norfolk Giant“ ruft die schwache Form eine

Abb. 141. Die Adernchlorose der Himbeere (Sorte „Norfolk Giant“), schwache und starke Form (Original CADMAN)

schwache Aufhellung der an die Adern 2. und 3. Ordnung angrenzenden Gewebe hervor (Abb. 141), gelegentlich kommt es zur Entwicklung flächenartiger Chlorosen. Bei warmer Witterung erfolgt keine Symptommaskierung. Die durch die „moderate form" verursachten Symptome sind den oben beschriebenen gleich, nur deutlicher erkennbar; auch hier erfolgt keine Maskierung durch Wärme. Die starke Form führt zu einer deutlichen Chlorose der Seitenadern und der ihnen anliegenden Gewebe, die in der Regel zur Bildung großer deutlich zu erkennender chlorotischer Bezirke führt. Häufig sind die Blätter verdreht und gekräuselt. Einige Sorten („Malling Landmark", „Malling Promise" u. a.) reagieren mit Wachstumsstörungen. Eine Maskierung der Symptome durch hohe Temperaturen ist nicht beobachtet worden.

Wirtspflanzenkreis

Himbeere.

Eigenschaften

Persistentes Virus.

Übertragung

Durch Pfropfung und den Vektor *Doralis idaei*.

Testpflanze

Himbeersorte „Norfolk Giant".

Verbreitung in Europa

Dänemark, England, Schweden.

4. Die Blattscheckung der Himbeere

Synonyme

Fleckenmosaik, raspberry leaf mottle.

Krankheitsbild

Abb. 142. Die Blattscheckung der Himbeere auf *Rubus occidentalis* (nach CADMAN)

Dieses in vielen englischen Himbeersorten latent vorkommende Virus ruft neben schwachen bis starken Mosaiksymptomen bei einigen Sorten Blattverdrehungen, Wachstumsstauchungen und sogar Absterben der Pflanzen hervor (Abb. 142). Latente Träger sind: „Norfolk Giant L 234" (East Malling-Klon), „Baumforth's Seedling B", „Malling Enterprise", „Malling Notable", „Malling Promise".

Wirtspflanzenkreis

Himbeere, *Rubus occidentalis*, *R. henryi*, *R. saxatilis*.

Eigenschaften

Nichtpersistentes Virus.

Übertragung

Durch Pfropfung und durch den Vektor *Nectarosiphon rubi*. Der Vektor ist nur bis zur 5. Std. nach der Aufnahme infektionstüchtig.

Testpflanzen

Rubus henryi (apikale Nekrosen), *R. saxatilis* (interkostale chlorotische Fleckung).

Verbreitung in Europa

Dänemark, England.

5. Die Blattfleckenkrankheit der Himbeere

Synonym

Raspberry leaf spot.

Krankheitsbild

Aus einem Viruskomplex von mindestens 3 Viren, der den virösen Abbau der Sorte ,,Lloyd George" verursacht, wurde mit Hilfe von Insektenübertragung eine Komponente isoliert, die auf ,,Norfolk Giant" durchscheinende chlorotische Flecke hervorruft, die häufig zusammenlaufen (Abb. 143). Die Blattspreite kann gekräuselt, zerschlitzt und asymmetrisch entwickelt sein. Das Wachstum der jungen Ruten ist gehemmt, wodurch die Bildung von Seitentrieben gefördert wird. Die Symptome werden durch warme Witterung nicht maskiert. ,,Malling Promise" und ,,Malling Landmark', sind latente Träger.

Abb. 143. Die Blattfleckenkrankheit der Himbeere (Sorte ,,Norfolk Giant") (nach CADMAN)

Wirtspflanzenkreis

Himbeere.

Übertragung

Vektor *Nectarosiphon rubi*.

Testpflanze

Himbeersorte ,,Norfolk Giant".

Verbreitung in Europa

England.

6. Die schwere Kräuselkrankheit der Himbeere

Synonyme

Curly dwarf, raspberry curly dwarf.

Krankheitsbild

Dieses in der Sorte „Lloyd George" latent oder nur in ganz schwacher Ausprägungsform vorkommende Virus führt in empfindlichen Sorten z. B. „Baum-

Abb. 144. Die schwere Kräuselkrankheit der Himbeere (Sorte „Baumforth's Seedling B") (nach PRENTICE und HARRIS)

forth's Seedling B" zur Bildung zahlreicher schwacher, gestauchter Triebe und zu starkem Abwärtsrollen der Blätter. Die Entwicklung der Pflanzen ist gehemmt (Ab. 144). Diese Virose weist keine Beziehungen zur Schottischen Blattkräuselkrankheit auf und ist wahrscheinlich nicht identisch mit der *Rubus*-Verzwergung.

Wirtspflanzenkreis

Himbeere.

Übertragung

Durch Ablaktieren.

Verbreitung in Europa

England.

Die Vergilbung der schwarzen Johannisbeere

Synonym

Black currant yellows.

Krankheitsbild

Die ersten Symptome erscheinen nach der vollständigen Entfaltung der jungen Blätter in Form einer feinen gelben Adernaufhellung. Mit fortschreitender

Abb. 145. Die Vergilbung der schwarzen Johannisbeere (Sorte ,,Wellington XXX") (nach POSNETTE)

Reife der Blätter entwickelt sich eine Gelb-Grün-Fleckung (Abb. 145) und gegen Ende Juni zeigen einzelne Blattsegmente eine zur dunkelgrünen Farbe der restlichen Blätter kontrastierende gelblich-grüne Färbung.

Wirtspflanzenkreis

Schwarze Johannisbeere.

Übertragung

Durch Pfropfung.

Testpflanzen

Sorten der schwarzen Johannisbeere ,,Baldwin", ,,Wellington XXX".

Verbreitung in Europa

England.

Das Adernmosaik der schwarzen Johannisbeere

Synonym

Veinpattern disease of black currant.

Krankheitsbild

Um die Haupt- und Seitenadern zieht sich, bevorzugt in der Nähe des Blattrandes, ein eichenblattförmiges kräftiggelbes Bandmosaik (Abb. 146). Im Gewächshaus entwickeln sich auf Blättern jüngerer Stecklinge auch zarte gelbe Ringflecke, die im Freiland nicht beobachtet werden.

Wirtspflanzenkreis

Schwarze Johannisbeere.

Abb. 146. Das Adernmosaik der schwarzen Johannisbeere. Links Sorte „Wellington XXX", rechts Sorte „Baldwin" (nach POSNETTE)

Übertragung

Durch Rindenpfropfung.

Testpflanzen

Sorten der schwarzen Johannisbeere „Baldwin", „Wellington XXX".

Verbreitung in Europa

England.

Die Ringfleckigkeit der Johannisbeere

Synonyme

Ringspot of red currant, red currant ringspot.

Krankheitsbild

Befallene Pflanzen zeigen dunkelgrüne, deformierte Blätter mit deutlichen gelben Ringen. Das Virus ruft nach Saftverreibung auf Johannisbeersämlinge am Zuwachs chlorotische Ringflecke oder längs der Adern verlaufende Bänder hervor. Ältere Blätter zeigen gelegentlich chlorotische Flecke an den Adern oder kleine Ringe. Mit zunehmender Blattreife werden diese Chlorosen deutlicher, am Neuzuwachs erscheinen jedoch keine Symptome mehr.

Wirtspflanzenkreis

Rote Johannisbeere, Gurke, Stechapfel, Tomate, *Nicandra physaloides*, Tabak („Kawala" „„White Burley"), *Nicotiana glauca*, *N. glutinosa*, *N. rustica*, *N. sylvestris*, Petunie, *Physalis angulata*, *Solanum muricatum*, *S. nigrum*, *S. nodiflorum*, Spinat, *Amaranthus tricolor*, *Tetragonia expansa*, Zinnie.

Eigenschaften

Thermale Inaktivierung: 66—68° C;

Beständigkeit in vitro: 7—9 Tage, in getrocknetem Gewebe war das Virus noch nach 12, aber nicht mehr nach 15 Tagen aktiv;

Verdünnungsendpunkt: oberhalb 2×10^{-3}, aber unter 5×10^{-3}. Es wurde durch Behandlung mit 1 : 500 HCl oder 37%igem Formaldehyd in der gleichen Verdünnung inaktiviert. Das Virus verleiht infizierten Pflanzen keinen Schutz gegenüber dem Tabakringflecken-Virus.

Übertragung

Durch Saftverimpfung.

Testpflanzen

Tabak „White Burley" (nekrotische Ringflecke 6—8 Tage nach der Infektion, nach 16—20 Tagen systemische chlorotische Fleckung), *Nicotiana rustica* (Absterben der Pflanzen nach der Infektion).

Verbreitung in Europa

Holland.

Der viröse Atavismus der schwarzen Johannisbeere

Synonyme

„Brennesselblatt", reversion disease of black currant, currant reversion, black currant reversion disease, machrowostj, *Ribes* virus 1 (AMOS et HATTON) SMITH, *Acrogenus ribis* HOLMES, *Acarinaphilus antholysatus* RYSHKOW, *Dacavirus ribis* HANSEN.

Krankheitsbild

Die Diagnose des virösen Atavismus ist wegen der Ähnlichkeit der Symptome mit anderen Erscheinungen ziemlich schwierig. Charakteristisch ist eine Anomalie der Blattaderung und der Blattrandzähnung. Während das gesunde Blatt fünflappig ist und von jeder der 5 Hauptadern wenigstens 5, maximal 8 Seitenadern abgehen, weisen die Hauptadern eines kranken Blattes weniger als 5 Seitenadern auf. Der Blattrand ist gröber gezähnt und einzelne Blattlappen sind reduziert oder überhaupt nicht ausgebildet (Abb. 147). Die Blätter sind deutlich kleiner, schmaler und länger als gesunde, ihre Oberfläche ist etwas runzlig und die Farbe von einem dunkleren Grün. Die Blüten entwickeln sich an kranken Büschen häufig früher als normal, Blütenstände und Stiele der Einzelblüten sind länger als bei gesunden Infloreszenzen. Die Blütenblätter sind schmaler, die Kelchblätter spitzer und stärker behaart, der Griffel ist so stark

Abb. 147. Der viröse Atavismus der schwarzen Johannisbeere, rechts gesundes Blatt (nach WORMALD)

verlängert, daß die Narbe über den Antheren steht. Eine Befruchtung erfolgt nur selten, angesetzte Früchte fallen vorzeitig ab, so daß befallene Büsche keine Erträge bringen.

Wirtspflanzenkreis

Schwarze Johannisbeere.

Übertragung

Durch Pfropfung und durch die Milbe *Eriophyes ribis*.

Bekämpfung

Die Insektenübertragbarkeit dieser Virose macht die frühzeitige Entfernung befallener Sträucher notwendig, die Kontrollen sollen 2mal im Jahr, zur Blüte und im Juni, durchgeführt werden. Stecklinge sind nur von gesunden Büschen zu entnehmen. Eine Schwefelkalkbrühespritzung kurz vor dem Öffnen der Blüte ist gegen den Überträger wirkungsvoll.

Verbreitung in Europa

Dänemark, England, Finnland, Holland, Irland, Norwegen, Schweden, Tschechoslowakei, UdSSR, vermutlich auch in anderen Ländern.

Die Adernbänderung der Stachelbeere

Synonyme

Aderbandmosaik, veinbanding disease of gooseberry.

Krankheitsbild

Das charakteristische Symptom ist eine fahlgelbe Bänderung der primären und sekundären Adern. Die Bänderung geht unmittelbar von den Adern aus (Abb. 148). Häufig ist sie auf eine Seite des Blattes beschränkt, die einseitige Wachstumshemmung führt dann zu Blattverdrehungen. Infizierte Büsche

Abb. 148. Die Adernbänderung der Stachelbeere (Sorte „Careless"). Oben links gesundes Blatt (nach POSNETTE)

weisen kleine gekräuselte Blätter und Wachstumshemmungen auf, doch ist die Schädigung durch die Virose bei den einzelnen Sorten unterschiedlich.

Wirtspflanzenkreis

Stachelbeere.

Übertragung

Durch Pfropfung und die Vektoren *Nasonovia ribis nigri*, *Aphis schneideri* und *A. grossulariae*.

Testpflanzen

Stachelbeersorten: „Careless", „Leveller"-Sämling.

Verbreitung in Europa

England.

Das Mosaik der Stachelbeere

Krankheitsbild

Auf den Blättern der jungen Triebe kommt es zu Adernaufhellungen und Mosaikscheckung. Die gekräuselten Blätter werden frühzeitig abgeworfen. Im zweiten Jahr nach der Infektion sterben die Triebspitzen ab, während des Johannistriebes treiben zahlreiche Achselknospen vorzeitig aus, so daß es zu einem buschigen Wuchs kommt.

Wirtspflanzenkreis

Stachelbeere.

Übertragung

Durch Pfropfung.

Verbreitung in Europa

Deutschland.

Von der 1949 in England zunächst als virös angesehenen „Büschelkrankheit" (Brodie disease, leaf distortion) der Stachelbeere ist inzwischen festgestellt worden, daß sie durch Pfropfung nicht übertragbar, also nicht virusbedingt ist.

Die Virosen der Zierpflanzen

Von

M. Klinkowski

Die Buntblättrigkeit des *Abutilon*

Synonyme

Infektiöse Buntblättrigkeit, infektiöse Chlorose, infektieuze bontheid, *Abutilon* variegation, *Abutilon* infectious variegation, *Abutilon* mosaic, *Abutilon* virus 1 (Baur) Smith, *Marmor abutilon* Holmes, *Photophilus elegans* Ryshkow.

Krankheitsbild

Bei den verschiedenen Malvaceenarten unterschiedlich. Meist gelbgrüne Marmorierung, in anderen Fällen Gelbfärbung der Blattadern, wobei die übrige Blattspreite grün bleibt. Bekannt sind auch Fälle nahezu total chlorotischer Blätter mit vereinzelten grünen Inseln (Abb. 149 und Bd. I, Abb. 10). Die Mannigfaltigkeit des Krankheitsbildes erklärt sich durch das Vorkommen einer A- und B-Chlorose, die getrennt oder im Gemisch auftreten können. Die virusinfizierten Pflanzen sind wegen ihres Zierwertes geschätzt. Bei Dunkelheit erfolgt Maskierung der Symptome.

Abb. 149. Die Buntblättrigkeit des *Abutilon* (Original Klinkowski)

Wirtspflanzenkreis

Abutilon striatum, *A. striatum* var. *thompsonii*, *A. striatum* var. *spurium*, *A. darwinii* var. *tessulatum*, *A. arboreum* (symptomloser Träger), *A. venosum*, *A. megapotamicum*, *A. sellovianum* var. *marmoratum*, *A. indicum*, *A. theophrasti*, *A. esculentum*, *A. insigne*, *A. reguellii*, *A. vitifolium*,

A. mulleri, A. crispum, A. inaequale, A. hirtum, Malva borealis, M. verticillata, M. pusilla, M. mauritanica, M. silvestris, Malvastrum capense, M. coromandelianum, Kitaibelia vitifolia, Althaea officinalis, A. rosea, A. ficifolia, Lavatera arborea, Palaua malvaefolia, Andenoropium gossypifolium, Anoda hastata, Modiola decumbens, Sida purpurascens, S. glaziovii, S. cordifolia, S. mollis, S. acuta, S. acuta var. *carpinifolia, S. rhombifolia, Sidalcea candida, Stizolobium* spec., *Mucuna pruriens* (hier Samenübertragung), *Hibiscus cannabinus, Gossypium* spec., *Euphorbia hirta, E. heterophylla, Rhynchosia minima.* Experimentell übertragbar auf Gartenbohne, Soja, *Hibiscus esculentus, Cyamopsis tetragonoloba, Nicandra physaloides,* Linse, weiße Lupine, Kartoffel, Erdnuß.

Übertragung

Durch Pfropfung und den Vektor *Bemisia tabaci* (Weibchen überträgt in höheren Prozentsätzen). Bei einzelnen Arten, besonders *Abutilon*-Hybriden Samenübertragung.

Bekämpfung

Durch Wärmebehandlung von 3—4 Wochen (36°C) ist der während dieser Zeit gebildete Triebzuwachs meist gesund, oft gesundet die ganze Pflanze.

Verbreitung in Europa

Allgemein.

Das Akeleimosaik

Synonym

Gurkenmosaikvirus (siehe S. 79).

Krankheitsbild

Adernaufhellung der Blätter, der eine Mosaikscheckung folgt. Die Blätter sterben fleckenweise ab, die Pflanze ist deutlich im Wachstum gehemmt und blüht nur spärlich oder überhaupt nicht. Auf den älteren Blättern zuweilen Nekrosen. Vielfach latent.

Verbreitung in Europa

Deutschland, England, Norwegen, Tschechoslowakei, fraglich für Frankreich.

Das *Amaryllis*-Mosaik

Synonym

Bronzefleckenkrankheit der Tomate (siehe S.105).

Krankheitsbild

Die Blätter weisen eine Sprenkelscheckung auf (Abb. 150). Das Wachstum wird nicht sonderlich beeinflußt.

Wirtspflanzenkreis

Amaryllis rutila var. *fulgida* (= *Hippeastrum rutilum* var. *fulgidum*), *A. reginae* (= *H. reginae*), *A. reginae* var. *fulgida* (= *H. reginae* var. *fulgidum*),

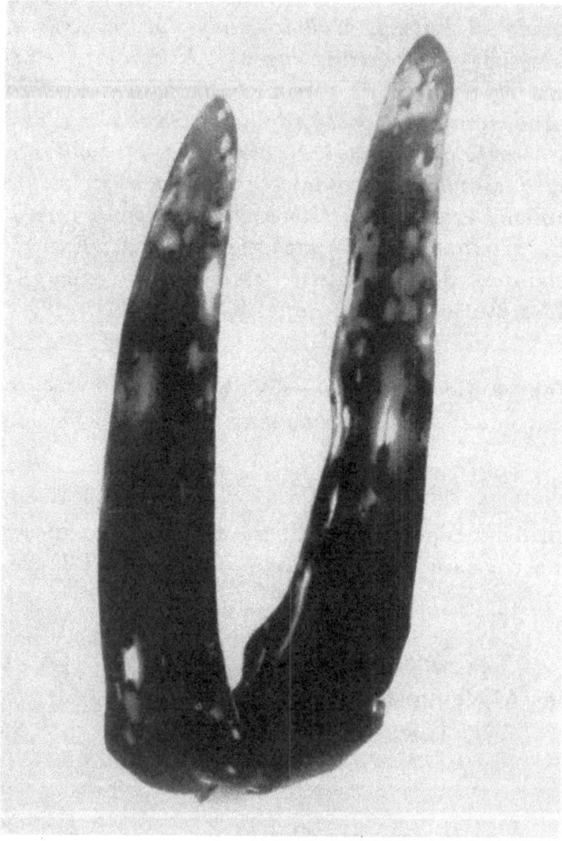

Abb. 150. Das *Amaryllis*-Mosaik. Blätter mit hellen und nekrotischen Flecken (nach K. M. SMITH)

A. aulicum (= *H. aulicum*). *A. belladonna*, *Crinum giganteum*, *C. imbricatum*, *Hymenocallis johnsonii* (= *Hippeastrum johnsonii*), *H. solandriflora* var. *contee*, *H. occidentalis*, *H. pauciflora*, *H. tenuiflora* (= *Leptochiton quitoensis*).

Übertragung

Abreiben mit infektiösem Preßsaft bei Karborundzusatz.

Verbreitung in Europa

Dänemark, England, Irland, Norwegen, Tschechoslowakei.

Die Alloiophyllie der Anemone

Synonyme

Anemone alloiophylly, *Anemone* virus 1 (KLEBAHN) SMITH, *Galla anemones* HOLMES.

Krankheitsbild

Pflanze heller, fast gelbgrün gefärbt, Blätter auffällig verbreitert, oft stark vergrößert oder fleischig und verkrüppelt (Abb. 151). Stengel und Blattstiele fast immer verdickt.

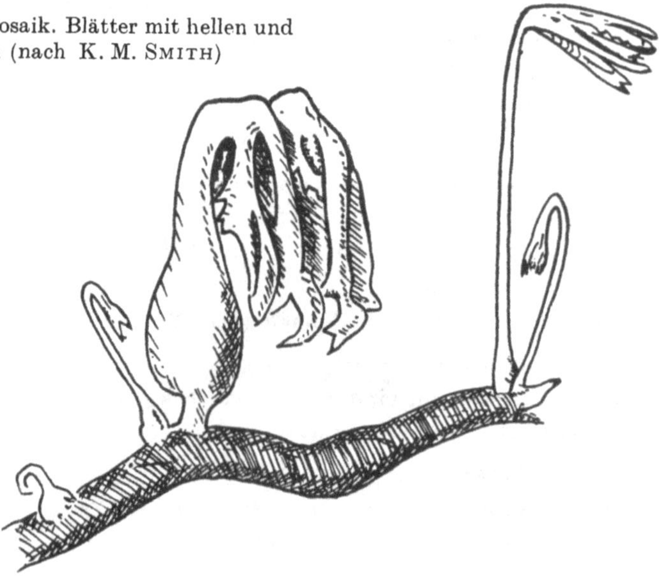

Abb. 151. Die Alloiophyllie der Anemone. Links alloiophyller Trieb, rechts normale Blattanlagen (nach KLEBAHN)

Blütenbildung meist unterdrückt, in anderen Fällen verunstaltet und grünliche Interzellularräume mit stark färbbarer Substanz.

Wirtspflanzenkreis

Anemone nemorosa, A. ranunculoides, A. trifolia.

Übertragung

In geringen Prozentsätzen durch Abreibung mit infektiösem Preßsaft an Rhizomen. Bodeninfektion ist möglich.

Verbreitung in Europa

Deutschland, Norwegen, fraglich für die Tschechoslowakei.

Das Anemonenmosaik

Synonym

Anemone mosaic.

Krankheitsbild

Erkrankte Pflanzen sind chlorotisch und bleiben im Wachstum zurück. Die Blüten sind mißbildet und weisen Buntstreifigkeit auf, bei roter und bei blauer Blütenfarbe treten spritzerähnliche weiße Flecke (Abbildung 152) auf. Bei Infektion mit dem Gurkenmosaikvirus besteht die Buntstreifigkeit in weißen oder blauen Linien bzw. Streifen. Die Blätter weisen eine Scheckung auf und können gleichfalls Mißbildungen auf-

Abb. 152. Das Anemonenmosaik. Von oben nach unten: Buntstreifigkeit der Blüte, mangelndes Öffnungsvermögen der Blüte und Blattscheckung (nach HOLLINGS)

weisen, gelegentlich tritt auch eine Aucubascheckung auf, ebenso ist Blattkräuselung in einzelnen Fällen zu beobachten. Einschlußkörper sind nachzuweisen.

Wirtspflanzenkreis

Anemone coronaria, *A. nemorosa*, Melde, *Amaranthus caudatus*, *Gomphrena globosa*, *Tetragonia expansa*, *Cerastium vulgatum*, *Aquilegia coerulea*, *Delphinium grandiflorum*, *Ranunculus* spec., Mohn, *Papaver rhoeas*, *Fumaria officinalis*, *Brassica hirta*, *B. napus*, *B. oleracea* var. *capitata*, *B. pekinensis*, *B. rapa*, *Malcolmia maritima*, Levkoje, *Sisymbrium officinale*, *Thlaspi arvense*, Hirtentäschel, *Geum chiloense*, Ackerbohne, *Lavatera trimestris*, *Passiflora coerulea*, *Primula sinensis*, *Convolvulus tricolor*, *Verbena hybrida*, Tabak, *Nicotiana glutinosa*, *N. rustica*, Petunie, *Physalis peruviana*, *Salpiglossis sinuata*, *Schizanthus pinnatus*, *Alonsoa warscewiczii*, *Mimulus luteus*, *Saintpaulia ionantha*, *Galium aparine*, *Ageratum conyzioides*, *Chrysanthemum carinatum*, Sonnenblume, *Lactuca muralis*, *Senecio vulgaris*, Zinnie, *Tagetes erecta*.

Eigenschaften

Thermale Inaktivierung: unter 62° C;
Beständigkeit in vitro: bei 18° C weniger als 3 Tage;
Verdünnungsendpunkt: $2{,}5 \times 10^{-3}$.

Übertragung

Durch Abreibung mit infektiösem Preßsaft und durch die Vektoren *Myzus persicae*, *Aulacorthum pseudosolani*, *Macrosiphon solanifolii* und *Brevicoryne brassicae*.

Bekämpfung

Vernichtung infizierter Pflanzen, Unkrautbekämpfung, auch in unmittelbarer Nachbarschaft der Anbauflächen, Bekämpfung der Vektoren.

Verbreitung in Europa

England.

Die Petersilienblättrigkeit der Anemone

Synonym

Parsley leaf.

Krankheitsbild

Mischinfektion, bei der nach bisheriger Kenntnis 3 Viren beteiligt sind, die Scheckung und andere Symptome auslösen (Abb. 153). Beteiligt sind ein latent an *Beta*-Rüben vorkommendes Virus, ein wahrscheinlich symptomloses Tabaknekrosevirus sowie ein Stamm des Gurkenmosaikvirus.

Verbreitung in Europa

England.

Abb. 153. Die Petersilienblättrigkeit der Anemone (nach K. M. SMITH)

Das latente Anemonenvirus

Synonym

Anemone latent virus.

Krankheitsbild

Es treten trotz systemischer Infektion keine erkennbaren Krankheitssymptome in Erscheinung.

Wirtspflanzenkreis

Anemone nemorosa, Rittersporn.

Eigenschaften

Thermale Inaktivierung: zwischen 50 und 60°C;
Verdünnungsendpunkt: zwischen 10^{-2} und 10^{-3}.

Übertragung

Das Virus ist durch Preßsaft übertragbar, als Vektoren fungieren *Myzus persicae* und *Aulacorthum pseudosolani*.

Testpflanzen

Bei den infizierten Blättern des Tabaks (Sorten „White Burley" und „Kawala") und bei *Chenopodium amaranticolor* Lokalläsionen.

Verbreitung in Europa

England.

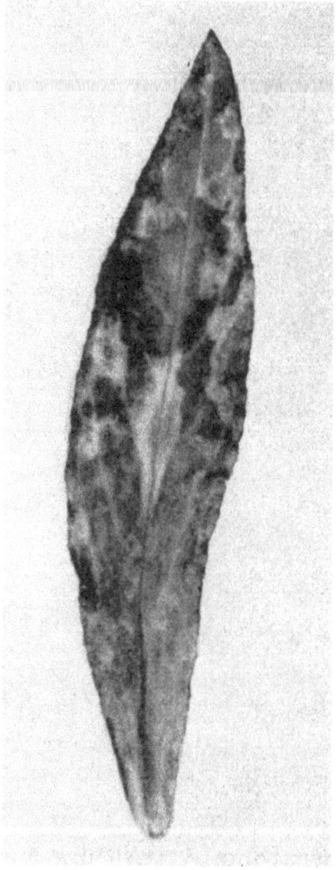

Abb. 154. Das *Anchusa*-Mosaik (nach K. M. Smith)

Das *Anchusa*-Mosaik

Synonym

Gurkenmosaikvirus (siehe S. 79).

Krankheitsbild

Auf der Blattspreite ringähnliche Bildungen, verbunden mit Flecken von blasser Färbung (Abb. 154).

Verbreitung in Europa

England, fraglich für Frankreich.

Das *Anthurium*-Mosaik

Synonym

Anthurium mosaic.

Krankheitsbild

Grauweiße nekrotische, seltener blaßgelbe Flecke und Linien. Die Blätter sind gekräuselt und verunstaltet.

Wirtspflanzenkreis

Anthurium andraeanum, A. scherzerianum, Monstera deliciosa, Philodendron corsinianum, Zantedeschia aethiopica, Stechapfel.

Übertragung

Durch Abreibung mit infektiösem Preßsaft.

Testpflanze

Stechapfel (eckige, gelbe Flecke, regellos verteilt).

Verbreitung in Europa

Belgien, Deutschland, fraglich für die Tschechoslowakei.

Das *Arabis*-Mosaik

Synonym

Arabis mosaic.

Krankheitsbild

Bildung ring- und linienförmiger Muster, die sich dunkelgrün vom helleren Untergrund abheben; zusätzlich ist eine Scheckung zu beobachten. Es treten keine Nekrosen auf.

Wirtpflanzenkreis

Arabis hirsuta. Experimentell auf Gurke, Gartenbohne, Tabak, *Nicotiana glutinosa, Solanum nodiflorum.*

Eigenschaften

Thermale Inaktivierung: zwischen 50 und 60° C;
Beständigkeit in vitro: 2—3 Tage bei Zimmertemperatur;
Verdünnungsendpunkt: zwischen 10^{-2} und 10^{-3}.

Übertragung

Durch Abreibung mit infektiösem Preßsaft, bei warmer Witterung erfolgt oft Symptommaskierung. Übertragung von *Arabis* zu *Arabis*.

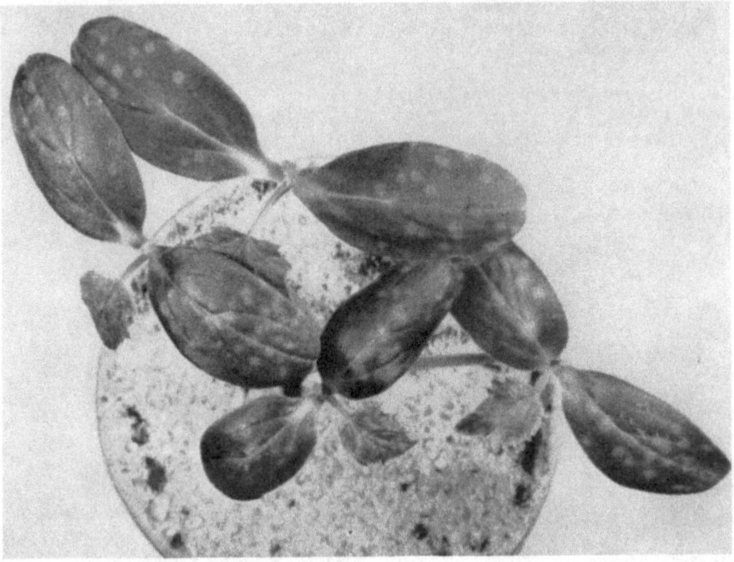

Abb. 155. Lokalläsionen des *Arabis*-Mosaikvirus bei Infektion auf Gurke (nach K. M. SMITH)

Testpflanze

Gurke, Lokalläsionen und systemische Infektion (Abb. 155).

Verbreitung in Europa

England.

Das *Aristolochia sipho* (*durior*)-Mosaik

Synonym

Gurkenmosaikvirus (siehe S. 79).

Krankheitsbild

Blätter von unregelmäßiger Form, mehr oder minder buntfleckig (Abb. 156), Pflanzen im Wachstum gehemmt. Gelegentlich auf der Blattspreite Zickzack- oder Ringmuster von hellgrüner bis gelblicher Färbung.

Verbreitung in Europa

Schweden.

Abb. 156. Das *Aristolochia*-Mosaik (nach LIHNELL)

Die Infektiöse Vergilbung der Aster

Synonyme

Infektiöse Vergilbung der Sommeraster, Kalifornische Vergilbungskrankheit der Aster, aster yellows, New York aster yellows, lettuce Rio Grande disease, lettuce rabbit ear, lettuce yellows, lettuce white heart, salsifly yellows, potato purple top wilt, celery yellows, carrot yellows, parsnip yellows, parsley yellows, *Delphinium* aster yellows, *Delphinium* witches' broom (?), *Delphinium* stunt (z. T.), *Callistephus* virus 1 (KUNKEL) SMITH, *Chlorogenus callistephi* var. *vulgaris* HOLMES, *Leptomotropus callistephi* RYSHKOW u. a.

Krankheitsbild

Das Primärsymptom besteht beim jungen Blatt in Adernaufhellung. Die Blätter stehen meist steil aufrecht, sie werden später chlorotisch, wobei gelegentlich nur eine Blatthälfte bzw. Blattsektoren erfaßt sind. Junge Blätter können fast weiß sein, später aber ergrünen. Die Strahlenblüten sind stark verkürzt, die Blütenblätter grünlich verfärbt (Abb. 157). Charakteristisch ist, daß sich aus den Blattachseln aller Blätter dünne, chlorotische Triebe mit langen Internodien entwickeln. Bei fortgeschrittener Erkrankung im apikalen Stengelteil gelegentlich Nekrosen. Auch Teilinfektionen sind bekannt. Typisch ist die Aufrechtstellung der Blätter.

Abb. 157. Die Infektiöse Vergilbung der Aster (nach RICHTER)

Wirtspflanzenkreis

Umfaßt mehr als 270 Arten aus 39 Familien, darunter Aster, Phlox, Rittersporn, Petunie, Zinnie, Gladiole, Dahlie, Reseda, Endivie, Salat, Möhre, Pastinak, Petersilie, Tomate, Kartoffel, Spinat und Zwiebel.

Eigenschaften

Thermale Inaktivierung: in Körpersäften infizierter Vektoren bei 35—40° C (10 Min.), bei 25° C (2—3 Std.), bei *Macrosteles divisus* bei 31—32° C im Verlauf von 12 Tagen. In der Pflanze wird das Virus zerstört, wenn sie 2—3 Wochen bei 38—42° C gehalten werden. In infizierten *Vinca rosea* bei 38—42° C im Verlauf von 2—3 Wochen. Bei *Nicotiana rustica* bei 40° C 3 Wochen;

Beständigkeit in vitro: in Körpersäften infizierter Vektoren bei 0° C 1—2 Tage, geringer bei 25° C bzw. in gefrorenem Zustand;

Verdünnungsendpunkt: oberhalb 10^{-2}, in 0,85%iger Kochsalzlösung 10^{-3} für die Dauer von wenig mehr als 5 Minuten.

Übertragung

Durch Pfropfung und durch *Cuscuta*-Arten. Als Vektoren sind zu nennen: *Gyponana hasta, Scaphytopius dubius, S. irroratus, Macrosteles divisus, M. quadripunctulatus, M. sexnotatus, Acinopterus angulatus, Chlorotettix similis, Colladonus commissus, C. flavocapitatus, C. geminatus, C. intricatus, C. kirkaldyi, C. montanus, C. rupinatus, C. rupinatus* var. *brunneus, Euscelidius schenkii, Fieberiella florii, Idiodonus heidemanni, Paraphlepsius apertinus, Texananus incurvatus, T. lathropi, T. latipex, T. oregonus, T. pergradus* und *T. spatulatus.*

Testpflanzen

Gartenbohne (kleine hellbraune Nekrosen), Gurke und Sellerie (große chlorotische Ringe oder Flecke, die später nekrotisch werden), *Vigna sinensis* (rotbraune Nekrosen).

Bekämpfung

Kranke Pflanzen vernichten, Vektoren und Unkräuter bekämpfen.

Verbreitung in Europa

Deutschland, Frankreich, Italien, Österreich, Polen, Schweden, UdSSR, fraglich für die Tschechoslowakei.

Die Ringfleckenkrankheit der Begonie

Synonym

Bronzefleckenkrankheit der Tomate siehe S. 105).

Krankheitsbild

Die Blattspreite ist gelblichgrün gescheckt und weist gezonte oder ringähnliche Flecke auf (Abb. 158). Auf mißgestalteten Blättern Nekrosen. Die im Wachstum gehemmten Pflanzen blühen nur spärlich.

Verbreitung in Europa

England, Frankreich, Holland, Irland, Norwegen, Polen, Schweden.

Das Brunellen-Mosaik

Synonym

Prunella mosaic.

Abb. 158. Die Ringfleckenkrankheit der Begonie (nach Noordam)

Abb. 159. Das Brunellenmosaik (nach LIRO)

Krankheitsbild

Das gelbgrün gefleckte Blatt ist mißbildet und klein (Abb. 159). Die Infektion bedingt oft ein Absterben der kranken Pflanze.

Wirtspflanzenkreis

Brunella (*Prunella*) *vulgaris.*

Übertragung

Durch verschiedene Blattlausarten.

Verbreitung in Europa

Finnland.

Die Schmalblättrigkeit der veränderlichen Buddleia

[Buddleia variabilis (= B. davidii)]

Synonym

Gurkenmosaik (siehe S. 79).

Krankheitsbild

Die Blätter, insbesondere in der Nähe des Blütenstandes, sind deutlich verschmälert, gelegentlich auch verdreht und gekräuselt. Das Blatt ist ganzrandig, während das gesunde Blatt gesägt ist (Abb. 160). Die Blätter können eine mosaikartige Verfärbung aufweisen. Kranke Pflanzen blühen schwächer. Die Blütenzahl kann reduziert sein.

Abb. 160. Die Schmalblättrigkeit der veränderlichen Buddleia (nach Bouwman und Noordam)

Verbreitung in Europa

England, Holland.

Die Rosettenkrankheit der *Calceolaria*

Synonym

Bronzefleckenkrankheit der Tomate (siehe S. 105).

Krankheitsbild

Das Blatt ist in seinen Umrissen verändert und kann unregelmäßige große blasse bzw. erhabene dunkelgrüne Verfärbungen aufweisen (Abb. 161), gelegentlich sind rote oder rosafarbene Blattnekrosen in Adernnähe feststellbar. Deutliche Wachstumshemmung, so daß die Pflanzen nahezu Rosettenform erlangen.

Verbreitung in Europa

England, Holland, Polen, Tschechoslowakei, fraglich für Frankreich.

Abb. 161. Die Rosettenkrankheit der Calceolarie (nach K. M. Smith)

Das *Calendula*-Mosaik

Synonym

Gurkenmosaikvirus (siehe S.79).

Krankheitsbild

Die Pflanzen sind gescheckt und entstellt, ihre Blätter weisen anfänglich chlorotische, später nekrotische Flecke auf. Die Blüten sind klein und oft mißbildet.

Verbreitung in Europa

Dänemark, England, Frankreich, Polen.

Abb. 162. Die Weißfleckenkrankheit der *Calla* (nach TOMPKINS und SEVERIN)

Die Weißfleckenkrankheit der Calla (Zimmercalla)

Synonym

Bronzefleckenkrankheit der Tomate (siehe S. 105).

Krankheitsbild

Zahlreiche weißliche Blattflecke oder Streifen, erstere oft ringähnlich und in der Nähe der Blattadern (Abb. 162). Die Blätter sind gekräuselt und verdreht. Blattscheckung ist für Infektion durch das Gurkenmosaikvirus charakteristisch. Auf den Blütenstielen weiße Strichel, auf den grünen Blütenknospen blasse Flecke, die Blüte oft von anomaler Form.

Wirtspflanzenkreis

Zantedeschia aethiopica, Z. elottiana, Z. rehmannii.

Bekämpfung

Virusinfizierte Calla sind eine der Hauptinfektionsquellen für Tomaten in Gewächshäusern.

Verbreitung in Europa

England, Holland, Irland, Italien, Norwegen, Polen, Schweden, Tschechoslowakei, fraglich für die Schweiz.

Die Verkümmerungskrankheit der Chrysantheme

Synonyme

STAUCHE, *Chrysanthemum* stunt, stunt mottle, measles, *Marmor chrysanthemi* HOLMES.

Krankheitsbild

Charakteristisch ist die Größenreduktion der Pflanze, der Blätter und der Blüten (Abb. 163), ohne daß in der Regel bei vielen Sorten weitere Symptome

Abb. 163. Die Verkümmerungskrankheit der Chrysantheme (Sorte „Dark Pink Orchid Queen"), links gesund (nach KELLER)

erkennbar werden. Bei einzelnen bronze- oder rotfarbenen Sorten ist die Blütenfarbe etwas blaßer, die Blüte erfolgt vorzeitig oder die Blätter sind kleiner und teilweise treten hellgrüne oder gelbliche Blattflecke auf. In anderen Fällen kann es zu Kräuselerscheinungen kommen.

Wirtspflanzenkreis

Chrysanthemum indicum, *C. parthenium* f. *flosculosum*, *C. praealtum*, *Senecio cruentus*, experimentelle Übertragung auf Kornblume, Dahlie, *Achillea ptarmica*, *Echinacea purpurea*, *Emilia sagittata*, *Liatris spicata*, *Tithonia rotundifolia*,

Anthemis tinctoria, Chrysanthemum coronatum, C. coronarium. Immun ist die Gurke.

Eigenschaften

Thermale Inaktivierung: 96—98° C;
Beständigkeit in vitro: 1 Jahr, in gefrorenen Blättern 4 Monate;
Verdünnungsendpunkt: bei 10^{-4};
Im trockenen Blatt noch nach 2 Jahren infektiös.

Übertragung

Durch Abreibung mit infektiösem Preßsaft, durch *Cuscuta gronovii*, durch Schnittmesser und durch beschmutzte Hände.

Testpflanzen

Relativ sicher Pfropfung auf die Sorte ,,Blazing Gold", die nach 6—8 Wochen mit diffuser, gelblicher Adernaufhellung der jüngsten Blätter reagiert, vorausgesetzt, daß keine Mischinfektion mit dem Virus des Chrysanthemenmosaiks oder dem B-Virus vorliegt. In derartigen Fällen sind die Symptome unspezifisch. Die Sorten ,,Mistletoe", ,,Dauntless" und ,,Blanche" reagieren mit deutlichem Mosaik, welches bei ,,Mistletoe" deutliche weiße Flecke (measles) aufweist, die während des Winters verschwinden. Bei ,,Dauntless" ist die Reaktion während des Sommers undeutlich. ,,Blanche" trägt stets latent das Q-Virus (Blanche-Mosaik) oder eine symptomlose Kombination dieses und des Rosettenvirus. Bei *Senecio cruentus* (Lokalläsionen).

Bekämpfung

Auf Auswahl gesunder Mutterpflanzen im Sommer bzw. Herbst achten. Zur Auslese Mutterpflanzen regelmäßig abblühen lassen, Pflegearbeiten stets erst im gesunden, dann im verseuchten Bestand. Wärmetherapie möglich.

Verbreitung in Europa

Deutschland, Holland, Norwegen, Polen.

Das Chrysanthemenmosaik

Synonyme

Cucumis virus 1 var. *chrysanthemum* NOORDAM, Gurkenmosaik (siehe S. 79).

Krankheitsbild

Die Symptome variieren bei den einzelnen Sorten. Beobachtet werden Mosaikscheckung, Ringfleckung, nekrotische Flecke und Ringe sowie Mißbildungen der Blätter (Abb. 164). Bei Sorten mit roter, bronzefarbener und brauner Blütenfarbe kommt es zu einem teilweise oder völligen Farbumschlag zu Gelb. Rotviolette, hellrote oder fleischfarbene Blüten werden weißfleckig oder rein weiß. Bei gelben Blüten treten Verfärbungen selten, bei weißen niemals auf.

Abb. 164. Das Chrysanthemenmosaik, Blütensymptome (links Sorte „Crimson Crown", rechts Sorte „Deuil de Louis Barthou" — Mitte jeweilig gesund), unten Blattsymptome in Form gelblich-weißer Bänder und Ringe (Sorte „Smiles") (nach Noordam)

Wirtspflanzenkreis

Chrysanthemum indicum, Sellerie.

Eigenschaften

Thermale Inaktivierung: zwischen 65 und 70° C;

Beständigkeit in vitro: bei 23—25° C zwischen 2 und mehr als 12 Std;

Verdünnungsendpunkt: im Winter zwischen 10^{-5} und 10^{-6}, im übrigen Jahr zwischen 10^{-3} bis 10^{-4}.

Übertragung

Durch Abreibung mit infektiösem Preßsaft, es empfiehlt sich Zusatz einer 0,5%igen Na_2SO_3-Lösung; als Vektor fungiert *Myzus persicae.* Das Virus ist serologisch nachweisbar. Das Antiserum reagiert auch positiv mit einem Gelbstamm des Gurkenmosaikvirus (Nr. 6 von Price).

Testpflanzen

Gelbgrüne Blattscheckung, starke Mißbildung und Blattverschmälerung bei Petunie und *Nicotiana glutinosa.* Die Symptome sind stärker als beim gewöhnlichen Gurkenmosaikvirus.

Bekämpfung

Gesunde Mutterpflanzen im Sommer bzw. Herbst auswählen. Eine beschränkte Wärmetherapie erscheint möglich; eine Behandlung (Juli-August) mit feuchter Wärme 24 Std. (63° C) mindert die Infektion.

Verbreitung in Europa

Dänemark, Deutschland, England, Frankreich, Holland, Italien, Norwegen, Polen, Rumänien, Schweden, Tschechoslowakei.

Das Blanche-Mosaik der Chrysantheme

Synonyme

News mosaic, KELLER's Q-Virus.

Krankheitsbild

Nach der latent total infizierten Sorte „Blanche“ bezeichnet. Die Symptome bestehen in Adernaufhellung und Blattscheckung, oft zusätzlich in Blattreduktion, bei schwerer Erkrankung in Nekrosen an Blättern, Stengeln und Knospen (Abb. 165). Mitunter erfolgt ein Zusammenbrechen der braun gewordenen Strahlenblüte bei Pflanzen, die keine oder schwache Blattsymptome zeigen.

Wirtspflanzenkreis

Chrysanthemum indicum. Experimentell auf Cinerarie und Petunie.

Übertragung

Durch Pfropfung und mechanisch durch Abreibung, aber schwierig; auch Übertragung durch Blattläuse. Bei Mischinfektionen mit dem Virus der Verkümmerungskrankheit entsteht ein als „crinkle“ bezeichnetes Krankheitsbild.

Abb. 165. Das Blanche-Mosaik der Chrysantheme (Sorte „Golden Mistletoe") (nach BRIERLEY)

Testpflanzen

Als geeignete Indikatorsorte gilt „Good News", auf die es durch Pfropfung sicher übertragen wird. Diese Sorte zeigt eine ganze Symptomskala vom leichten Mosaik der Blätter bis zum extremen „crinkle", Zwergwuchs und totalem Absterben der Blüten- und Blattknospen. Möglicherweise liegen ein Viruskomplex oder verschiedene Stämme vor. Auf den Sorten „Mistletoe", „Dynamo" und „Pandora" bewirkt das Virus Adernaufhellung, Mosaik und Vertrocknen der Blätter.

Bekämpfung

Im Sommer bzw. im Herbst gesunde Mutterpflanzen auswählen.

Verbreitung in Europa

Dänemark, England.

Die Aspermie der Chrysantheme

Synonym

Aspermie der Tomate (siehe S. 99).

Krankheitsbild

Blattsymptome nicht sonderlich charakteristisch, sie bestehen in leichtem Mosaik, Chlorose und schwacher Wachstumshemmung, Blätter aber auch oft symptomlos. Symptome oft nur während des intensivsten Wachstums, später maskiert. Blütenmißbildungen (Kräuselung, Verkrümmung, geringere Größe, ungleichmäßige Länge sowie z. T. Vergrünung der Blütenblätter) und Buntstreifigkeit der Blüte kommen vor (Abb. 166). Charakteristisch ist eine unregelmäßige Kräuselung der Strahlenblütenblätter.

Abb. 166. Die Aspermie der Chrysantheme, links Sorte „Monument", rechts Sorte „Good News", unten gesunde Blüten (nach BRIERLEY)

Wirtspflanzenkreis

Chrysanthemum indicum, Aster, Salat, Tomate, Tabak (Sorte „White Burley"), *Nicotiana glutinosa*, *Tetragonia expansa*, Petunie, experimentell auf eine große Zahl weiterer Pflanzen.

Eigenschaften

Thermale Inaktivierung: 50—55° C;
Beständigkeit in vitro: 1—2 Tage;
Verdünnungsendpunkt: 10^{-2} bis 10^{-3}.

Übertragung

Durch Abreibung mit infektiösem Preßsaft und durch Blattläuse, die das Virus nicht in gleicher Weise zwischen den verschiedenen Wirtspflanzen übertragen. *Myzus persicae* überträgt leicht von Tabak auf Tabak und Tomate, sowie von Tomate zu Tomate. *Myzus solani* überträgt von Chrysantheme zu Chrysantheme und Tabak, von Tabak auf Tabak bzw. von Tomate zu Tomate. *Macrosiphoniella sanborni* überträgt von Chrysantheme zu Chrysantheme und Tabak. *Rhopalosiphon rufomaculatum* überträgt von Chrysantheme zu Chrysantheme.

Testpflanzen

Tabak (Sorte „Samsun") weist nach 5—7 Tagen Adernaufhellung der jüngsten Blätter und systemische Mosaikscheckung auf, Ätzmuster, chlorotische Ringe und Aufbeulungen können ebenfalls auftreten. *Nicotiana glutinosa* (Blattveränderungen, häufig Enationen auf der Blattunterseite).

Bekämpfung

Auswahl gesunder Mutterpflanzen im Sommer bzw. Herbst; Wärmetherapie.

Verbreitung in Europa

Belgien, Dänemark, Deutschland, England, Holland, Norwegen, Schweden, Tschechoslowakei.

Die Noordam-Virosen der Chrysantheme

Synonyme

Virus B, Virus C.

Krankheitsbild

Bei einzelnen Sorten bei Infektion mit „Virus B" Abnormalitäten bei Blüte und Blatt (Abb. 167), bei anderen Sorten lediglich bei der Blüte oder beim Blatt, weitere Sorten sind symptomlose Träger. Je nach Sortenzugehörigkeit können auftreten Mosaikscheckung, Ringscheckung, nekrotische Flecke und Ringe, Blattmißbildungen sowie Abwandlungen der Blütenfarbe. Bei Infektion mit „Virus C" kreisrunde Blattflecke.

Wirtspflanzenkreis von Virus B

Chrysanthemum indicum, C. frutescens. Experimentell Löwenmaul, Aster, Petunie, *Calendula, Nicotiana glutinosa* und *Helichrysum bracteatum.*

Eigenschaften von Virus B

Thermale Inaktivierung: in den Wintermonaten zwischen 70 und 80 °C, in der übrigen Jahreszeit zwischen 50 und 70° C;

Viruspartikel: stäbchenförmig, 600 × 30 mμ. Es gelang ein Antiserum für Virus B herzustellen und das Virus serologisch nachzuweisen. Unspezifische Reaktionen lassen noch keine eindeutigen Ergebnisse zu.

Das Virus ist möglicherweise ein Stamm des Blanche-Mosaik-Virus.

Übertragung

Das serologisch nachweisbare Virus ist durch Abreibung mit infektiösem Preßsaft übertragbar, als Vektoren des „B-Virus" fungieren *Myzus persicae, M. solani, Macrosiphoniella sanborni* und *Rhopalosiphum rufomaculatum.*

Testpflanzen

Petunia hybrida var. *nana compacta* weist nach 3 Wochen bei Infektion mit dem „B-Virus" kleine gelbe und braune Blattflecke auf, bei *Helichrysum bracteatum* var. *monstrosum* — jedoch nicht in allen Fällen — nekrotische Lokalläsionen. Teilweise zeigte auch *Nicotiana glutinosa* eine schwache Lokalläsion, Tabak (Sorte „Samsun") erwies sich als immun.

Abb. 167. Die Noordam-Virose der Chrysantheme (Virus B), Gelbstreifigkeit der Blüte (Sorte „Wilcox") und Blattsymptome (Sorte „Source d'or") (nach NOORDAM)

Bei „Virus C" nach 2 Wochen bei Petunie runde Blattflecke.

Verbreitung in Europa

Holland, Norwegen.

Die Blütenweißfleckigkeit der Chrysantheme

Synonyme

White spotting of flower petals, X-Virus der Kartoffel (siehe S. 8).

Krankheitsbild

Bei rotviolett blühenden Sorten sind die Blütenblätter weiß gefleckt. Es ist nicht sicher, ob schwache Blattchlorosen in einem ursächlichen Zusammenhang hiermit stehen.

Wirtspflanzenkreis

Chrysanthemum koreanum

Verbreitung in Europa

Tschechoslowakei.

Abb. 168. Die Strichelkrankheit der Cinerarie (nach Noordam)

Die Strichelkrankheit der Cinerarie
(Senecio cruentus)

Synonyme

Cineraria streak, Bronzefleckenkrankheit der Tomate (siehe S. 105).

Krankheitsbild

Junge Blätter weisen Kräuselerscheinungen auf. Auf der Blattspreite Nekrosen in Dreiecksform (Abb. 168), oft wird das Blatt, gelegentlich die ganze

Pflanze abgetötet. Rotbraune Nekrosen auch auf Blattadern, Blattstielen und am Stengel. Fortlaufendes Blattsterben bedingt, daß die Pflanze zur Blütezeit nur noch wenige Blätter besitzt, die oft gewelkt sind.

Verbreitung in Europa

England, Holland, fraglich für Italien und Rumänien.

Das Cymbidiummosaik

Synonyme

Orchid (*Cymbidium*) mosaic, black streak disease.

Krankheitsbild

Die Krankheitssymptome können nach Form und Stärke sehr stark variieren. Anfänglich werden chlorotisch verfärbte Stellen erkennbar, die zu Beginn oft

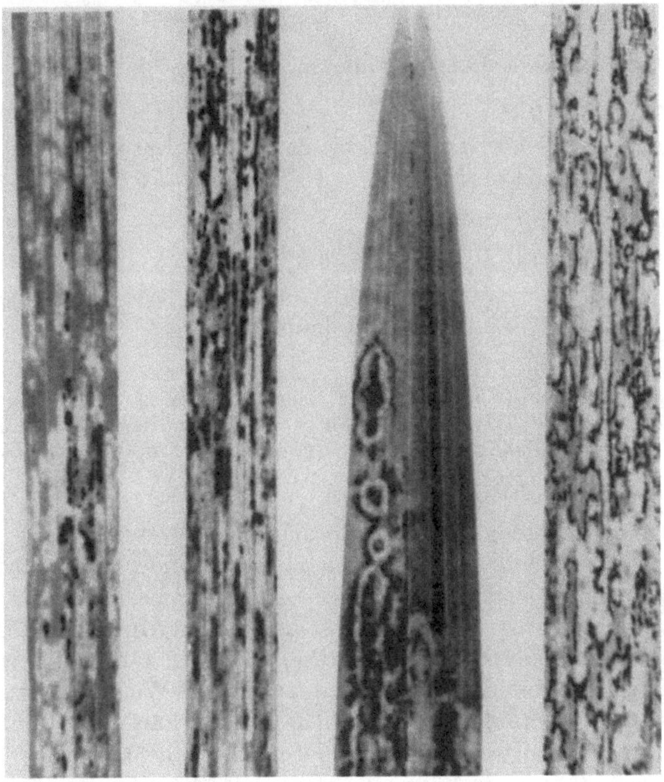

Abb. 169. Das *Cymbidium*-Mosaik (nach JENSEN)

nur auf eine Blattspreitenhälfte beschränkt sind. Später vergrößern sich die verfärbten Stellen und lassen jetzt auch kleine Streifen dunkelgrünen Gewebes erkennen, wobei der Kontrast zwischen den hellen und dunkelgrünen Stellen immer deutlicher wird. Auf der Unterseite älterer kranker Blätter treten schwarze

Flecke und Streifen auf (Abb. 169). Die nekrotisch verfärbten Blätter fallen vorzeitig ab. Der Einfluß auf die Entwicklung der Pflanze ist unterschiedlich. Die Blattscheckung kann bei älteren Blättern maskiert sein.

Wirtspflanzenkreis

Arten und Hybriden der Gattungen *Cymbidium* und *Cattleya*. Experimentell auf *Laeliocattleya shoshone*, *Epidendrum* spec., Stechapfel.

Eigenschaften

Thermale Inaktivierung: zwischen 65 und 70 °C;
Beständigkeit in vitro: 7 Tage bei Zimmertemperatur;
Viruspartikel: lange gewellte Stäbchen (18 × 475—500 mμ).

Übertragung

Die Übertragung durch Preßsaft gelingt in hohen Prozentsätzen.

Testpflanze

Bei Stechapfel Lokalläsionen auf den inokulierten Blättern.

Bekämpfung

Darauf achten, daß Übertragung mit dem Schnittmesser möglich ist. Viruskranke Pflanzen vernichten.

Verbreitung in Europa

Vermutlich allgemein.

Das Dahlienmosaik

Synonyme

Mosaique du dahlia, *Dahlia* mozaiek, dwarf, rugose rosette, rugose mosaic, veinal mosaic, stunt, *Dahlia* mosaic, *Dahlia* yellows, *Dahlia* stunt, *Dahlia* dwarf, *Dahlia* runting, *Dahlia* leaf curl, *Dahlia* rosette, *Dahlia* virus 1 (Brandenburg) Smith, *Marmor dahliae* Holmes.

Krankheitsbild

Gelbgrün, unregelmäßig verteilte mosaikartige Blattscheckung, meist längs der Haupt- und Seitenadern. Mosaikzeichnung besonders in jugendlichen Entwicklungsstadien. Blattspreite häufig deformiert, gekräuselt und mit blasenartigen Erhebungen, oft verdickt und brüchig (Abb. 170). In der Regel deutliche Wachstumshemmung der ganzen Pflanze. Bildung zahlreicher Seitentriebe, wodurch die erkrankten Pflanzen einen buschigen Wuchs besitzen. Bei verringerter Zahl der Blütenknospen kann Form und Farbe der Blüte verändert sein. Bei toleranten Sorten lediglich chlorotische Scheckung oder totale Maskierung. Je nach Sortenzugehörigkeit variiert das Krankheitsbild stark.

Wirtspflanzenkreis

Dahlia variabilis, *D. pinnata*, *D. imperata*, *D. maxonii*, *Calendula* spec., *Verbesina encelioides*, *Zinnia elegans*, *Sanvitalia procumbens*, *Coreopsis douglasii* (symptomloser Träger).

Eigenschaften

In Sämlingspreßsäften von *Verbesina encelioides*:
Thermale Inaktivierung: zwischen 85 und 90° C;
Beständigkeit in vitro: bei 18° C zwischen 28 und 35 Tagen;
Verdünnungsendpunkt: oberhalb 3×10^{-3}.

Übertragung

In sehr geringen Prozentsätzen bei Karborundzusatz durch Abreibung mit infektiösem Preßsaft. Vektoren sind *Brachycaudus helichrysi*, *Doralis fabae*, *D. frangulae*, *Pergandeida cytisorum*, *Myzus ornatus*, *M. persicae*, *M. ascalonicus*, *M. ligustri*, *Cryptomyzus ribis*, *Neomyzus circumflexus*, *Aulacorthum pseudosolani*, *Macrosiphon solanifolii*.

Testpflanzen

Bei *Verbesina encelioides* im Verlauf von 10 Tagen Adernaufhellung, der als Folgesymptom deutliches Adernmosaik, Kräuselung und Abwärtskrümmung der Blätter folgen. Bei Zinnie Wachstumsstockung und Abwärtskräuseln der Blätter.

Verbreitung in Europa

Belgien, Bulgarien, Dänemark, Deutschland, England, Frankreich, Holland, Italien, Norwegen, Österreich, Polen, Rumänien, Schweiz, Spanien, Tschechoslowakei, UdSSR.

Abb. 170. Das Dahlienmosaik (Sorte „Gruppenstolz"), gesunde Pflanzen erreichen eine Höhe von 80—100 cm (Original USCHDRAWEIT)

Die Ringfleckigkeit der Dahlie

Synonyme

Dahlia ringspot, *Dahlia* yellow ringspot, *Dahlia* oakleaf, *Dahlia* virus 2 und 2 A (BRIERLEY) SMITH, *Dahlia* virus 2 B JOHNSON, *Dahlia* virus 3 (BRIERLEY) SMITH, Bronzefleckenkrankheit der Tomate (siehe S. 105).

Krankheitsbild

Auf der Blattspreite unregelmäßige konzentrische Ringe (Abb. 171) und Zickzackmuster. Anfänglich blaß- bis gelbgrün, seltener gelb, später nekrotisch. Die

Abb. 171. Die Ringfleckigkeit der Dahlie (nach NOORDAM)

Blattform bleibt unverändert, Wachstumshemmungen treten nicht auf. In anderen Fällen schwache eichenblattähnliche chlorotische Markierung (Bd. I, Abb. 17) oder schwach erkennbare chlorotische Ringe.

Verbreitung in Europa

Belgien, Bulgarien, England, Frankreich, Holland, Irland, Italien, Spanien, Tschechoslowakei.

Das *Epiphyllum*-Mosaik

Synonyme

Weißfleckung, *Epiphyllum* mosaic.

Krankheitsbild

Bei *Epiphyllum* auf den Achsengliedern blasse, schwach eingesunkene

Abb. 172. Das *Epiphyllum*-Mosaik (nach PAPE)

Flecke, die besonders im durchfallenden Licht deutlich erkennbar sind. Die Flecke werden später weißlich grün (Abb. 172), vertrocknen und bräunen sich stellenweise. Nicht selten fällt das abgestorbene Gewebe heraus. Die Achsenglieder sind später gebogen, gewellt und schief. Die schwächer blühenden Pflanzen sehen wie zerzaust aus. Oft fallen die Blütenknospen vorzeitig ab.

Wirtspflanzenkreis

Epiphyllum truncatum, *E. harrisonii*, *E. hybridum rubrum*, *E. rosa amabilis*, *E. salmoneum*, *E. violaceum superbum*, *E. bridgesii*, *Pereskia aculeata* (symptomloser Träger), *Phyllocactus gaertneri* var. *mackoyanus*, *Rhipsalis rosea*.

Übertragung

Durch Abreibung mit infektiösem Preßsaft und den Vektor *Orthezia insignis.*

Verbreitung in Europa

Deutschland, Polen, Schweden, Tschechoslowakei, UdSSR.

Das Fingerhutmosaik

Krankheitsbild

Deutliche Blattscheckung, oft verbunden mit Chlorosen an den Verzweigungsstellen der Adern. Hellgrüne Flecke können gleichmäßig über die ganze Blattspreite verteilt sein. Das Blatt der virusinfizierten Pflanze ist kleiner als das normale.

Wirtspflanzenkreis

Digitalis purpurea.

Übertragung

Als Vektor wird eine Blattlaus vermutet.

Verbreitung in Europa

England.

Abb. 173. Das Ringfleckenmosaik des Flieders (nach VAN KATWIJK)

Das Ringfleckenmosaik des Flieders

Krankheitsbild

Auf der Blattspreite sind hellgrüne bis gelbe Flecke und schmale, gut erkennbare Ringe und Wellenlinien zu erkennen (Abb. 173). Sind letztere und die

Ringe breit, dann kommt es zu erheblichen Blattmißbildungen, begleitet von Rissen und Löchern im verfärbten Gewebe.

Wirtspflanzenkreis

Flieder.

Übertragung

Durch Pfropfung.

Bekämpfung

Selektion in Baumschulen.

Verbreitung in Europa

Bulgarien, Dänemark, Deutschland, England, Holland, Jugoslawien, Norwegen, Österreich, Tschechoslowakei, Ungarn, UdSSR.

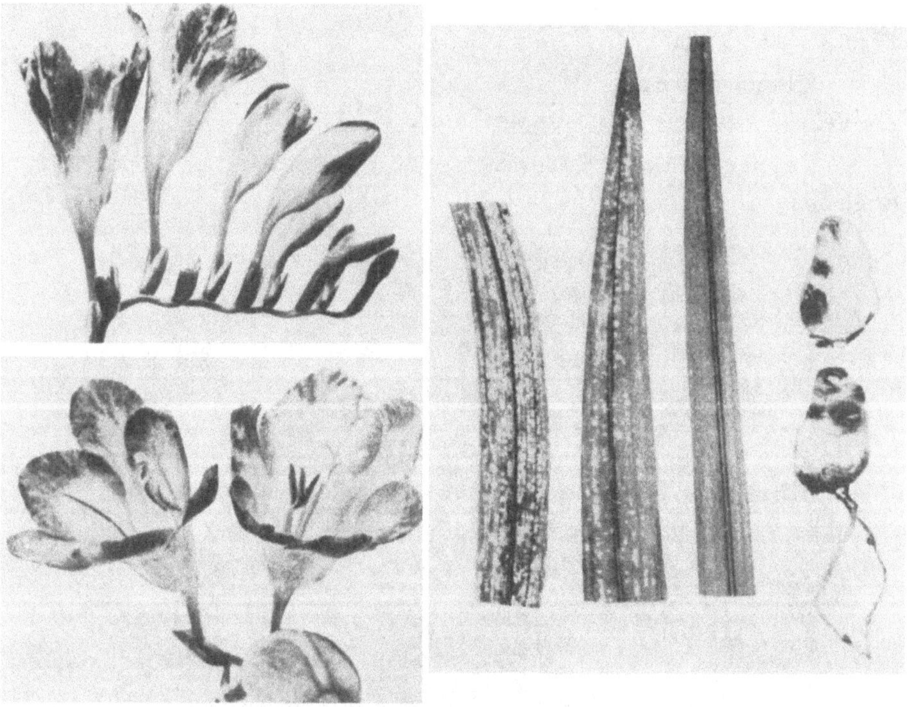

Abb. 174. Das Freesienmosaik, Symptome an Blüten, Blättern und Sproßknollen (nach van Koot, van Slogteren, Cremer und Caufferman)

Das Freesienmosaik

Synonyme

Freesia mosaic, *Freesia* virus 1 (Woodward) Smith.

Krankheitsbild

Auf den Blättern kleine wäßrige Flecke. Das Gewebe vertrocknet später an diesen Stellen, es entstehen dann papierähnliche weiße Flecke (Abb. 174). Bei größerer Fleckenzahl stirbt das Blatt. Auf den Sproßknollen eingesunkene rostfarbene Flecke, die vermutlich mit der Infektion in Zusammenhang stehen. Die Blütenblätter sind oft grün verfärbt. Kranke Pflanzen kommen nicht immer zur Blüte.

Wirtspflanzenkreis

Freesie.

Eigenschaften

Viruspartikel: stäbchenförmig, 1—2,5 $\mu \times 20$ mμ.

Übertragung

Vermutlich durch die Vektoren *Aulacorthum pseudosolani* und *Dysaulacorthum vincae*. Saftübertragung ist sehr schwierig. Das Virus ist serologisch nachweisbar.

Verbreitung in Europa

England, Holland, Italien, Norwegen, Schweden.

Die Kräuselkrankheit der Fuchsie

Krankheitsbild

Blattspreite unregelmäßig wellig oder runzelig mit verwaschener Scheckung gelblicher und rötlicher Farbtöne, besonders bei jüngeren Blättern. Blätter schmäler, stärker zugespitzt, Blattrand nach unten eingezogen (Abb. 175). Kranke Pflanzen wachsen schwächer.

Wirtspflanzenkreis

Fuchsia corymbiflora, F. boliviana.

Übertragung

Durch Pfropfung.

Bekämpfung

Kranke Fuchsien nicht als Mutterpflanzen zur Stecklingsvermehrung benutzen.

Verbreitung in Europa

Deutschland.

Die Ringfleckenkrankheit der Gartengloxinie
(Sinningia speciosa)

Synonym

Bronzefleckenkrankheit der Tomate (siehe S. 105).

Krankheitsbild

Auf der Blattspreite vereinzelt oder dicht gedrängt deutliche rötlichbraun gefärbte nekrotische Ringe und Flecke (Abb. 176), von denen erstere in der Regel

Abb. 175. Die Kräuselkrankheit der Fuchsie, links krankes, rechts gesundes Blatt (n. USCHDRAWEIT)

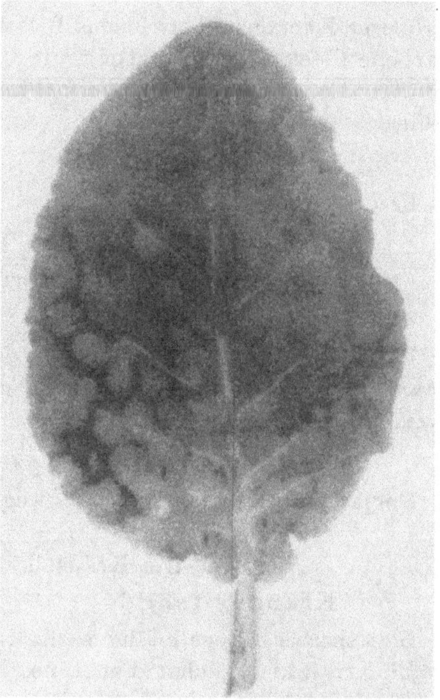

Abb. 176. Die Ringfleckenkrankheit der Gartengloxinie (nach K. M. SMITH)

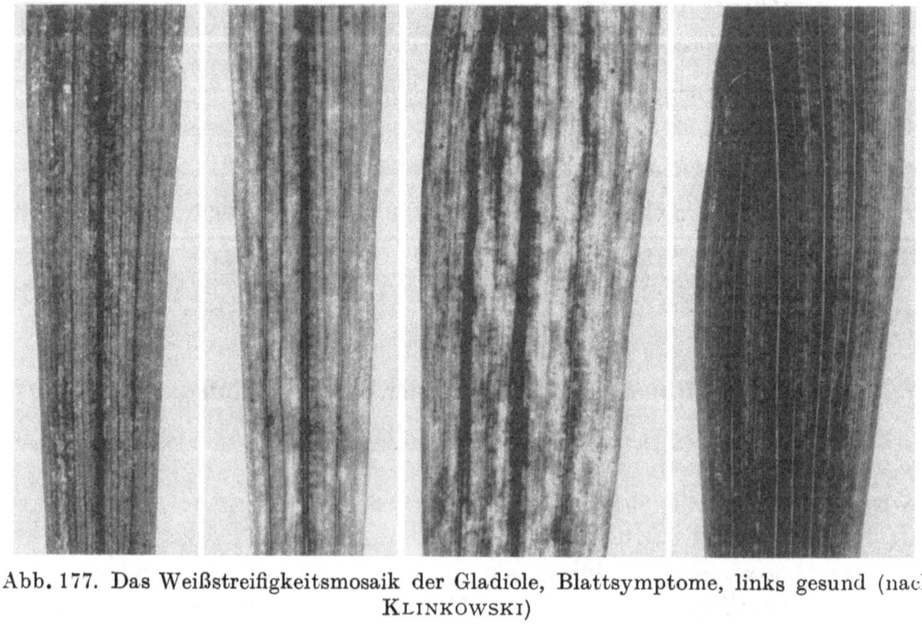

Abb. 177. Das Weißstreifigkeitsmosaik der Gladiole, Blattsymptome, links gesund (nach KLINKOWSKI)

keine konzentrische Zonung erkennen lassen. Die Blüten weisen gleichartige Symptome auf.

Verbreitung in Europa

England, Holland, Polen, Tschechoslowakei.

Das Weißstreifigkeitsmosaik der Gladiole

Synonyme

White break, Buntstreifigkeit, Bohnengelbmosaikvirus (siehe S. 56), Gurkenmosaikvirus (siehe S. 79).

Krankheitsbild

Auf den Blättern, oft auf der ganzen Blattspreite, graue oder gelblichgrüne Streifung, Fleckung oder Sprenkelung (Abb. 177). Kranke Pflanzen zeigen eine von Jahr zu Jahr zunehmende Wachstumshemmung, bis die Bildung lebensfähiger Sproßknollen unterbleibt. Bei der Blüte am häufigsten graue oder gelblichgrüne Fleckung oder Streifung (Abb. 178), bei blaßroten Sorten tritt Purpurfärbung auf; in derartigen Fällen werden die Blütenblätter dicker und kräuseln sich leicht. Bei anderen Sorten kommt es zu Farbabschwächungen, d. h. dic Blütenblätter sind heller gefärbt, gleichsam ausgebleicht, was bereits bei der sich öffnenden Blütenknospe erkennbar wird. Allgemein sind die Blüten verkleinert. Die Sproßknollen können warzig und unsymmetrisch sein, oft sind sie abnorm verlängert.

Abb. 178. Das Weißstreifigkeitsmosaik der Gladiole, Blütensymptome, links gesund (Sorte „Mrs. Mark's Memory") (nach KLINKOWSKI)

Wirtspflanzenkreis

Gladiolus.

Testpflanzen

Bei Infektion der Gladiole durch GMV bei mechanischer Infektion Mosaikscheckung, oft Ringbildung bei *Nicotiana glutinosa*, im Falle des Bohnengelbmosaikvirus Gelbfleckigkeit der Buschbohne.

Bekämpfung

Pflanzen mit Krankheitssymptomen frühzeitig herausnehmen und vernichten. Mehrjährige Bereinigung führt zu wesentlicher Verringerung der Krankheitsrate. Beim Anbau die Nachbarschaft der Infektionsreservoire des Bohnengelbmosaikvirus (Steinklee, Rotklee) und des Gurkenmosaikvirus (winterharte Stauden) in Siedlungsnähe vermeiden.

Verbreitung in Europa

Deutschland, England, Frankreich, Holland, Italien, Norwegen, Polen, Rumänien, Schweden, Spanien, Tschechoslowakei, Ungarn.

Die Graue Ringfleckigkeit des rauhhaarigen Gleichsaum
[Isoloma hirsutum (= I. erianthum)]

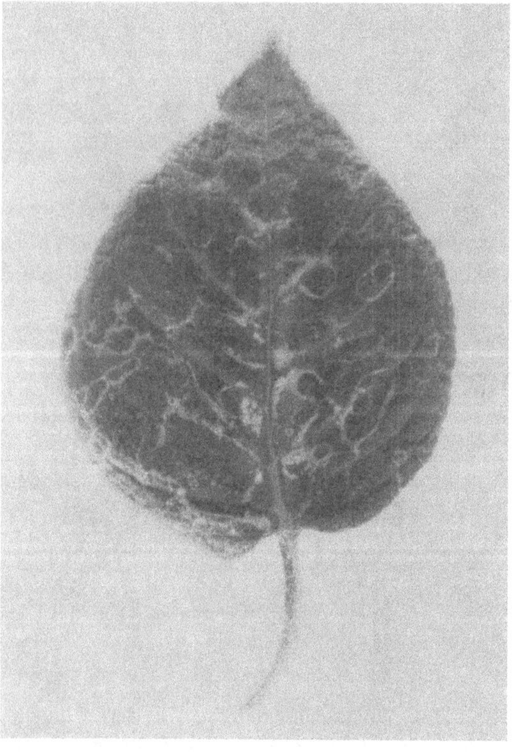

Abb. 179. Die Graue Ringfleckigkeit des rauhhaarigen Gleichsaum (nach ROLAND)

Synonym

Tabakmosaikvirus (siehe S. 24).

Krankheitsbild

Graue Ringbildung auf der Blattspreite (Abb. 179).

Testpflanzen

Bei Tabak Mosaikbildung, bei *Nicotiana glutinosa* Lokalläsionen.

Verbreitung in Europa

Belgien.

Die Ringfleckigkeit der Glockenblume
(*Campanula* spec.)

Synonym

Bronzefleckenkrankheit der Tomate (siehe S. 105).

Krankheitsbild

Auf der Blattspreite Ring- und Wellenlinienmuster (Abbildung 180). Die kranken Pflanzen sind klein und in ihrem Wachstum deutlich gehemmt.

Verbreitung in Europa

England, Holland, Norwegen, Schweden, Tschechoslowakei.

Abb. 180. Die Ringfleckigkeit der Glockenblume, links *Campanula latiloba*, rechts *C. glomerata* (Bild: Plantenziektenkundige Dienst Wageningen)

Die Buntstreifigkeit des Goldlacks

Synonym

Schwarzringfleckigkeit des Kohls (siehe S. 84).

Krankheitsbild

Die Blätter können gekräuselt und gekrümmt sein, sie können dunkelgrün oder gelblich gescheckt sein. Die Blattsymptome können jedoch fehlen. Charakteristisch ist eine gelbliche Streifung und Fleckung der Blüte, die sich nahezu einer Scheckung nähern kann (Abb. 181). Pflanzen oft etwas gestaucht. Sorten mit blutroter Blütenfarbe besonders anfällig.

Wirtspflanzenkreis

Goldlack, Levkoje, *Arabis* spec., *Hesperis matronalis* u. a.

Übertragung

Durch Blattläuse, meist von benachbarten Kohlgewächsen.

Verbreitung in Europa

Deutschland, England, Griechenland, Irland, Tschechoslowakei.

Das Goldregenmosaik

Synonyme

Gelbblättrigkeit, infektiöse Chlorose, *Laburnum*-Mosaik, *Laburnum* infectious variegation, *Laburnum* infectious chlorosis BAUR, *Marmor laburni* HOLMES.

Abb. 181. Die Buntstreifigkeit des Goldlacks (nach K. M. SMITH)

Krankheitsbild

Auf der Blattspreite anfänglich kleine hell- bis gelbgrüne Stippen, Flecke oder Streifen, die willkürlich verteilt sind. Auffallend sind Adernaufhellung und Adernbänderung (Abb. 182). Aufgehellte Teile können miteinander verschmelzen, so daß größere Teile der Blattspreite heller verfärbt sind, in der Regel vollzieht

Abb. 182. Das Goldregenmosaik (Bild: Plantenziektenkundige Dienst Wageningen)

sich dies längs der Hauptnerven. Gelegentlich kommt es zur Nekrosenbildung in den aufgehellten Blattpartien. Die Blütentrauben kranker Pflanzen sind verkürzt. Mißbildungen und Kräuselungen des Blattes können auftreten.

Wirtspflanzenkreis

Laburnum vulgare, L. anagyroides var. *aureum, L. vossii* (= *L. waterei*), *L. alpinum, Cytisus hirsutus, Lespedeza formosa*(?).

Übertragung

Durch Pfropfung, durch Transplantation von Rindenstückchen und möglicherweise auch durch *Pergandeida cytisorum* (jedoch nicht sicher erwiesen).

Bekämpfung

Vermehrungsmaterial jeder Art nur von gesunden Pflanzen entnehmen.

Verbreitung in Europa

Bulgarien, Dänemark, Deutschland, England, Holland, Norwegen, Polen.

Das *Hippeastrum*-Mosaik

Synonym

Hippeastrum mosaic.

Krankheitsbild

Auf der Blattspreite hell- und dunkelgrüne Streifen bzw. Schekkung, ähnliches gilt für die Blütenstengel (Abb. 183). Die Blüte selbst weist in der Regel keine Anzeichen einer Erkrankung auf. Gelegentlich kann der Blütenstengel so stark verfärbt sein, daß der Handelswert herabgesetzt ist. Kranke Pflanzen unterscheiden sich in ihrer Blühwilligkeit in der Regel nicht von gesunden, daher wird die Erkrankung oft nicht erkannt. In Abhängigkeit von Jahreszeit und Entwicklungsstadium der Pflanze ist die Intensität der Symptome starken Schwankungen unterlegen. Die Blätter virusinfizierter Zwiebeln erscheinen anfänglich gesund oder weisen

Abb. 183. Das *Hippeastrum*-Mosaik, oben Blatt-, unten Blütenstengelsymptome (Original LIHNELL)

nur schwache Symptome auf, erst später treten sie sinnfällig in Erscheinung. In den Zellen kranker Blätter sind amöboide Einschlußkörper feststellbar.

Übertragung

Bei Zusatz von Karborund leicht durch Preßsaft übertragbar. *Myzus persicae* fungiert nicht als Vektor.

Bekämpfung

Als Vermehrungsmaterial nur gesunde Zwiebeln verwenden.

Verbreitung in Europa

Schweden.

Abb. 184. Das Hortensienmosaik (Bild: Plantenziektenkundige Dienst Wageningen)

Das Hortensienmosaik

Krankheitsbild

Über die Blattspreite verteilt runde unscharfe, hellgrüne, seltener hellgelbe Flecke. Bei teilweiser Begrenzung der Flecke durch die Adern sind die Flecke von unregelmäßig eckiger Form. Größere hellgrüne Verfärbungen können durch das Zusammenfließen mehrerer Flecke entstehen (Abb. 184). Seltener sind ring- oder linienförmige Verfärbungen. Die erkrankten Blätter sind oft leicht wellig gebogen und unsymmetrisch, aber nicht gekräuselt. Stärker erkrankte Pflanzen kümmern. Gelegentlich fehlt die Mosaikfleckung und nur längs der Adern sind vereinzelt kleine aufgehellte Stellen erkennbar. In diesem Fall sind die Adern verwachsen und verdickt und die Blätter gekräuselt. Die Blattspreite kann auch tiefe Einschnürungen und Einbuchtungen bis zur Mittelrippe aufweisen. Blüten verkleinert und teilweise verkrüppelt. Stärker erkrankte Pflanzen gelangen nicht zur Blüte.

Wirtspflanzenkreis

Hydrangea macrophylla, H. cinerea (= *H. sterilis*).

Verbreitung in Europa

Dänemark, Deutschland, Holland, Italien, Norwegen, Polen, fraglich für Frankreich und Rumänien.

Die Vergrünung der Hortensie

Synonym

Hydrangea virescence.

Krankheitsbild

Bei der Vergrünung bzw. Verlaubung werden statt der leuchtend weißen oder rosafarbenen Blüten unscheinbare grüne Blüten mit laubartigen meist ver-

Abb. 185. Die Vergrünung der Hortensie (nach PAPE)

kleinerten Blütenblättern gebildet (Abb. 185). Nicht selten sind auch Staub- und Fruchtblätter verlaubt. Als besonders anfällig gilt die Sorte „Madame Mouillière“.

Wirtspflanzenkreis

Hydrangea macrophylla.

Übertragung

Durch Pfropfung; Einspritzen infektiösen Preßsaftes bleibt erfolglos.

Verbreitung in Europa

Deutschland, fraglich für Italien, Norwegen und Polen.

Das Hyazinthenmosaik

Synonym

Grijs-Mosaik.

Krankheitsbild

Auf der Blattspreite gelbgrüne, etwas eingesunkene längliche Flecke oder Streifen (Abb. 186). Das Blatt ist schmäler und kleiner als bei der gesunden Pflanze. Auch der Blütenstengel weist Verfärbungen in Form von Streifen

Abb. 186. Das Hyazinthenmosaik. Links Krankheitsbild bei der Sorte „Yellow Hammer", rechts Viruspartikel (Vergrößerung 7000) (Bild: Laboratorium voor bloembollenonderzoek Lisse)

auf. Die Blüte bleibt klein, ein gleiches gilt für die Zwiebel. Im Verlauf des Wachstums kann eine mehr oder minder deutliche Maskierung erfolgen. Die mosaikkranken Pflanzen sterben ab.

Übertragung

Mechanische Übertragung bisher nicht gelungen. Vermutet wird Blattlausübertragung des serologisch nachweisbaren Virus.

Eigenschaften

Viruspartikel: flexible Stäbchen (Abb. 186).

Bekämpfung

Erkrankte Pflanzen baldmöglichst vernichten, nur gesunde Zwiebeln zum weiteren Anbau verwenden.

Verbreitung in Europa

Holland.

Die Malariakrankheit der Hyazinthe

Synonyme

Ratelziekte, Maukekrankheit (siehe S. 28).

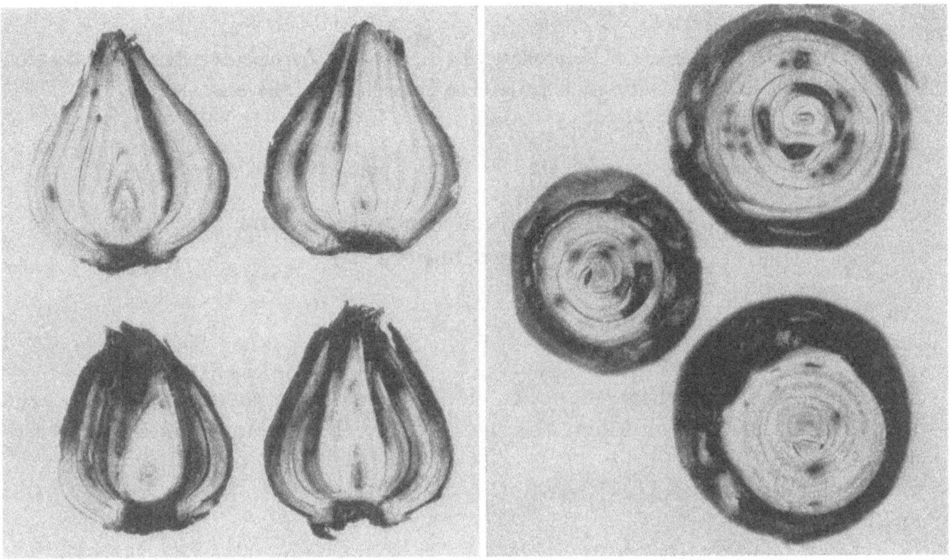

Abb. 187. Die Malariakrankheit der Hyazinthe, Zwiebelsymptome in Längs- und Querschnitt („Sorte Gertrude“) (Bild: Laboratorium voor bloembollenonderzoek Lisse)

Abb. 188. Die Malariakrankheit der Hyazinthe (Bild: Laboratorium voor bloembollenonderzoek Lisse)

Krankheitsbild

Die Zwiebelsymptome — im Längs- und Querschnitt infizierter Zwiebeln charakteristische Nekrosen (Abb. 187) — ähneln etwas Nematodenschäden. An den Blättern vereinzelte blaßgrüne bis gelbe, gelegentlich nekrotische Verfärbungen oder Streifenbildungen (Abb. 188). Die Krankheit ist in Holland auch auf neu in Kultur genommenen Böden (z. B. abgegrabenem Dünengelände) aufgetreten, sie verschwindet dann nach einigen Jahren der Bearbeitung, selbst wenn erneut Hyazinthen gepflanzt werden. Die Krankheit tritt nur sporadisch auf.

Übertragung

Bodeninfektion.

Bekämpfung

Beim Schnitt selektierter Mutterzwiebeln — zum Zweck der Stimulation von Adventivzwiebeln — lassen sich infizierte Zwiebeln leicht entfernen.

Verbreitung in Europa

Holland.

Die Buntstreifigkeit des Immergrüns
(Vinca minor)

Synonym

Gurkenmosaikvirus (siehe S. 79).

Krankheitsbild

Blätter deutlich streifig gescheckt, die Internodien virusinfizierter Pflanzen sind verkürzt, die Blüten klein, aber nicht deformiert. Blaue Blüten sind weißstreifig.

Verbreitung in Europa

England.

Abb. 189. Das Irismosaik (Sorte „Blue Pearl") (Bild: Plantenziektenkundige Dienst Wageningen)

Das Irismosaik

Synonyme

Iris mosaic, *Iris* stripe, *Iris* virus 1 (BRIERLEY et MCWHORTER) SMITH, *Marmor iridis* HOLMES.

Krankheitsbild

Allgemeine Wachstumshemmung, Scheckung der Blattspreite und Buntstreifigkeit der Blüte (Abb. 189). Der Blütenstengel ist verkürzt. Die kranke Pflanze ist als Schnittblume weniger haltbar. Bei Erkrankung im Knospen- oder Blütenstadium deutliche hellgrüne oder bläuliche Mosaikfleckung, besonders an der Blattbasis. Die Knospenhüllblätter weisen auf dem hellgrünen Grund bläuliche Flecke oder gelbe Streifen auf. Das Blattmosaik kann auch als Gelbstreifigkeit in Erscheinung treten. Die Buntstreifigkeit der Blüte äußert sich im zusätzlichen Auftreten dunklerer Farbtöne von oft flecken- oder tropfenartigem Aussehen. Bei gelb blühenden Sorten helle federähnliche Streifenbildung, bei weißen mit purpurroten Zeichnungen. Virusinfizierte Zwiebeln lassen sich nicht gut treiben.

Wirtspflanzenkreis

Iris filifolia, I. tingitana, I. xiphium, I. xiphium var. *praecox, I. ricardi* (= *I. mesopotamica*), *I. unguicularis* var. *alba, I. tuberosa* (= *Hermodactylus tuberosus*), *I. pumila, I. tectorum, I. germanica.*

Übertragung

Nur schwierig durch Abreibung mit infektiösem Preßsaft. Empfohlen wird Injektion in Internodien, ebenso Transplantation infizierten Stengelgewebes. Als Vektoren fungieren *Myzus persicae* und *Macrosiphon solanifolii*. Das Virus ist serologisch nachweisbar.

Testpflanzen

Bei *Iris xiphium* (Sorte „Wedgwood") auf Blättern Mosaik- und Streifenbildung, Wachstumshemmung und Buntstreifigkeit, bei *Chenopodium amaranticolor* punktförmige Lokalläsionen auf 1—2 Blättern (unsicher!).

Bekämpfung

Sorgfältige Bereinigung erkrankter Bestände, zusätzlich Vektorenbekämpfung.

Verbreitung in Europa

Bulgarien, Dänemark, England, Frankreich, Holland, Italien, Norwegen, Polen, Schweden, Tschechoslowakei, Ungarn, UdSSR.

Das Kapuzinerkressenmosaik

Synonym

Stamm des Virus der Schwarzringfleckigkeit des Kohls (siehe S. 84).

Krankheitsbild

Die Blätter kranker Pflanzen weisen eine helle Mosaikscheckung auf (Abb. 190). Die Pflanze ist nur wenig pathologisch verändert. Die Blüte ist buntstreifig. Möglicherweise steht hiermit im Zusammenhang eine Vergrünung der Blüte.

Verbreitung in Europa

Deutschland, England, Frankreich, Italien, Polen.

Die Ringfleckigkeit der Kapuzinerkresse

Krankheitsbild

Scheckung und Mißbildung der Blätter, nekrotische Fleckenbildung, Wachstumshemmung und zahlenmäßig geringe Blütenentwicklung.

Abb. 190. Das Kapuzinerkressenmosaik (nach K. M. SMITH)

Wirtspflanzenkreis

Kapuzinerkresse, Pferdebohne, Erbse, Tomate u. a.

Eigenschaften

Thermale Inaktivierung: zwischen 50 und 55° C;
Beständigkeit in vitro: bei Zimmertemperatur 4 Tage;
Verdünnungsendpunkt: zwischen 2×10^{-4} und 3×10^{-4}.

Übertragung

Das zur Ringfleckigkeitsgruppe gehörige Virus wird durch die Vektoren *Yezabura inculta*, *Rhopalosiphum prunifoliae*, *Doralis fabae*, *Myzus persicae* und *Neomyzus circumflexus* übertragen.

Abb. 191. Die Ringfleckigkeit der Kapuzinerkresse, Eichenblattmuster und Ringfleckigkeit bei Abreibung auf Tabak (Sorte „White Burley") (nach K. M. SMITH)

Testpflanzen

Bei Infektion von Petunie oft große Zahl von Ringen auf den Blütenblättern, bei Tabak (Sorte „White Burley") Eichenblattmuster und Ringfleckigkeit (Abb. 191).

Verbreitung in Europa

England, Frankreich.

Die Buntstreifigkeit der Levkoje

Synonyme

Panache, stock mosaic, stock mild mosaic, stock severe mosaic, stock breaking, mosaico della violaciocca, *Matthiola* virus 1 (TOMPKINS) SMITH, *Marmor matthiolae* HOLMES (= *M. brassicae* HOLMES).

Krankheitsbild

Unterschiedliche Wachstumsstauchung, verbunden mit totaler oder sektorialer Buntstreifigkeit der terminalen Blüten (Abb. 192). Die Blütenblätter sind kleiner, die Blätter gelegentlich gescheckt und gekräuselt, die Internodien stark verkürzt und die Schoten in der Größe und in der Zahl reduziert. Beim schweren Mosaik, im Gegensatz zum leichten Mosaik, ist die Blattscheckung auch im späteren Entwicklungsverlauf deutlich erkennbar. Kranke Pflanzen besitzen keinen Handelswert.

Abb. 192. Die Buntstreifigkeit der Levkoje (Original KLINKOWSKI)

Wirtspflanzenkreis

Matthiola incana var. *annua*, *M. bicornis*, *Brassica rapa*, *B. nigra*, *B. alba*, *B. arvensis*, *B. kaber*, *Hesperis matronalis*, *Capsella bursa-pastoris*, *Reseda odorata*, Tabak. Lediglich vom leichten Mosaik werden infiziert *Brassica juncea*, *B. pekinensis*, *B. adpressa*, *Raphanus sativus*, *Raphanus sativus* var. *longipinnatus*, *Malcolmia maritima*, *Lunaria annua*, *Alyssum maritimum*, *Cheiranthus cheiri*, *Chenopodium murale*, *Nicotiana glutinosa*, *N. langsdorffii*. Differentialwirte des schweren Mosaiks sind Melde, Spinat und Petunie.

Eigenschaften	leichtes Mosaik	schweres Mosaik
Thermale Inaktivierung	58—60° C	58—60° C
Beständigkeit in vitro bei 22° C	5—6 Tage	7—8 Tage
Verdünnungsendpunkt	4×10^{-3}	3×10^{-3}

Übertragung

Auch ohne Karborundzusatz bei Abreibung mit infektiösem Preßsaft übertragbar. Als Vektoren beider Viren fungieren *Brevicoryne brassicae*, *Lipaphis pseudobrassicae*, *Myzus persicae*. Lediglich das leichte Mosaik übertragen *Pergandeida medicaginis* und *Capitophorus braggi*.

Testpflanze

Bei Tabak auf den infizierten Blättern nekrotische Lokalläsionen.

Verbreitung in Europa

Dänemark, Deutschland, England, Frankreich, Irland, Italien, Spanien.

Das Rosettenmosaik der Lilie

Synonyme

Rosettenkrankheit, yellow spot, yellow flat, lily rosette, *Lilium* virus 1 (OGILVIE) SMITH.

Krankheitsbild

Die Pflanzen sind im Wuchs gestaucht (Abb. 193) und für gewöhnlich früher reif, die Blätter vergilbt und abwärts gekrümmt. Obere Blätter zuweilen rötlich gefärbt. Die Blüte ist kleiner und öffnet sich nicht vollständig. Stengelbulbillen kommen reichlich zur Entwicklung. Infizierte Zwiebeln sind schwach entwickelt

Abb. 193. Das Rosettenmosaik der Lilie (nach BRIERLEY und SMITH)

(flach und klein). Um die Blütezeit beginnen die Pflanzen abzusterben. In kranken Blättern sind Gefäßnekrosen im Phloem, gelegentlich auch im Xylem nachweisbar. Eine Schnelldiagnose erlauben Blattquerschnitte, gefärbt mit 0,05% Trypanblau.

Wirtspflanzenkreis

Lilium batemanniae (= *L. maculatum* var. *batemanniae*), *L. longiflorum* var. *eximium*, *L. longiflorum* var. *insulare*, *L. longiflorum* var. *takesima*.

Übertragung

Das persistente Virus wird durch *Doralis frangulae* übertragen. (Zirkulationszeit 3—7 Tage.)

Bekämpfung

Kranke Pflanzen von der Weitervermehrung ausschließen. Vektoren bekämpfen.

Verbreitung in Europa

Dänemark, England, Holland, Norwegen, fraglich für die Tschechoslowakei.

Die Lilienringfleckigkeit

Synonym

Lily ring spot.

Krankheitsbild

Bei Hybridlilien zeigen die Blätter eine schwache Scheckung, die später verschwindet. Die Pflanzen sind sonst normal entwickelt. Bei der königlichen Lilie und bei der Tigerlilie dunkle, ringähnliche Blattfärbung, Nekrosen, Absterben des Vegetationspunktes, unterbleibende Blütenbildung und Wachstums-

Abb. 194. Die Lilienringfleckigkeit (nach K. M. SMITH)

hemmung (Abb. 194). Bei der königlichen Lilie ist eine gewisse „Erholung" möglich, stets unterbleibt aber die Blütenbildung.

Wirtspflanzenkreis

Lilium tigrinum, L. regale, Tabak, *Nicotiana glutinosa.*

Übertragung

Das Virus läßt sich durch Preßsaft übertragen, als Vektor fungiert *Myzus persicae.*

Bekämpfung

Ständige Blattlausbekämpfung, auch an den lagernden Zwiebeln.

Verbreitung in Europa

England, Norwegen.

Das Lilienmosaik

Synonyme

Grobes Fleckenvirus, mottle, strong mottle, coarse mottle, lily latent mosaic, *Tulipa* virus 1 (CAYLEY) SMITH.

Krankheitsbild

Bei einzelnen Virusstämmen deutliche grobe Fleckenbildung, bei anderen bleiben die Pflanzen symptomlos. Blüten und Blütenknospen oft mißbildet (Abb. 195).

Wirtspflanzenkreis

Lilium longiflorum, L. tigrinum, L. candidum (die beiden letzteren latente Träger).

Verbreitung in Europa

Bulgarien, Dänemark, England, Finnland, Holland, Ir-

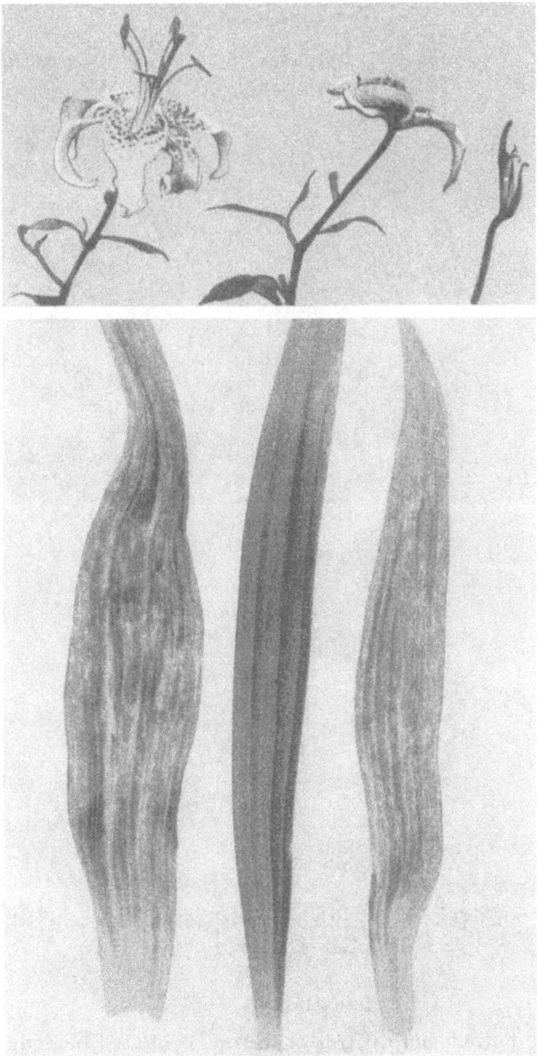

Abb. 195. Das Lilienmosaik, oben normale Blüte, Mißbildung der Blüte und der Blütenknospe (nach VAN HELL), unten Blattsymptome, in der Mitte gesundes Lilienblatt (nach PAPE)

15*

land, Norwegen, Polen, Schweden, Tschechoslowakei, UdSSR, vermutlich an allen Anbauorten.

Das *Lonicera periclymenum*-Mosaik

Synonym

Gurkenmosaikvirus (siehe S. 79).

Krankheitsbild

Blattsymptome stark variabel. Neben deutlichen Mosaiksymptomen ist auch völlige Maskierung bekannt. Das Wachstum ist gehemmt, die Blüte bleibt trotz gutem Knospenansatz klein (Abb. 196).

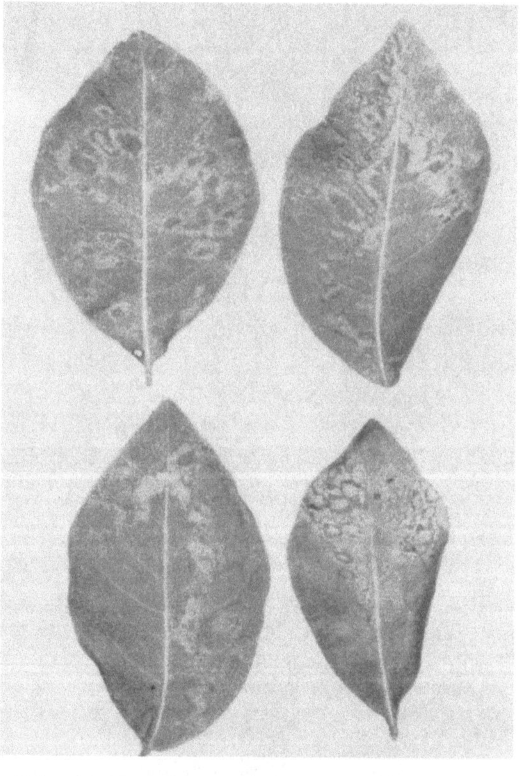

Abb. 196. Das *Lonicera periclymenum*-Mosaik (nach LIHNELL)

Verbreitung in Europa

Schweden.

Das Milchsternmosaik

Synonyme

Ornithogalum mosaic, bulb-plant mosaic (z. T.), *Marmor scillearum* SMITH et BRIERLEY.

Krankheitsbild

Auf den jungen Blättern feine hell- und dunkelgrüne Schekkung, die später grau und gelb erscheint. Auf den Blütenstielen deutliche hell- und dunkelgrüne Flecke. Die weißen Hüllblattsegmente weisen oft dünne längliche Streifen auf (Abb. 197).

Wirtspflanzenkreis

Ornithogalum thyrsoides, Hyacinthus orientalis, Galtonia candicans, Urginea maritima, Lachenalia spec., und vermutlich *Eucomis undulata* (= *E. auctumnalis*), sowie alle Vertreter der *Scilleae* der *Liliaceae*.

Übertragung

Schwierig mit infektiösem Preßsaft übertragbar. Als Vektoren sind zu nennen: *Doralis frangulae, Myzus persicae, Neomyzus circumflexus, Sitobium* (?) *lilii, Macrosiphon solanifolii.*

Bekämpfung

Sämlingskulturen isoliert von den Zwiebelvermehrungsflächen anbauen.

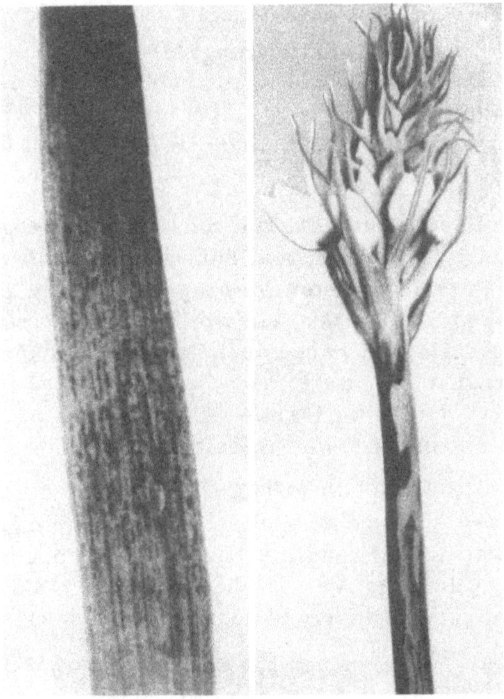

Abb. 197. Das Milchsternmosaik (nach SMITH und BRIERLEY)

Verbreitung in Europa

Holland.

Das Narzissenmosaik

Synonyme

Gelbstreifigkeit, Graukrankheit, *Narcissus* mosaic, *Narcissus* stripe disease, *Narcissus* yellow stripe, *Narcissus* gray disease, bulb plant mosaic, T-grijs-disease, het bruin, het grijs, grauwdisease.

Krankheitsbild

Deutliche Wuchsdepression. Auf der Blattspreite, speziell in der oberen Hälfte, Streifen oder Scheckungen von hellgrüner, graugrüner, gelber oder brauner Farbe, an deren Stelle bei einzelnen Sorten Nekrosen treten (Abb. 198). Die Blätter können spiralig gedreht oder verunstaltet sein. Die Epidermis ist in Form schmaler Bänder aufgerauht. Die kurzstieligen Blüten weisen weiße Streifen oder Flecke auf (Buntstreifigkeit), sie bleiben klein. Bei stärkerer Erkrankung erfolgt vorzeitige Reife, die Zwiebeln bleiben dann klein. Gelegentlich unterbleibt die Blüte. Bei höheren Temperaturen Symptommaskierung.

Wirtspflanzenkreis

Narcissus triandrus-Hybriden, *N. pallidus praecox* (= *N. pallidiflorus*) – Hybriden, *N. jonquilla* und Hybriden, *N. poeticus*, *N. tazetta*, *N. pseudonarcissus*.

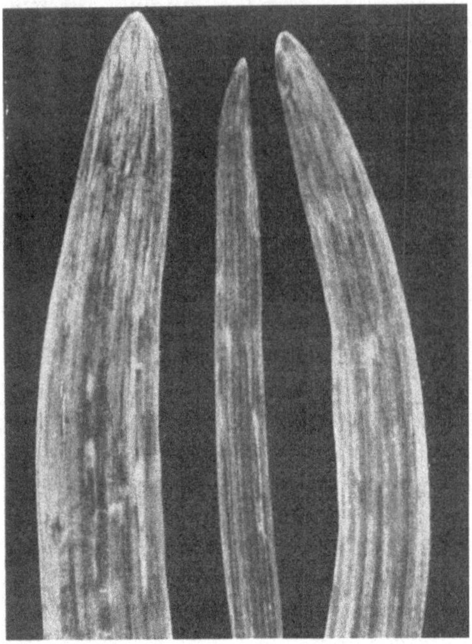

Abb. 198. Das Narzissenmosaik (Sorte „Bicolor Victoria“) (nach VAN SLOGTEREN und DE BRUYN OUBOTER)

Eigenschaften

Thermale Inaktivierung: 70—75° C;

Beständigkeit in vitro: nach 3 Tagen bei 21—24° C beschränkt infektionsfähig;

Verdünnungsendpunkt: 10^{-2} — 2×10^{-2}.

Übertragung

Durch Abreibung mit infektiösem Preßsaft unter Karborundzusatz. Überaus lange Inkubationszeit, äußerlich erkennbare Symptome erst im Folgejahr. Als Vektoren fungieren: *Sappaphis malifolii, Doralis fabae, Myzus cerasi, Acyrthosiphon onobrychis, Aulacorthum pseudosolani, Marcrosiphon rosae, M. solanifolii.* Möglicherweise auch durch Wurzelkontakt. Das Virus ist serologisch nachweisbar.

Testpflanze

Mit infektiösem Preßsaft infizierte Tulpen zeigen Blattläsionen.

Bekämpfung

Verdächtige Bestände periodisch bereinigen, verdächtige Pflanzen verbrennen. Bereinigung muß im Hinblick auf mögliche Maskierung frühzeitig erfolgen. Regelmäßige Vektorenbekämpfung. Große Zwiebeln auslesen, da durch Erkrankung Minderung der Zwiebelgröße erfolgt.

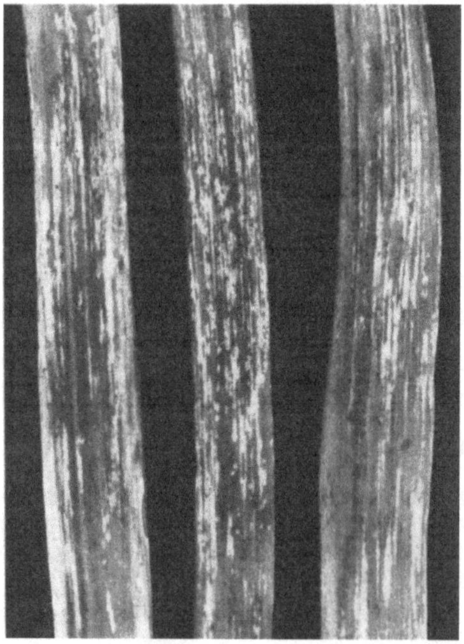

Abb. 199. Die Weißstreifigkeit der Narzisse (Sorte „Bicolor Victoria") (nach VAN SLOGTEREN und DE BRUYN OUBOTER)

Verbreitung in Europa

Bulgarien, Dänemark, Deutschland, England, Holland, Irland, Norwegen, Portugal, Schweden, fraglich für Rumänien.

Die Weißstreifigkeit der Narzisse

Synonyme

Silberstreifigkeit, *Narcissus* white streak, *Narcissus* silver streak, paper tip, purple streak, zilverblad.

Krankheitsbild

Auf Blättern und Blütenschäften zunächst schmale dunkelgrüne oder purpurfarbene Streifen unterschiedlicher Länge. 3—4 Wochen nach der Blüte ist der Farbton weiß, gelblichweiß oder grau. Die Streifen können zu zweien oder mehreren verschmelzen (Abb. 199). Höhere Temperaturen begünstigen das Stadium der Weißstreifigkeit. Es kommt im Zusammenhang hiermit oder unabhängig davon zum Absterben der Blattspitze. Kranke Pflanzen reifen vorzeitig (30—60 Tage früher als normal). Bei Treiberei treten keine Symptome in Erscheinung.

Wirtspflanzenkreis

Narzissen und Narzissenhybriden.

Übertragung

Mechanisch durch Preßsaft übertragbar. Symptome erscheinen erst im Folgejahr. Vektoren *Doralis fabae* und *Macrosiphon solanifolii.*

Bekämpfung

Kranke Pflanzen spätestens bei Blühbeginn entfernen. Infizierte Zwiebeln können zum Treiben im Gewächshaus verwendet werden, da dort kaum Krankheitssymptome auftreten. Für die Verwendung im Freiland die großen Zwiebeln aussortieren. Die großen Trompetennarzissen sind besonders anfällig.

Verbreitung in Europa

Dänemark, England, Holland, Norwegen.

Das Nelkenmosaik

Synonyme

Carnation mosaic, anjermozaiek, mosaico del garofano.

Krankheitsbild

Bei leichter Wachstumsminderung weisen junge Blätter hell- und dunkelgrüne Flecke, Ringe und Streifen auf (durchscheinende „Fettflecke"), die parallel zur Mittelrippe verlaufen (Abb. 200). Im älteren Blatt kann eine Maskierung erfolgen. Daneben treten gelbliche bis graubraune Blattflecke auf, die sich oft zu größeren Flecken und Linien vereinigen, gelegentlich sind die Zentren nekrotisch. Bei Nekrosen kommt es zu einer Kräuselung und Mißbildung der Blätter. Gleichartige Symptome können auch an den Stengeln auftreten. Bei farbigen Sorten Buntstreifigkeit der Blüte in Form weißer oder heller, parallel zur Aderung der Blütenblätter verlaufender Streifen.

Wirtspflanzenkreis

Dianthus caryophyllus, D. barbatus, Tabak, Gartenbohne.

Eigenschaften

Thermale Inaktivierung: zwischen 63—68° C;
Beständigkeit in vitro: 6 Std. bei Zimmertemperatur;
Verdünnungsendpunkt: Blattpreßsaft 10^{-3}, Blütenpreßsaft 5×10^{-2};
Viruspartikel: sphärisch 33, einzelne 17 mμ, nach anderen Angaben 31 mμ.

Übertragung

Durch Preßsaftabreibungen und beim Schnitt ist Infektion gesunder Pflanzen möglich. Wurzelübertragung ist erwiesen. Unter natürlichen Verhältnissen durch infizierte Ableger. Vektorenübertragung wird vermutet.

Testpflanzen

Bei *Gomphrena globosa* nach 5 Tagen rötlichbraune Lokalläsionen. Bei *Callistephus* spec. und Tabak var. „White Burley" vereinzelte nekrotische Blattflecke, die von einem konzentrischen Ring umgeben sind. Bei *Chenopodium album* nach 7 Tagen hellgelbe, rotumrandete Lokalläsionen.

Bekämpfung

Kranke Pflanzen frühzeitig vernichten. Stecklinge nur aus gesunden Beständen entnehmen (Frühjahrsselektion!). Schnittmesser vor jedesmaliger Verwendung desinfizieren.

Verbreitung in Europa

Dänemark, Deutschland, England, Holland, Italien, Norwegen, Polen, Rumänien, Schweden, Spanien, fraglich für Frankreich.

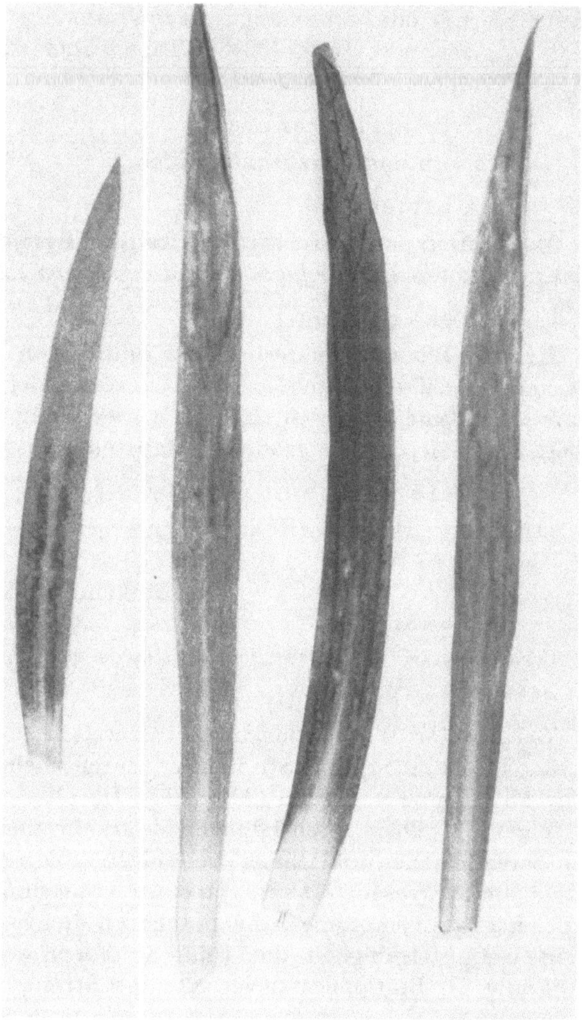

Abb. 200. Das Nelkenmosaik, links gesundes Blatt (nach K. M. SMITH)

Die Adernscheckung der Nelke

Synonym

Carnation vein-mottle.

Krankheitsbild

Einer Adernaufhellung der jungen Blätter folgen meist längs den Adern angeordnete chlorotische Flecke und Musterungen (Abb. 201).

Wirtspflanzenkreis

Nelke, Bartnelke.

Eigenschaften

Thermale Inaktivierung: 50° C;

Beständigkeit in vitro: 10 Tage;
Verdünnungsendpunkt: 5×10^{-1}.

Übertragung

Das serologisch nachweisbare Virus ist durch Preßsaft übertragbar, als Vektor fungiert *Myzus persicae*.

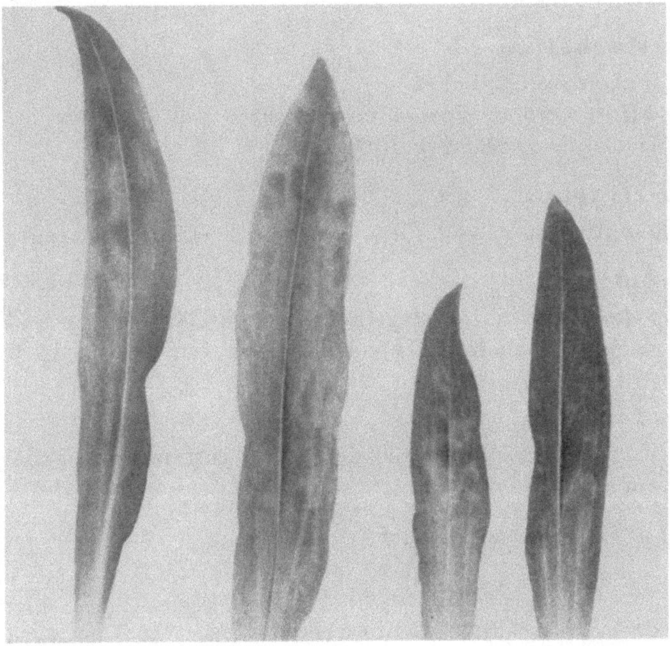

Abb. 201. Die Nelkenscheckung (links) und die Adernscheckung der Nelke bei der Bartnelke (nach KASSANIS)

Testpflanze

Bei *Chenopodium amaranticolor* wenige halbnekrotische Lokalläsionen, die aus einem zentralen rötlichen Fleck und einem diffusen chlorotischen Hof bestehen.

Bekämpfung

Virusfreie Vermehrungspflanzen isolieren und getrennt von anderen Nelkenkulturen anbauen.

Verbreitung in Europa

England.

Die Nelkenscheckung

Synonym

Carnation mottle.

Krankheitsbild

Einer Adernaufhellung der jungen Blätter folgen gelegentlich kleine weiße Lokalläsionen. Die später nicht mehr erkennbare Adernaufhellung wird durch ein schwaches Mosaik verdrängt (Abb. 201).

Wirtspflanzenkreis

Nelke, Bartnelke.

Eigenschaften

Thermale Inaktivierung: bei 85° C;
Beständigkeit in vitro: 2 Wochen und länger;
Verdünnungsendpunkt: $6{,}25 \times 10^{-4}$.

Übertragung

Das serologisch nachweisbare Virus ist durch Preßsaft übertragbar.

Testpflanze

Bei *Chenopodium amaranticolor* gelb-grüne Lokalläsionen, in anderen Fällen systemisch, nach 6 Wochen als Flecke entlang den Adern in Erscheinung tretend.

Bekämpfung

Virusfreie Vermehrungspflanzen isolieren und getrennt von anderen Nelkenkulturen anbauen.

Verbreitung in Europa

England.

Das latente Nelkenvirus

Synonym

Carnation latent virus.

Krankheitsbild

Die Pflanzen bleiben symptomlos.

Wirtspflanzenkreis

Nelke, Bartnelke, Kartoffel.

Eigenschaften

Thermale Inaktivierung: bei 60° C;
Beständigkeit in vitro: 2 Tage;
Verdünnungsendpunkt: 10^{-3};
Viruspartikel: schwach gewellte Stäbchen, mittlere Länge 700 mμ.

Übertragung

Das serologisch nachweisbare Virus ist durch Preßsaft übertragbar, als Vektor fungiert *Myzus persicae*.

Testpflanze

Durch *Myzus persicae* auf Zuckerrübe übertragen, entwickeln sich Chlorosen der unteren Blätter.

Bekämpfung

Virusfreie Vermehrungspflanzen isolieren und getrennt von anderen Nelkenkulturen anbauen.

Verbreitung in Europa

England.

Abb. 202. Die Graufärbung der Patchouli-Pflanze (nach ROLAND)

Die Graufärbung der Patchouli-Pflanze

Synonym

Pogostemon virus 1 ROLAND.

Krankheitsbild

Auf der Blattspreite anfangs blaßgraue, später gelbliche Verfärbungen (Abb. 202). Gelegentlich haben diese das Aussehen parallel zueinander verlaufender Bogen bzw. Ringbruchstücke.

Wirtspflanzenkreis

Pogostemon patchouli, Kartoffel, Tomate.

Übertragung

Durch Abreibung mit infektiösem Preßsaft.

Eigenschaften

Thermale Inaktivierung: bei etwa 70° C.

Testpflanzen

Bei *Nicotiana glutinosa* kleine graue Nekrosen, bei Tabak (Sorte „White Burley") meist nur auf den abgeriebenen Blättern große nekrotische Bogen oder Ringe.

Verbreitung in Europa

Belgien.

Die Gelbfleckenkrankheit der Pelargonie

Synonyme

Kräuselkrankheit, *Pelargonium* leafcurl, geranium crinkle, Geranium mosaic, dropsy of Geranium, *Pelargonium* virus 1 (Pape) Smith, *Marmor pelargonii* Holmes.

Krankheitsbild

Auf dem jungen Blatt anfänglich blasse chlorotische Flecke, später runde oder nahezu sternförmige Verfärbungen und gelegentlich Adernaufhellung. Das Innere der Flecke oft dunkelgelb und von einem oder mehreren konzentrischen Ringen umrandet. Das Gewebe vertrocknet unter Braunfärbung mit beginnender Nekrosenbildung (Abb. 203). Die Blätter sind mehr oder minder stark gekräuselt, gelegentlich reißt die Blattspreite auf. Vereinzelt können runde, blasse, durchscheinende „Ölflecke" von normal grüner Färbung auftreten. Krankheitssymptome besonders deutlich im Frühjahr (März-Mai) bei infizierten Stecklingen, im Verlauf der weiteren Entwicklung oft maskiert.

Abb. 203. Die Gelbfleckenkrankheit der Pelargonie (Original Klinkowski)

Wirtspflanzenkreis

Pelargonium zonale, P. hederaceum.

Übertragung

Durch Pfropfung (Inkubationszeit 1—6 Monate). *Aulacorthum pelargonii* gilt als mutmaßlicher Vektor.

Testpflanze

Bei *Chenopodium amaranticolor* rötlich-gelbe Lokalläsionen, gewöhnlich mit chlorotischem Hof, gelegentlich systemische Läsionen.

Bekämpfung

Kranke Pflanzen vernichten. Stecklinge nur von gesunden Mutterpflanzen gewinnen, die im Frühjahr auszuwählen bzw. zu bezeichnen sind. Widerstandsfähige Sorten bevorzugen; hierher gehören die hell- und lachsfarben blühenden Sorten von *Pelargonium zonale* sowie Edelpelargonien und *P. peltatum*. Schattierung bei hoher Luftfeuchtigkeit bedingt weitgehende Symptommaskierung.

Verbreitung in Europa

Belgien, Dänemark, Deutschland, England, Frankreich, Italien, Norwegen, Polen, Schweden, Tschechoslowakei, Ungarn, fraglich für Rumänien.

Die Ringfleckigkeit der Pfingstrose

Synonyme

Peony ring spot, peony infectious chlorosis, peony mosaic, *Paeonia* virus 1 (DUFRÉNOY) SMITH.

Krankheitsbild

Bei der vorliegenden Infektion auf den Blättern blasse Flecke, deutlich von hellen konzentrischen Ringen umgeben (siehe Bd. I, Abb. 13). Ringbildung oft unvollkommen, es treten Muster aus Ringfragmenten („Schildpattmuster") auf (Abbildung 204). Als Gesamteindruck ein Gelbmosaik, gelegentlich kleine nekrotische Flecke; Größe, Fülle und Zahl der Blüten können beeinflußt sein.

Abb. 204. Die Ringfleckigkeit der Pfingstrose (Original KEGLER)

Wirtspflanzenkreis

Päonie.

Testpflanze

Bei Tabak Lokalläsionen.

Verbreitung in Europa

Dänemark, Deutschland, England, Frankreich, Holland, Norwegen, Österreich, Polen, Schweden, Tschechoslowakei, UdSSR.

Die Kräuselkrankheit des Phloxes

Krankheitsbild

Die Blattspreite ist verbeult oder gekräuselt (Abb. 205) und weist nekrotische Flecke von unregelmäßiger Form auf. Im Bereich derselben ist das Blatt schorfig rauh oder lackartig glänzend. In anderen Fällen schwärzliche Adernbänderung oder gelbgrüne Mosaikfärbung. Die Stengel sind meist verdickt und schwach gekrümmt und weisen einige nekrotische Längsstreifen, schorfige Stellen oder Risse auf. Internodienverkürzung verleiht der Pflanze ein buschiges Aussehen. Blütenbildung mangelhaft oder unterbleibt ganz. Nicht selten sterben kranke Pflanzen vorzeitig.

Wirtspflanzenkreis

Phlox decussata.

Verbreitung in Europa

Deutschland, Finnland, vermutlich auch in Polen.

Abb. 205. Die Kräuselkrankheit des Phloxes, rechts gesunde Pflanze (nach PAPE)

Die Band- oder Fadenblättrigkeit des Phloxes

Synonym

Wahrscheinlich dem Gurkenmosaikvirus nahestehend.

Krankheitsbild

Die Blätter sind schwach gescheckt und stark deformiert, die Blattspreite ist gelegentlich band- oder fadenartig (Abb. 206).

Wirtspflanzenkreis

Phlox paniculata.

Übertragung

Durch Abreibung mit infektiösem Preßsaft.

Testpflanzen

Bei Tabak schwache ring- und linienförmige Scheckung, bei *Nicotiana glutinosa* Nekrosen, die zur Verunstaltung des Blattes und oft zum Absterben führen.

Verbreitung in Europa

England.

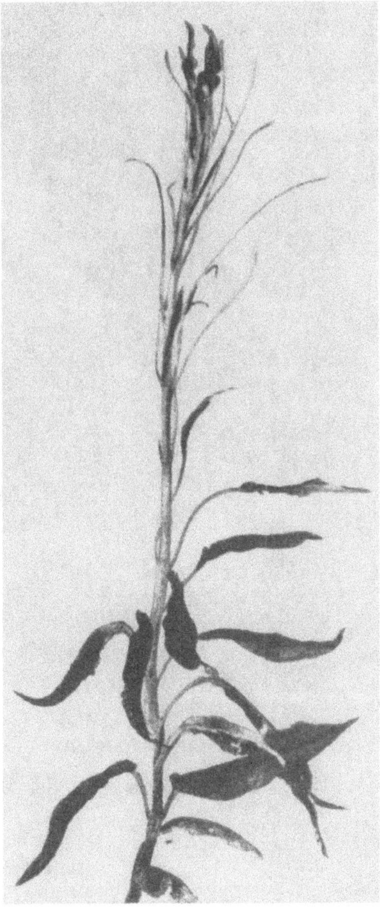

Abb. 206. Die Band- oder Fadenblättrigkeit des Phloxes (nach K. M. Smith)

Das Primelmosaik

(Primula obconica, P. sinensis)

Synonyme

Primrose mosaic, *Primula* mosaic, *Primula obconica* mosaic, Gurkenmosaikvirus (siehe S. 79).

Krankheitsbild

Die jungen Blätter sind gelblich gescheckt, die älteren weisen Nekrosen auf (Abb. 207). Die Pflanze ist in ihrer Entwicklung stark gehemmt und stirbt oft vorzeitig ab. Die Blüte ist buntstreifig und auch in der Färbung verändert, d. h. ausgebleicht (siehe Bd. I, Abb. 29).

Verbreitung in Europa

Dänemark, Deutschland, England, Norwegen, Polen, Rumänien, Tschechoslowakei.

Die Buntblättrigkeit bei *Ptelea*

Synonyme

Infektiöse Buntblättrigkeit, infektiöse Chlorose, *Ptelea* variegation.

Krankheitsbild

Intensiv gelb und grün gefärbte Blätter.

Wirtspflanzenkreis

Ptelea trifoliata var. *variegata*.

Übertragung

Durch Pfropfung.

Verbreitung in Europa

Deutschland.

Abb. 207. Das Primelmosaik, in der Mitte gesundes Blatt (nach K. M. SMITH)

Das Rhododendronmosaik

Abb. 208. Das Rhododendronmosaik, die Blattspreite ist blasig emporgewölbt (nach PAPE)

Krankheitsbild

Die Blätter weisen eine typische Mosaikfleckung auf (Abbildung 208), die Blattspreite ist blasig emporgewölbt.

Verbreitung in Europa

Deutschland, Tschechoslowakei.

Das Ritterspornmosaik

Synonyme

Delphinium stunt, *Delphinium* witches' broom disease, *Delphinium* ring spot, perennial *Delphinium* ring spot, yellows, *Delphinium* virus 1 (BURNETT) SMITH, *Delphinium* virus 2 (VALLEAU) SMITH, Stämme des Gurkenmosaikvirus (siehe S. 79).

Krankheitsbild

Perennierende Gartenformen sind chlorotisch, die Blätter hell verfärbt, zumeist den Adern benachbart. Oft schwache Grünscheckung. Wachstumshemmungen, die bis zum Absterben der Pflanze führen können. Infizierte Pflanzen treiben im Frühjahr später aus. Bei extremer Verzwergung ist die Chlorose auf den Blattrand beschränkt (Abb. 209). Nekrosen an Blättern und Stengeln bedingen Einschnürungen und nachfolgendes Absterben. Blütentriebe im Spätsommer büschlig oder hexenbesenartig, die Blüten neigen zur Vergrünung und Verlaubung.

Wirtspflanzenkreis

Perennierende *Delphinium*-Arten, *Delphinium consolida, Ranunculus asiaticus* (symptomloser Träger).

Bekämpfung

Bekämpfung der Unkräuter (Virusreservoire) und rechtzeitige Entfernung kranker Pflanzen, möglichst schon beim jungen Sämling. Vektorenbekämpfung Beachtung schenken. Zur vege-

Abb. 209. Das Ritterspornmosaik (Bild: Plantenziektenkundige Dienst Wageningen)

tativen Vermehrung (Teilung, Steckling, Senkerbildung) nur gesunde Pflanzen auswählen.

Testpflanzen

Bei Tabak (Sorte „Connecticut Havana") nekrotische-weiße Aufhellungen, seltener Adernaufhellungen, Blattkräuselung, Verzwergung; bei *Nicandra physaloides* braune Lokalläsionen, bei *Lactuca scariola* kleine, weiße nekrotische Flecke, bei *Stellaria media* Gelbfleckung, Einrollen der obersten Blätter.

Verbreitung in Europa

Dänemark, Deutschland, England, Holland, Norwegen, Polen, Tschechoslowakei, fraglich für Rumänien.

Das Rosenmosaik

Synonyme

Infektiöse Chlorose, rose mosaic, rose mosaic-like mottling, rose infectious chlorosis, mosaico da roseira, rose mosaic 1 THOMAS et MASSEY, *Rosa* virus 1 (WHITE) SMITH, *Marmor rosae* HOLMES.

Krankheitsbild

Chlorotische Blattflecke, anfänglich zumeist an der Mittelrippe, später auch in den peripheren Teilen, begleitet von unterschiedlichen Blattmißbildungen (Abb. 210). In anderen Fällen Ausbildung von Ringen, wellenförmigen Linien, wasserzeichen- und eichenblattähnlichen Mustern. Gelegentlich gelbe Adernbänderung, häufiger Adernaufhellung. Bei Teerosenhybriden Wachstumshemmung, die sich auch auf die Bewurzelung erstreckt. Bei einzelnen Rosenarten Farbänderung der Blüten. Häufig Tendenz zur Symptommaskierung. Knospen oft gebleicht und an kurzen Stengeln.

Wirtspflanzenkreis

Rosa rugosa, R. chinensis var. *manettii, R. multiflora, R. odorata, R. gymnocarpa, R. hugonis, R. eglanteria, R. gallica, R. nutkana, R. wichuraiana, R. canina, R. noisettiana, R. setigera, R. chora o, R. hornless, Rubus parviflorus.* Experimentell auf eine große Zahl weiterer Pflanzen übertragbar.

Eigenschaften

Thermale Inaktivierung: in unmazeriertem Gewebe von *Vigna sinensis* bei 54° C;

Beständigkeit in vitro: in mazerierten Blättern von *Vigna sinensis* 1—6 Std.

Übertragung

Durch Okulieren und Pfropfen, nicht durch Abreibungen mit infektiösem Preßsaft oder durch Nadelstichinfektionen von Rose zu Rose, wohl aber zu anderen Wirten. Inkubationszeit minimal 20 Tage, oft mehr als ein Jahr. Symptome am deutlichsten im Temperaturbereich von 15—25° C.

Testpflanze

Cyamopsis psoraloides (Lokalläsionen).

Abb. 210. Das Rosenmosaik, oben Sorte „Madame Butterfly", unten Sorte „Peter's Briarcliff" (nach BRIERLEY)

Bekämpfung

Wärmebehandlung bei 52 ° C für eine Zeitdauer von 5 Minuten.

Verbreitung in Europa

Bulgarien, Dänemark, England, Frankreich, Norwegen, Polen, Rumänien, Tschechoslowakei, UdSSR.

Die Rosenwelke

Synonyme

Rose wilt, rose die-back, *Rosa* virus 3 (Grieve) Smith, *Marmor flaccumfaciens* Holmes.

Krankheitsbild

Anfänglich Zurückbiegen der Blätter an jungen Trieben, zusätzlich runde oder elliptische nekrotische Flecke. Die verdrehten Einzelblättchen an der

Abb. 211. Die Rosenwelke (nach Gigante)

Triebspitze rosettenförmig zusammengedrängt und brüchig (Abb. 211). Fortschreitender Blattfall, oft mit vorangehender blaßgrüner oder gelblicher Verfärbung. Die Spitzen der jungen Triebe sterben nach vorangegangener Verfärbung ab. Der junge Trieb ist dann gelblich grün durchscheinend, die Stengelbasis bräunlichschwarz verfärbt. In der Rinde, in den Markstrahlen und im Phloem der Stengel sind Nekrosen vom Beginn der Blattkrümmungen an festzustellen. Kranke Pflanzen können sich zeitweilig, nicht aber für dauernd erholen.

Eigenschaften

Instabilität in vitro.

Übertragung

Durch Okulieren (Inkubationszeit 10—20 Tage), in geringen Prozentsätzen durch Abreibungen mit infektiösem Preßsaft. Als Vektor fungiert *Macrosiphon rosae*, fraglich ist dies für *Typhlocyba rosae*.

Bekämpfung

Erkrankte Pflanzen bei beginnender Symptombildung vernichten. Ausbreitung wird durch Schnittwunden begünstigt, daher empfiehlt sich Desinfektion des Schnitt- bzw. Okuliermessers. Anfällige Wildrosen sind zu vernichten, Vektoren zu bekämpfen.

Verbreitung in Europa

England, Italien.

Morphogene Virose der Rose

Synonym

Rose cowl-forming.

Krankheitsbild

Bildung abnorm gestalteter Blätter.

Wirtspflanzenkreis

Rosa lucida, *R. rugosa*, experimentell *R. moyesii*, *R. arvensis*.

Übertragung

Durch Preßsaft übertragbar.

Verbreitung in Europa

Tschechoslowakei.

Die Chlorotische Adernaufhellung der Salbei

Synonym

Salvia virus 1 Roland.

Krankheitsbild

Starke Adernaufhellung und Chlorose (Abb. 212).

Wirtspflanzenkreis

Salvia splendens.

Übertragung

Als Vektor fungiert *Myzus persicae*.

Abb. 212. Die Chlorotische Adernaufhellung der Salbei (nach ROLAND)

Testpflanze

Auf Gurke Adernaufhellung, Chlorose und Verkrüpplung der Pflanze.

Verbreitung in Europa

Belgien, Polen.

Das Seidelbastmosaik
(Daphne mezereum)

Synonyme

Daphne mosaic, Gurkenmosaikvirus (siehe S. 79).

Krankheitsbild

Deutliche Mosaikscheckung in Form kleiner gelblicher Flecke, zumeist ohne nennenswerte sonstige Beeinträchtigung. In anderen Fällen bei Tendenz zu halbring- oder ringähnlicher Blattscheckung, ist die Blütenbildung vermindert oder unterbleibt gänzlich. Die Blätter können stark bucklig sein (Abb. 213), ältere können kleine Nekrosen aufweisen. Kranke Blätter fallen vorzeitig ab.

Verbreitung in Europa

Dänemark, Deutschland, England, Holland, Norwegen.

Das Silberblattmosaik

Synonym

Schwarzringfleckigkeit des Kohls (siehe S. 84).

Abb. 213. Das Seidelbastmosaik, von links nach rechts: Mosaik, Fleckenmosaik und Blattdeformation (nach CHAMBERLAIN)

Krankheitsbild

Die Blätter weisen eine dunkelgrüne Blasenbildung in der Art einer Mosaikscheckung auf. Die dunkelgrünen Flächen heben sich deutlich vom hellen Untergrund ab (Abb. 214). Charakteristisch ist eine Weißstreifigkeit der Blüte.

Wirtspflanzenkreis

Lunaria annua.

Verbreitung in Europa

England, Polen.

Das Spiraeenmosaik

Krankheitsbild

An der gleichen Pflanze können Mosaikerscheinungen und Chlorosen, getrennt oder gemeinsam, auftreten. Bei Chlorosen sind anfänglich oft weißliche Flecke

Abb. 214. Das Silberblattmosaik (nach K. M. SMITH)

Abb. 215. Das Spiraeenmosaik (nach SMOLÁK)

Abb. 216. Die Buntstreifigkeit des Stiefmütterchens, obere Reihe links normale Blüte, rechts ausgebleichte Petalen mit vereinzelten fahlen, blauen Flecken und Streifen. Mitte links verzwergte Blüte mit weißen Flecken, darunter normale Blüte. Mitte rechts 5 Blütenblätter mit kurzen weißen Stricheln, darunter 2 Blütenblätter gesunder Pflanzen (nach SEVERIN)

zu beobachten (Abb. 215), später vergilbt das Blatt vollständig. Die Blätter sind asymmetrisch und besitzen häufig zugespitzte Blattrandzähnchen, die lilarot verfärbt sind.

Wirtspflanzenkreis

Spiraea pumila.

Verbreitung in Europa

Tschechoslowakei.

Die Buntstreifigkeit des Stiefmütterchens

(*Viola tricolor* var. *hortensis*, *V. cornuta*)

Synonym

Gurkenmosaikvirus (siehe S. 79).

Krankheitsbild

Buntstreifigkeit der Blüte (Abb. 216). Die Blätter sind, besonders an ihren Spitzen, schwach gekrümmt und chlorotisch.

Verbreitung in Europa

Dänemark, Deutschland, England, Frankreich, Norwegen, Polen, Tschechoslowakei.

Das Stockrosenmosaik

Synonym

Hollyhock mosaic.

Krankheitsbild

Deutliche Gelb- und Grünscheckung (Abb. 217), gelegentlich Adernvergilbung.

Abb. 217. Das Stockrosenmosaik, rechts gesundes Blatt (nach K. M. SMITH)

Wirtspflanzenkreis

Althaea rosea und andere *Malva*-Arten.

Übertragung

Durch Abreibung mit infektiösem Preßsaft.

Verbreitung in Europa

England.

Die Buntstreifigkeit der Tulpe

Synonyme

Tulip breaking, flower bulb mosaic, tulip white break, tulip clear break, tulip full break, tulip clotted break, tulip red break, tulip self break, tulip virus 1 (color removing) McWHORTER, tulip virus 2 (color adding) McWHORTER, *Lilium auratum* mosaic, lily mosaic (z.T.), *Lilium speciosum* mosaic, lily latent virus, Easter lily strong mottle, gebroken bloemkleur, mosaique des tulipes virus, variegatura del tulipano, *Tulipa* virus 1 (CAYLEY) SMITH, *Marmor mite* HOLMES, *Marmor tulipae* HOLMES, *Aphidophilus tulipae* RYSHKOW.

Krankheitsbild

Auf den Blütenblättern ist ein von der ursprünglichen Farbe unterschiedlicher Farbton erkennbar in Form von Spritzern, Streifen oder Linien (Abb. 218). Bei einfarbig gelben oder weißen Tulpen ist die Erkrankung nur an den Blättern oder schwacher Streifenbildung der Blütenblätter, hier in heller Schattierung, zu erkennen. Blätter kranker Tulpen sind nicht immer gescheckt oder zeigen unregelmäßige hellgrüne, seltener weiße Streifen. Die Pflanzen bleiben etwas kleiner, sie sind schwächer bewurzelt, die Bildung von Vermehrungszwiebeln ist geringer. Die Pflanzen blühen 7—10 Tage später.

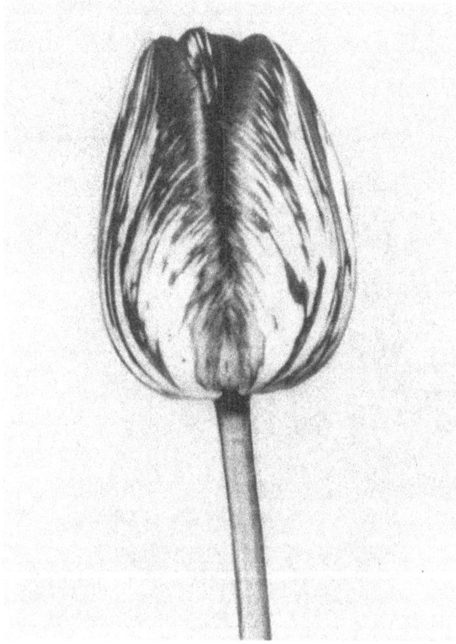

Abb. 218. Die Buntstreifigkeit der Tulpe (Original KLINKOWSKI)

Wirtspflanzenkreis

Tulipa gesneriana, T. clusiana, T. eichleri, T. greigii, T. richteri, T. linifolia, Lilium auratum, L. longiflorum, L. canadense, L. speciosum, L. superbum, L. tigrinum, L. candidum, L. formosanum, L. amabile, L. bulbiferum, L. croceum, L. cernuum, L. chalcedonicum, L. dauricum, L. elegans, L. giganteum, L. henryi, L. leucanthum, L. myriophyllum, L. regale, L. sargentiae, L. tenuifolium, L. testaceum, L. umbellatum, Calochortus spec., *Fritillaria pudica, Zigadenus fremontii, Ornithogalum thyrsoides.*

Eigenschaften

	Tulpenvirus 1	Tulpenvirus 2
Thermale Inaktivierung	60—65° C	55—60° C
Beständigkeit in vitro im Preßsaft	4 Tage	4 Tage
Beständigkeit in vitro im getrockneten Gewebe	4 Tage	2 Tage
Verdünnungsendpunkt	10^{-4}	10^{-1} bis 10^{-3}

Das Virus ist serologisch nachweisbar.

Übertragung

Hypodermale Injektion. Preßsaftabreibungen bei jüngeren Pflanzen (5 bis 10 cm groß), bei älteren Pflanzen gelingen sie nur ausnahmsweise. Übertragung bei Schnitt möglich. Zwiebelpfropfung während der winterlichen Ruheperiode.

Als Vektoren sind zu nennen *Yezabura tulipae* (?) (an lagernden Tulpenzwiebeln), *Doralis fabae, D. frangulae, Myzus persicae, Neomyzus circumflexus, Aulacorthum pelargonii, A. pseudosolani, Macrosiphon solanifolii*. Vektorenübertragung bleibt von einem gewissen Stadium an erfolglos, da das Virus vermutlich dann nicht mehr in die Zwiebeln gelangt.

Bekämpfung

Kranke Pflanzen vor dem Auftreten der Blattläuse entfernen. Buntstreifige Tulpen gesondert schneiden oder Schnittmesser desinfizieren. Bei Gewächshauskultur und bei Zwiebellagerung Vektorenbekämpfung.

Verbreitung in Europa

Allgemein.

Die Augustakrankheit der Tulpe

Synonyme

Augusta ziekte, Tabaknekrosevirus (siehe S. 25).

Krankheitsbild

An den Blättern, seltener auf Stengeln und Blüten, zahlreiche kleine oder vereinzelte große nekrotische Flecke und Streifen (Abb. 219). Junge Pflanzen sterben infolge der schnell fortschreitenden Nekrosen ab, ältere nur vereinzelt. Charakteristisch sind braune Flecke auf den neugebildeten Zwiebeln. Die Erkrankung tritt meist nesterweise auf. Das Virus ist serologisch nachweisbar.

Abb. 219. Die Augustakrankheit der Tulpe (nach USCHDRAWEIT)

Verbreitung in Europa

Dänemark, Deutschland, England, Holland, Schweden, Tschechoslowakei, Ungarn, UdSSR, fraglich für Frankreich und Norwegen.

Die Weißstreifigkeit der Tulpe

Synonym

White streak.

Krankheitsbild

Auf den Blättern parallel verlaufende weiße Streifen (Abb. 220). Die stark im Wuchs gehemmten Pflanzen besitzen nur kleine degenerierte Blüten.

Abb. 220. Die Weißstreifigkeit der Tulpe, links gesundes Blatt (nach PAPE)

Wirtspflanzenkreis

Tulpe, Petunie, Gartenbohne, Tabak, *Nicotiana glutinosa*.

Eigenschaften

Beständigkeit in vitro: 4 Tage und länger;

Verdünnungsendpunkt: 10^{-2}.

Übertragung

Durch Abreibung mit infektiösem Preßsaft.

Testpflanzen

Auf Tabak (Sorten „White Burley“ und „Kawala“) und *Nicotiana glutinosa* auf den Blättern sehr große nekrotische Flecke, die beim Tabak auch auf den Stengel übergreifen können. Bei *N. glutinosa* gelegentlich systemische Infektion, die Absterben der Pflanzen bedingt.

Verbreitung in Europa

England, Italien, Norwegen.

Die Ratelkrankheit der Tulpe

Synonyme

Ratelziekte, Maukekrankheit (siehe S. 28).

Krankheitsbild

Streifenförmige, quer verlaufende Flecke an den Blütenblättern. Bei rosa und rot blühenden Sorten bevorzugt am Rand der Blütenblätter dunkelrote, oft beinahe schwarze Streifen (Abb. 221). Bei gelb und weiß blühenden Sorten glasige Flecke gleicher Form. In anderen Fällen kommt es lediglich zur Blattfleckenbildung. Die Krankheit tritt nur an gewissen Orten, meist leichten sandigen Böden, auf. Erfolgt der Nachbau auf gesunden Böden, so findet keine Infektion gesunder Nachbarpflanzen bzw. weitere Ausbreitung statt. Erkrankte Tulpenzwiebeln ergeben eine infizierte vegetative Nachkommenschaft.

Übertragung

Bodeninfektion. Mechanisch leicht von Tulpe auf Tabak (Sorte „White Burley“) übertragbar, jedoch nicht umgekehrt, ebenso wenig gelingt eine Übertragung von Tulpe zu Tulpe.

Bekämpfung

Die charakteristischen Symptome ermöglichen eine schnelle Bereinigung.

Verbreitung in Europa

Holland.

Abb. 221. Die Ratelkrankheit der Tulpe (Sorte „Fridjoff Nansen"), Blüten- und Blattsymptome (Bild: Laboratorium voor bloembollenonderzoek Lisse)

Das Zinnienmosaik

Synonym

Gurkenmosaikvirus (siehe S. 79).

Krankheitsbild

Einer Adernaufhellung folgt eine Scheckung der Blattspreite. Der Blütenstengel ist verkürzt, die Blütenzahl verringert. Die Blütenblätter selbst sind deformiert und weisen bräunliche bzw. schmutziggraue Markierungen auf.

Verbreitung in Europa

Deutschland, England, Frankreich, Polen, Rumänien, Spanien, Tschechoslowakei.

Das Bronzefleckenvirus an Zierpflanzen[1])

Synonym

Bronzefleckenkrankheit der Tomate (siehe S. 105).

Abb. 222. Das Bronzefleckenvirus an *Solanum capsicastrum* (nach NOORDAM)

Krankheitsbilder

Solanum capsicastrum

Auf dem Blatt Bildung konzentrischer Ringe bzw. ringähnliche Zeichnungen (Abb. 222), Nekrosen der Blattadern, ohne daß bedeutsame Schäden eintreten. Ausgedehnte Stecklingsvermehrung und Bedeutung als Überbrückungswirt erfordern Vernichtung infizierter Pflanzen. Ähnliche Symptome bei anderen

[1] Siehe auch Amaryllismosaik (S. 181), Ringfleckenkrankheit der Begonie (S. 190), Ringfleckigkeit der Dahlie (S. 205), Ringfleckigkeit der Glockenblume (S. 212), Ringfleckenkrankheit der Gartengloxinie (S. 209), Rosettenkrankheit der Calceolarie (S. 192), Weißfleckenkrankheit der Calla (S. 193) und Strichelkrankheit der Cinerarie (S. 202).

Pflanzen, zusätzlich oft wellenförmige Zeichnung, Gewebezerstörung in Form nekrotischer Flecke, konzentrischer Kreise oder blasser, konzentrisch gezonter Flecke. Derartige Pflanzen sind meist deutlich im Wachstum gehemmt. Es sind hier zu nennen: *Streptosolen jamesonii, Browallia speciosa major, Petunia* spec., *Physalis* spec., *Salpiglossis* spec., *Schizanthus* spec., *Solanum melongena, Capsicum annuum, Hyoscyamus niger* und verschiedene *Nicotiana*-Arten.

Abb. 223. Das Bronzefleckenvirus an *Matthiola* (nach K. M. SMITH)

Papaver spec.

Das Primärsymptom besteht in einer Adernaufhellung. Die jüngeren Blätter sind gelblich und mißgestaltet, die Blütenstengel sind gedreht, die Blüte selbst ist anomal und bricht zuweilen seitlich aus den Kelchblättern heraus. Auf den Blütenstengeln oft wäßrige Verfärbungen, aus denen weißer Milchsaft austritt, der sich an der Luft braun färbt.

Matthiola spec.

Die Blattränder sind verdreht, die Blattspreite ist gekräuselt. Die Blätter sind deformiert (Abb. 223), an den unteren eine Gelbscheckung, der totale Vergilbung folgt. Die oberen Blätter weisen neben zwei Grünschattierungen einzelne gelbe Flecke auf; Kräuselung und Mißbildung sind weniger ausgeprägt.

Trachelium spec.

Auf der Blattspreite konzentrische Ringe oder wellenförmige Zeichnungen (Abb. 224). Das Wachstum ist gehemmt, die Blüte spärlich.

Tropaeolum spec.

Das Primärsymptom besteht in einer Adernaufhellung. Die Blattspreite ist dicht bedeckt mit zahlreichen kleinen nekrotischen Flecken (Abb. 225), das übrige Blattgewebe ist chlorotisch. Die Pflanze ist deutlich im Wachstum gehemmt.

Abb. 224. Das Bronzefleckenvirus an *Trachelium* (nach K. M. SMITH)

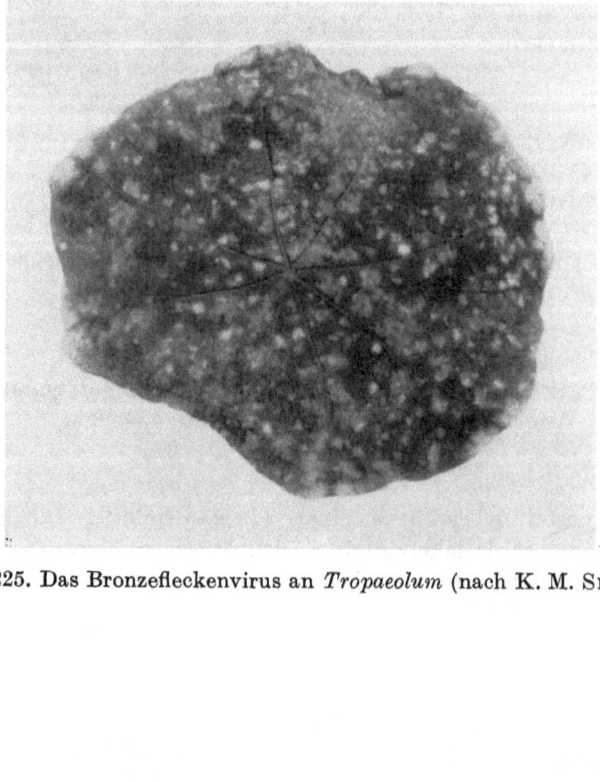

Abb. 225. Das Bronzefleckenvirus an *Tropaeolum* (nach K. M. SMITH)

Chrysanthemum spec.

Neben Wachstumshemmung sind Verdrehungen an den jungen Blättern zu beobachten, weiterhin treten anfänglich chlorotische, später braune Flecke, Linien und Ringe an Blättern und Stengeln auf (Abb. 226). Ihnen folgen Nekrosen an Blättern und Stengeln.

Abb. 226. Das Bronzefleckenvirus an *Chrysanthemum* spec. (Bild: Glasshouse crops research institute Rustington)

Zinnia spec.

Junge Blätter sind deutlich hell- und dunkelgrün gescheckt, seltener entsteht das Bild der Scheckung durch zahlreiche runde Flecke, die eine Tendenz zur Ring- oder Zonenbildung erkennen lassen (Abb. 227). Die Vegetationspunkte sind gelegentlich stärker geschädigt.

Callistephus spec.

Die mißbildeten mittleren Blätter weisen ungewöhnlich dunkle Streifen auf, die sehr kleinen Blüten sind ebenfalls mißbildet.

Hippeastrum spec.

Auf der Blattspreite zahlreiche blasse, gelbe oder weiße Flecke, einzeln oder ineinandergeflossen (Abb. 228). Im Zusammenhang hiermit zahlreiche rote nekrotische Flecke, die Zerstörungen der Blattränder bedingen. Derartige Blätter werden gelb und sterben ab.

Abb. 227. Das Bronzefleckenvirus an *Zinnia* (nach K. M. Smith)

Abb. 228. Das Bronzefleckenvirus an *Hippeastrum* (Bild: Plantenziektenkundige Dienst Wageningen)

Gesneria spec.

Bei der Ringfleckenkrankheit auf der Blattspreite gelbe, später braun werdende Ringe und Flecke. Bei gestauchtem Wuchs ist die Blüte gelegentlich mißbildet.

Impatiens spec.

Das kleine Blatt ist entstellt, gelbgrün gefleckt und weist gelegentlich schwarze Flecke und Ringe auf. Das Wachstum ist unzureichend. Die Blüte ist fleckig und streifig (Abb. 229).

Saintpaulia spec.

Bei der Ringfleckenkrankheit sind auf der Blattspreite konzentrische, anfangs gelbe, später braune kleine Flecke und Ringe zu erkennen. Das Wachstum ist gehemmt.

Abb. 229. Das Bronzefleckenvirus an *Impatiens* spec. (nach NOORDAM)

Sonstige Virosen

Von

M. Klinkowski

Die Buntblättrigkeit des Ahorns

Synonyme

Infektiöse Buntblättrigkeit, infektiöse Chlorose, maple variegation, maple mosaic.

Krankheitsbild

Gelbscheckung der Blätter.

Wirtspflanzenkreis

Acer negundo, A. pseudoplatanus, A. rufinerve.

Übertragung

Durch Okulieren und durch Pfropfung.

Verbreitung in Europa

Bulgarien, Deutschland, England, Frankreich, Norwegen.

Das Ahornmosaik

Synonym

Maple mosaic.

Krankheitsbild

Auf der Blattspreite sehr kleine, nahezu runde, hellgrüne Flecke, in anderen Fällen Blattdeformationen. Nach Kronenrückschnitt Bildung zahlreicher Triebe, die kürzer und schwächer entwickelt und oft verkümmert sind.

Wirtspflanzenkreis

Acer negundo, A. pseudoplatanus.

Übertragung

Durch Pfropfung.

Verbreitung in Europa

Bulgarien, Tschechoslowakei, vermutlich auch Deutschland, England, Frankreich.

Die Ampfervirosen

Synonyme

Infektiöse Chlorose des Ampfers, dock mosaic, dock infectious chlorosis, *Rumex obtusifolius* mosaic, *Rumex* virus 1 (GRAINGER) SMITH, *Rumex* virus 2 ROLAND.

Krankheitsbild

Das Primärsymptom besteht in einer Aufhellung längs den kleineren Adern, anschließend unregelmäßige hell- und dunkelgrüne Scheckung, beim älteren Blatt chlorotische Flecke auf der Blattspreite (Abb. 230), oft diffus, gelegentlich in Form langer chlorotischer Streifen. Vereinzelt bleiben einige Stellen dunkelgrün.

Abb. 230. Die Ampfervirosen. *Rumex* virus 2 nach Inokulation auf *Rumex crispus*. Links Adernbänderung, rechts Fleckensymptome (nach ULLRICH)

Wirtspflanzenkreis

Rumex virus 1: *Rumex obtusifolius*, *R. lanceolatus*, *R. crispus*. *Rumex* virus 2: *Rumex obtusifolius*, *R. crispus*, *R. pulcher*, *R. patientia*; nicht anfällig *R. acetosa* und *R. acetosella*.

Eigenschaften

Rumex virus 1:

Thermale Inaktivierung: 80° C;

Beständigkeit in vitro: in getrockneten Blättern 21 Tage, im Preßsaft 14 Tage;

Verdünnungsendpunkt: zwischen 5×10^{-1} und 10^{-2}.

Rumex virus 2:

Thermale Imaktivierung: zwischen 50 und 60° C;

Beständigkeit in vitro: 8 Stunden bis 2 Tage;

Verdünnungsendpunkt: zwischen 5×10^{-1} und 10^{-2}.

Übertragung

Mechanisch durch Preßsaft übertragbar. *Rumex* virus 2 wird durch die Vektoren *Myzus* persicae und *Macrosiphon solanifolii* übertragen.

Testpflanze

Bei *Chenopodium amaranticolor* sehr schwache und diffuse chlorotische Lokalläsionen.

Verbreitung in Europa

Rumex virus 1: England.
Rumex virus 2: Belgien, Deutschland, Italien, Ungarn.

Das Mosaik des Bilsenkrautes

Synonyme

Henbane mosaic, *Hyoscyamus* Mosaik, *Hyoscyamus* virus 1 SMITH, Hy. III virus HAMILTON, *Marmor hyoscyami* HOLMES.

Krankheitsbild

Die Anfangssymptome bestehen in einer Adernaufhellung oder Vergilbung der jüngsten Blätter. Es folgt ein Gelbmosaik, wobei eine grüne Bänderung der Blattadern erhalten bleibt.

Wirtspflanzenkreis

Bilsenkraut. Experimentell übertragbar auf Tabak, *Nicotiana glutinosa*, *N. glauca*, Stechapfel, Petunie. Ein Stamm dieses Virus tritt bei *Atropa belladonna* auf.

Eigenschaften

Thermale Inaktivierung: 58° C;
Beständigkeit in vitro: Preßsaft bei 21° C 4 Wochen, jedoch sinkt die Infektiosität nach 4 Tagen stark ab;
Verdünnungsendpunkt: 10^{-4} bis 10^{-5};
Viruspartikel: stäbchenförmig.

Übertragung

Das serologisch nachweisbare Virus wird durch Preßsaft und durch die Insektenvektoren *Myzus persicae*, *Neomyzus circumflexus* und *Macrosiphon solanifolii* übertragen.

Testpflanzen

Bei *Nicotiana rustica* und *Chenopodium amaranticolor* Lokalläsionen. Bei Tabak Lokalläsionen, die durch Jodfärbung nachgewiesen werden können.

Verbreitung in Europa

England.

Das bandförmige Ausbleichen der Birkenblätter

Krankheitsbild

In den Interkostalfeldern hellgrün bis weiß verfärbte Zonen. Die hellgrünen Flächen zeigen einen stufenweisen Übergang zum normalen Blattgrün, die weiß verfärbten Partien sind scharf abgegrenzt. Innerhalb der hellen Blattzonen vereinzelte kleine Inseln dunkelgrünen Gewebes. Das Blatt ist an den verfärbten Stellen dünner.

Wirtspflanzenkreis

Betula pendula.

Verbreitung in Europa

Tschechoslowakei.

Die Buntblättrigkeit der Eberesche

Synonyme

Infektiöse Buntblättrigkeit, infektiöse Chlorose, mountain ash infectious variegation, infectious chlorosis, *Pyrus* variegation, *Pyrus* virus 1 (BAUR) SMITH.

Krankheitsbild

Die Blätter haben anfänglich gelbe Blattrandzähnchen, später werden sie weiß. Bei schwerer Erkrankung statt scharf begrenzter Zonen eine Scheckung mit gelben Flecken. In anderen Fällen Adernaufhellung oder chlorotische Adernbänderung. Chlorotische Verfärbungen werden später weiß und schließlich braun.

Wirtspflanzenkreis

Sorbus aucuparia.

Übertragung

Durch Pfropfung.

Verbreitung in Europa

Bulgarien, Deutschland.

Die Buntblättrigkeit der Esche

Synonyme

Infektiöse Buntblättrigkeit, infektiöse Chlorose, *Fraxinus* infectious chlorosis.

Krankheitsbild

Systemische gelbe Blattfleckenbildung, unregelmäßig verteilt (Abb. 231).

Wirtspflanzenkreis

Fraxinus americana, F. excelsior, F. pennsylvanica var. *aucubaefolia, F. pubescens.*

Übertragung

Durch Pfropfung.

Verbreitung in Europa

Bulgarien, Deutschland, England.

Abb. 231. Die Buntblättrigkeit der Esche (nach ATANASOFF)

Die Gelbverzwergung der Gerste

Synonyme

Rotblättrigkeit des Hafers, Barley yellow dwarf, cereal yellow dwarf, oat red leaf.

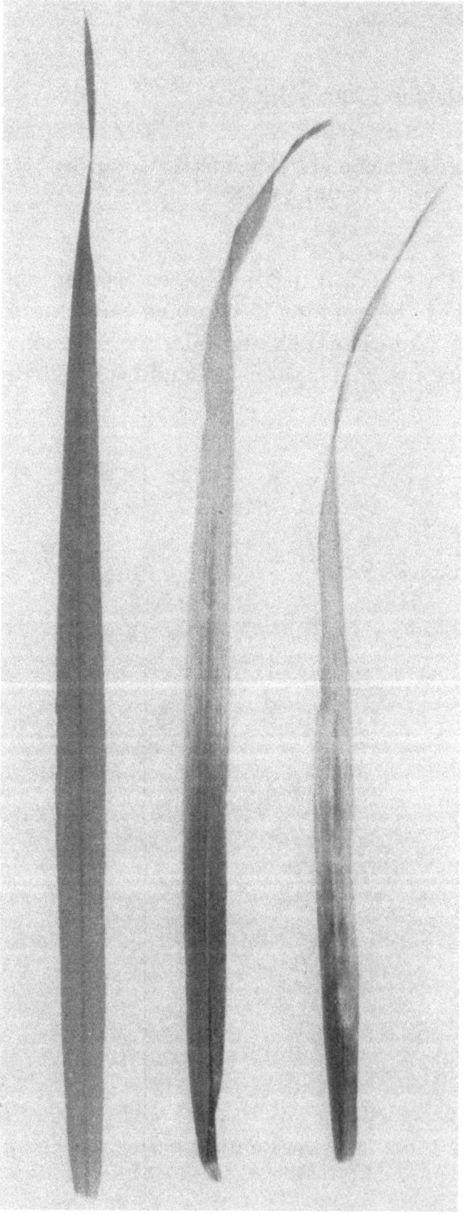

Abb. 232. Die Gelbverzwergung der Gerste (nach OSWALD)

Krankheitsbild

Das Primärsymptom besteht in einer Goldgelb- oder Orangefärbung der Blätter (Abb. 232), mit der eine Wachstumshemmung Hand in Hand geht. Die Stärke der Symptome steht in Abhängigkeit vom Zeitpunkt der Infektion und variiert je nach Sortenzugehörigkeit. Die Vergilbung beginnt an den Blattspitzen, erfaßt dann die Blattränder und schließlich die ganze Blattspreite Die verfärbten Blätter, die dicker und steifer erscheinen, stehen aufrecht. Die im Wachstum stark gehemmten Pflanzen bestocken sich stark, während das Schossen und die Ährenbildung unterbleiben können. Die Bewurzelung ist mangelhaft. Beim Hafer entsteht das Krankheitsbild der sog. Rotblättrigkeit. Die Blätter sind orangefarben bis rötlich verfärbt, anfänglich nur in der Form von Flekken, später ist die ganze Blattspreite in Mitleidenschaft gezogen.

Wirtspflanzenkreis

Gerste, Weizen, Hafer, Roggen, *Phleum pratense*, *Lolium perenne*. Experimentell eine große Zahl von Gräsern, von denen sich einzelne als symptomlose Träger erwiesen.

Übertragung

Das nicht mechanisch übertragbare Virus wird durch folgende Vektoren, in denen es bis zu 120 Std. persistent ist, übertragen: *Macrosiphum granarium*, *M. dirhodum*, *Sitobium fragariae*, *Rhopalosiphon padi*, *R. maidis*, *Rhopalosiphum prunifoliae* und *Schizaphis graminum*. Eine Übertragung durch den Samen oder durch den Boden findet nicht statt.

Testpflanze

Bei Hafer charakteristische Blattrötung.

Bekämpfung

Nur durch Anbau resistenter Sorten zu erwarten.

Verbreitung in Europa

England, Finnland, Holland, Norwegen.

Das Streifenmosaik der Gerste

Synonyme

Barley false stripe, barley stripe mosaic, barley mosaic, barley mild stripe mosaic, barley very mild stripe mosaic, oat stripe mosaic, falsche Streifenkrankheit der Gerste.

Krankheitsbild

Auf der Blattspreite treten etwas unregelmäßig verlaufende, dunkelbraune nekrotische Streifen auf (Abb. 233), die gelegentlich V-Form erkennen lassen. Daneben treten anfänglich chlorotische, später nahezu aschgraue oder weiße Verfärbungen auch in Form von Flecken oder Scheckungen auf. Die Blattfläche auf der distalen Seite des Streifens ist normal grün gefärbt, während auf der proximalen Seite ein chlorotisches Mosaikmuster zu erkennen ist. Die Pflanzen bleiben oft in der Entwicklung zurück und sind schwächer bestockt. Es kann eine Maskierung der Symptome erfolgen. Samen infizierter Pflanzen sind oft von geringerer Größe. Die Ertragsausfälle können beachtlich sein.

Wirtspflanzenkreis

Gerste, Weizen, Roggen, Hafer, Mais, *Digitaria ischaemum*, *D. sanguinalis*, *Bromus inermis*, *B. secalinus*, *B. tectorum*, *Pani-*

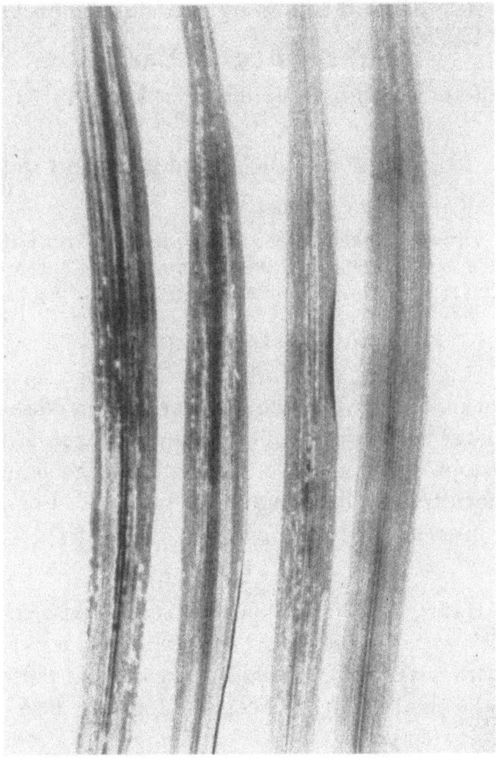

Abb. 233. Das Streifenmosaik der Gerste (nach KLINKOWSKI und KREUTZBERG)

cum miliaceum, P. capillare, Setaria italica, S. verticillata, S. viridis, Echinochloa crus-galli, Eragrostis cilianensis.

Eigenschaften

Thermale Inaktivierung: bei 68° C;

Verdünnungsendpunkt: 10^{-4};

Beständigkeit in vitro: 15—22 Tage in Preßsaft, 35—40 Tage in trockenem Pflanzengewebe;

Viruspartikel: stäbchenförmig 30×130 mμ;

das Virus wird durch den Samen übertragen, Pollenübertragung wird angenommen. Ein Vektor ist bisher nicht nachgewiesen worden.

Übertragung

das Virus ist mechanisch leicht bei Karborundzusatz übertragbar, die Inkubationsperiode beträgt bei 24° C 4—6 Tage.

Testpflanzen

Lokalläsionen bei Reis, Tabak (Sorte ,,Samsun"), Rübe, *Chenopodium album, Ch. amaranticolor, Bromus japonicus* und *Hordeum jubatum.*

Bekämpfung

Nur Saatgut aus gesunden Beständen verwenden.

Verbreitung in Europa

Deutschland, England, Frankreich.

Die Pseudorosettenkrankheit des Hafers

Synonyme

Viröses Steckenbleiben des Hafers, pupation disease, mosaic of oats, oat pseudo-rosette, Sibirian oat mosaic, zakuklivanie, *Avena* virus 1 SUCHOW et WOWK, *Fractilinea avenae* MCKINNEY, *Graminevorus avenae* RYSHKOW.

Krankheitsbild

Ungewöhnlich starke Bestockung mit Übergängen von Zwergwuchs zu normaler Entwicklung. Bei der jungen Pflanze hellgrüne Blattstreifen und -flecke, später in Chlorosen übergehend. Gegen Ende der Vegetationszeit in der Regel Symptommaskierung. Rispenbildung gehemmt, oft mit Verdrehungen und Sterilitätserscheinungen verbunden. Bei zwergwüchsigen Pflanzen Phloemnekrosen.

Wirtspflanzenkreis

Hafer, Flughafer, Saatweizen, Hartweizen, Quecke, *Avena sterilis, A. eudoviciana, A. strigosa, A. byzantina, A. festuca, Echinochloa colona, Setaria viridis* (Virusreservoir), *Bromus inermis.* Experimentell auf Gerste, Roggen, Mais, Reis, Kolbenhirse, Weizen-Roggen- und Weizen-Queckenbastarde, *Calamagrostis epigeios.*

Übertragung

Durch den Vektor *Calligypona marginata*, am wirksamsten die ersten und zweiten Nymphenstadien, das fünfte ist fast unwirksam.

Bekämpfung

Geregelte Fruchtfolge. Frühreife Sorten werden stärker befallen. Große Standweiten vermeiden. Hafer- und Hirsestoppel nach der Ernte umpflügen zur Vernichtung der Zikadenlarven. Der Unkraut- und Vektorenbekämpfung Beachtung schenken.

Verbreitung in Europa

UdSSR.

Es ist damit zu rechnen, daß Virosen der Getreidearten in verschiedenen europäischen Ländern vorkommen. Angaben über das Vorkommen eines Weizenmosaiks liegen aus der Schweiz und aus Griechenland vor, hier wird auch über das Auftreten eines Hafermosaiks berichtet. Über die Identität der in Frage kommenden Viren ist bisher nichts Näheres bekannt. Über virusverdächtige Krankheitserscheinungen beim Hafer wird aus Finnland und aus der Tschechoslowakei berichtet. Es wird vermutet, daß die hier vorliegenden und bisher noch nicht genauer identifizierten Viren durch Zikaden übertragen werden.

Die Streifenkrankheit des Hanfes

Krankheitsbild

Anfänglich an den Blättchen nahe der Vegetationsspitze chlorotische Verfärbungen. Vom basalen Teil ausgehend zwischen den Blattadern blaßgrüne durchscheinende Streifen. Die Blattrandzähne nach oben umgebogen, die Blättchen krümmen sich. Die Chlorosen verschwinden wieder. Im Sommer auf älteren Blättern zunächst einzelne, später zahlreicher werdende Nekrosen, die von einem hellgrünen Hof umgeben sind. Die Nekrosen greifen dann auch auf die Blattadern über. Blattränder und Blattspitze rollen sich ein und sind spiralig verdreht (Abb. 234), im Endeffekt ist das Blatt nahezu völlig verbräunt, wobei der Blattrand einreißen und ausbröckeln kann.

Abb. 234. Die Streifenkrankheit des Hanfes (nach RÖDER)

Die kranken Pflanzen bleiben deutlich im Wachstum zurück, ihre Stengel sind deutlich dünner.

Wirtspflanzenkreis

Hanf.

Übertragung

Durch Abreibung mit infektiösem Preßsaft. Samenübertragung erwiesen (bis zu 25%). Mutmaßlicher Vektor *Diphorodon cannabis.*

Bekämpfung

Kein Saatgut aus infizierten Beständen gewinnen.

Verbreitung in Europa

Deutschland, Rumänien, Tschechoslowakei.

Die Blütensterilität des Holunders

Krankheitsbild

Die Blätter weisen eine dunkelgelbe bis grüne Adernverfärbung auf. Die Pflanze ist in ihrer Entwicklung gehemmt und besitzt nur wenige, meist sterile Blüten.

Wirtspflanzenkreis

Sambucus nigra.

Übertragung

Vektor *Aphis sambuci.*

Verbreitung in Europa

Dänemark, Deutschland, Tschechoslowakei.

Die Nesselkrankheit des Hopfens

Synonyme

Kräuselkrankheit, hop nettle head, nettly, skindly hops, going silly, true nettlehead, eelworm disease, sillyhill disease, hop infectious sterility, kadeřavost, *Humulus* virus 2 (Duffield) Smith, *Chlorogenus humuli* Holmes.

Krankheitsbild

Es werden eine große Zahl schwacher Triebe gebildet (nesselartiges Büschel), deren Ranken nur eine geringe Größe erreichen, da die Internodien verkürzt sind (Abb. 235). Da sie die Befähigung zum Ranken verloren haben, hängen sie herab und sehen zwergartig aus. Das Blatt ist kleiner, heller und anomal gelappt (nesselartig), der nach unten umgebogene Blattrand weist Kräuselerscheinungen auf, oft so stark, daß die Blätter gleichsam gerollt erscheinen. Die Ranken sterben oft von den Spitzen her ab. Die Hopfenblüten sind klein, rund und hart, die Bildung weiblicher Blüten unterbleibt. In den Sommermonaten oft Maskierung der Symptome. Infizierte Pflanzen verlieren von Jahr zu Jahr an Wuchsfähigkeit.

Wirtspflanzenkreis

Hopfen.

Übertragung

Durch Pfropfung, durch Abreibung mit infektiösem Preßsaft, jedoch differieren hier die Angaben. Übertragung mit dem Schnittmesser erscheint möglich. Als mögliche Vektoren werden angesehen *Empoasca pteridis* und *Psylliodes attenuata*.

Bekämpfung

Kranken Hopfen, zusammen mit den Nachbarpflanzen, ausgraben und vernichten, dabei auf im Boden verbliebene Rückstände achten. Aus infizierten Hopfenanlagen keine Fechser verwenden. In Befallsgebieten alljährliche und frühzeitige Bereinigung. Der Unkrautbekämpfung im Hinblick auf vermutete symptomlose Träger Beachtung schenken.

Verbreitung in Europa

Deutschland, England, Polen, Tschechoslowakei.

Abb. 235. Die Nesselkrankheit des Hopfens (nach KEYWORTH und DAVIES)

Das Hopfenmosaik

Synonyme

Hop chlorotic disease, hop mosaic, hop false nettle head, Fuggles hop mosaic disease, mosaika fugglesu, blight, *Humulus* virus 1 (SALMON) SMITH, *Humulus* virus 3 und 4 (SALMON et WARE) SMITH.

Krankheitsbild

Anfänglich Aufhellung kurzer Adernpartien auf den Seitenblättern, später sind die brüchigen Blätter gelbgrün gescheckt, abwärts gekrümmt und ihre Ränder zurückgeschlagen (Abb. 236). Die nicht mehr rankfähige Stengelspitze ist ebenfalls brüchig. Jüngere Pflanzen besitzen verkürzte Internodien (buschartiges Aussehen). Teilweises Absterben der Wurzeln. Bei Frühinfektion deutliche Wachstumshemmung, bei Spätinfektion werden noch kleine und schlecht geschlossene „Dolden“ gebildet. Die Blüten weisen charakteristische

Mißbildungen auf. In der Regel sterben infizierte Pflanzen im Verlauf von 2 Jahren. Symptomlose Träger sind bekannt.

Wirtspflanzenkreis

Hopfen; eine Verwandtschaft zu den Viren der *Prunus*-Arten wird vermutet.

Übertragung

Durch Pfropfung, die geflügelte Form des Vektors *Phorodon humuli* und *Macrosiphon solanifolii*.

Bekämpfung

Bei beginnender Erkrankung sorgfältiges Ausgraben infizierter Pflanzen. Von kranken Pflanzen keine Fechser gewinnen. Symptomlose Träger, z. B. „Fuggles", nicht in der Nachbarschaft anderer Sorten anbauen.

Verbreitung in Europa

Deutschland, England, Frankreich, Jugoslawien, Polen, Rumänien, Tschechoslowakei, UdSSR.

Abb. 236. Das Hopfenmosaik (nach KEYWORTH und PAINE)

Die chlorotische Krankheit des Hopfens

Synonyme

Hop chlorotic disease, Fuggles hop mosaic, mosaiku fugglesu, *Humulus* virus 3 (SALMON et WARE) SMITH.

Krankheitsbild

Auf der Blattspreite der Primärblätter blaß- oder grünlichgelb verfärbte Blattpartien, im durchscheinenden Licht primelgelb. Bei stärkerer Erkrankung chlorotische Adernbänderung. Bei Chlorosen im Bereich des Blattrandes ist dieser besonders stark oder gar nicht gesägt. Auf der Blattspreite kommt es zu Aufwölbungen. Im Verlauf der weiteren Entwicklung kann es zu „Erholungen" kommen, die infizierten Pflanzen sind dann lediglich etwas schwächer entwickelt.

Wirtspflanzenkreis

Hopfen.

Übertragung

Durch Abreibung mit infektiösem Preßsaft und durch Pfropfung. Samenübertragung wird vermutet, ebenso Infektion bei Pflegemaßnahmen durch virusinfizierte Hände.

Verbreitung in Europa

England, Polen, Tschechoslowakei, fraglich für Frankreich.

Abb. 237. Die Blattrißfleckigkeit des Hopfens (nach KEYWORTH)

Die Blattrißfleckigkeit des Hopfens

Synonyme

Hop split leaf blotch, split leaf mottle.

Krankheitsbild

Anfang Juni Gelbfleckung der Blätter mit Ausnahme der Randzone. Chlorotische Partien dünn, sie reißen auf oder sterben nach vorheriger Braunfärbung ab (Abb. 237). Die Fähigkeit zum Ranken bleibt erhalten. Es werden nur wenige Triebe gebildet, von denen einzelne klein bleiben, während die restlichen bei normaler Länge nur wenige kleine Blätter besitzen. Derartige Stengel sind oft dunkelgrün oder rötlich. Kranke Pflanzen treten für gewöhnlich gruppenweise auf.

Wirtspflanzenkreis

Hopfen.

Übertragung

Durch Pfropfung.

Verbreitung in Europa

England, Frankreich.

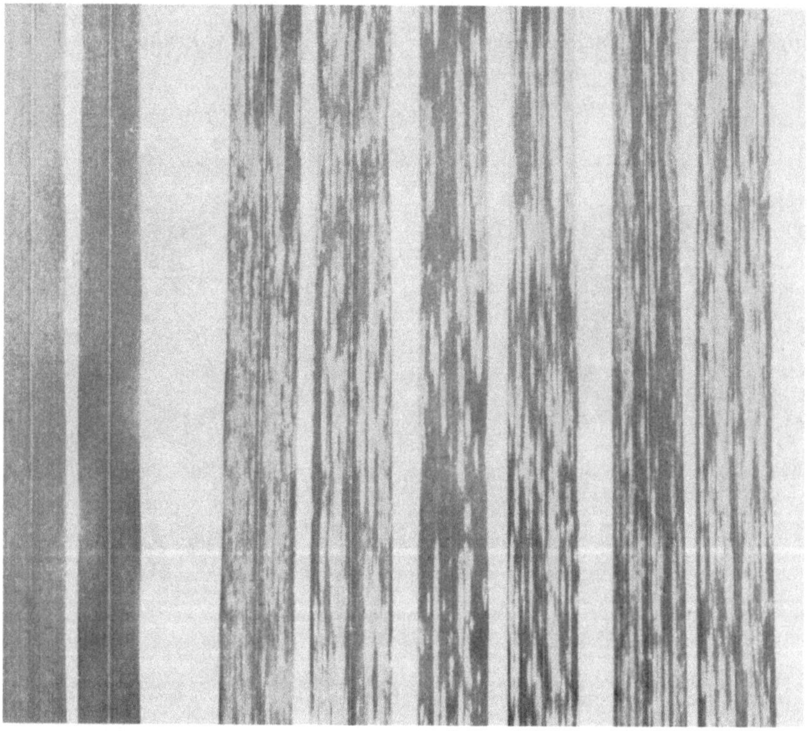

Abb. 238. Die Strichelkrankheit des Knaulgrases, links gesunde Blätter (nach K. M. Smith)

Die Strichelkrankheit des Knaulgrases

Synonym

Cocksfoot streak.

Krankheitsbild

Auf jüngeren Blättern bemerkt man anfänglich helle Streifen. Diese werden immer deutlicher und zahlreicher, bis die Mehrzahl der Blätter erkrankt ist. Auf der Blattspreite ist jetzt eine sehr ausgeprägte dunkel- und hellgrüne oder gelbe Längsstreifung erkennbar (Abb. 238). Die Blüten- und Samenentwicklung kranker Pflanzen ist normal, ebenso ist die vegetative Entwicklung nicht merklich beeinträchtigt.

Wirtspflanzenkreis

Knaulgras.

Übertragung

Das Virus ist bei Verwendung von Karborund, jedoch nur unter Schwierigkeiten, mechanisch durch Preßsaft übertragbar. Die Inkubationsperiode ist sehr unterschiedlich (10 Tage bis mehrere Wochen). Als Vektoren fungieren *Myzus persicae* und *Macrosiphon solanifolii* (= *Macrosiphum euphorbiae*).

Verbreitung in Europa

Dänemark, Deutschland, England, Frankreich, Holland, Schweden.

Das Kornelkirschenmosaik

Synonym

Cornel mosaic.

Krankheitsbild

Die Frucht weist Einbuchtungen des Fruchtfleisches auf (Abb. 239), das darunter befindliche Gewebe ist nekrotisch. Der Same zeigt graue bis schwarze Flecke, die tief in den Stein hineinreichen. Kranke Früchte reifen vorzeitig.

Wirtspflanzenkreis

Cornus mas.

Verbreitung in Europa

Bulgarien.

Abb. 239. Das Kornelkirschenmosaik (nach ATANASOFF)

Das Kressemosaik

Synonym

Nasturtium virus 1 ROLAND.

Krankheitsbild

Auf der Blattspreite ein Gelbmosaik (Abb. 240), seltener ist Ringbildung feststellbar.

Wirtspflanzenkreis

Roripa nasturtium-aquaticum.

Übertragung

Durch Abreibung mit infektiösem Preßsaft, als Vektor fungiert *Myzus persicae*.

Abb. 240. Das Kressemosaik (nach ROLAND)

Verbreitung in Europa

Belgien, Frankreich, Tschechoslowakei.

Die Buntblättrigkeit des Liguster

Synonyme

Infektiöse Buntblättrigkeit, infektiöse Chlorose, *Ligustrum* infectious variegation, *Marmor ligustri* HOLMES; wahrscheinlich auch *Jasminum* infectious variegation, *Jasminum* infectious chlorosis.

Krankheitsbild

Deutliche gelbe Blattfleckenbildung.

Wirtspflanzenkreis

Ligustrum vulgare var. *aureo-variegatum*, *Jasminum revolutum*, *J. officinale.*

Übertragung

Durch Pfropfung.

Verbreitung in Europa

Deutschland, England, Holland.

Die Kleinblättrigkeit der Linde

Krankheitsbild

Kümmerliche Laubentwicklung und zwischen den Adern auftretende Verfärbungen. Oft erfolgt eine Rißbildung ahornartig aussehender Blätter. Der Mittelnerv ist langgezogen, der Blattrand unregelmäßig gesägt. In der Regel unterbleibt die Blütenbildung, bei schwerer Erkrankung erfolgt teilweises oder totales Absterben. In anderen Fällen Blätter mit becherähnlicher Form.

Wirtspflanzenkreis

Tilia cordata, T. platyphyllos.

Übertragung

Durch Transplantation von Bastgewebe.

Verbreitung in Europa

Tschechoslowakei.

Das Gelbmosaik des Löwenzahns

Synonyme

Dandelion yellow mosaic, lettuce necrosis, *Taraxacum* virus 1 KASSANIS, *Marmor taraxaci.*

Krankheitsbild

Anfänglich einzelne hellgelbe Blattflecke, die zahlreicher werden. Es treten später auch Ringe, eichenblattähnliche Zeichnungen und andere Musterungen auf, so daß das Blatt lebhaftgelb gescheckt ist (Abb. 241). Das Wachstum ist nicht beeinträchtigt.

Wirtspflanzenkreis

Löwenzahn, Salat, *Lactuca serriola, L. virosa.*

Übertragung

Das Virus ist auf Salat bei Karborundzusatz mit Preßsaft übertragbar, jedoch gelingt dies nicht beim Löwenzahn. Als Vektoren werden genannt: *Myzus ornatus, M. ascalonicus, Nasonovia ribisnigri* und *Aulacorthum pseudosolani.* Auch hier gelingt die Übertragung auf Löwenzahn nur in geringen Prozentsätzen.

Verbreitung in Europa

England, fraglich für die Schweiz.

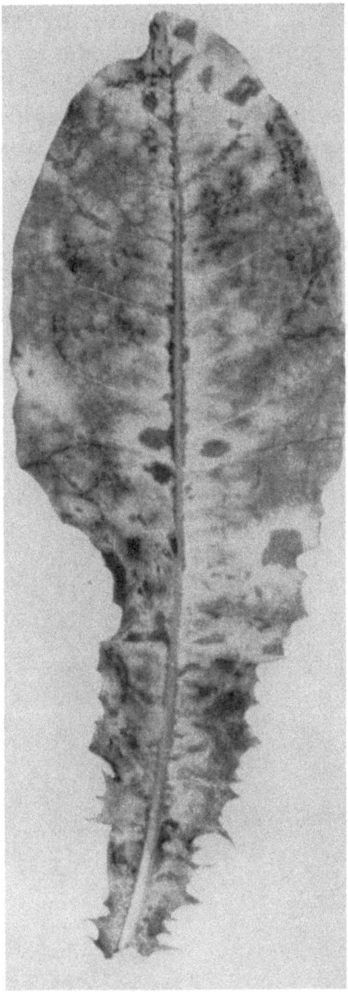

Abb. 241. Das Gelbmosaik des Löwenzahns (nach KASSANIS)

Die Zwergkrankheit des Maises

Synonyme

Nanismo, nanismo epidemico, nanismo ruvido, epidemic dwarfing, rough dwarfing.

Krankheitsbild

Erkrankte Pflanzen bleiben klein, ihre Stengel sind gewöhnlich an der Basis verdickt, werden nach dem Gipfel zu schnell dünner, ihre Internodien sind verkürzt. Die Blätter können chlorotisch oder rot verfärbt sein und sind an der Spitze oft vertrocknet. Die Blattunterseite ist rauh, was auf zahlreiche gallenartige Bildungen an den Adern zurückzuführen ist. Auf den Lieschen erscheinen sie als weiße Pusteln. Bei schwerer Erkrankung unterbleibt die Bildung der männlichen Blüten oder diese sind steril, die weiblichen Blütenstände sind entweder rudimentär oder kommen nur vereinzelt zur Ausbildung. Die Gefäße in den jungen Wurzeln sind stark vergrößert, in geringerem Maße trifft dies auch für das Phloem in Stengeln und Blättern zu. Die Bewurzlung ist stark reduziert, die zerbrechlichen Wurzeln sind verfärbt, an den Spitzen verfault und weisen tiefe Längsrisse auf. Die Ertragsausfälle, insbesondere bei später Aussaat, können bis zu 90% betragen. Die Identität des hier vorliegenden Virus ist bisher nicht näher bekannt. Das mechanisch nicht übertragbare Virus ist weder boden- noch samenübertragbar. Als Vektor fungiert die Wurzellaus *Tetraneura ulmi*.

Verbreitung in Europa

Italien.

Das Mohnmosaik

Abb. 242. Das Mohnmosaik (nach HEINZE)

Krankheitsbild

Von der Basis aus beginnende Gelbscheckung der Blätter (Abbildung 242), zur Blattspitze hin meist dunkler grün. Die chlorotisch verfärbten Partien können ineinanderfließen, die Blattadern heben sich stets auf dem gelben Untergrund ab. Nicht selten ist die Bänderung zonenförmig begrenzt.

Wirtspflanzenkreis

Mohn.

Übertragung

Durch die Vektoren *Myzus persicae* und *Doralis fabae*.

Verbreitung in Europa

Deutschland.

Das Pappelmosaik

Synonym

Canadian poplar mosaic.

Krankheitsbild

Auf der Blattspreite, bevorzugt längs den Adern, hellgrüne Scheckungen (Abb. 243). Die Blätter werden später gelb und sterben vorzeitig mit hellbrauner Färbung vom Rand her ab, gleichzeitig sind auf der Blattspreite Nekrosen zu erkennen.

Wirtspflanzenkreis

Populus balsamifera, P. canadensis.

Verbreitung in Europa

Bulgarien, Holland, Jugoslawien.

Abb. 243. Das Pappelmosaik (Bild: Plantenziektenkundige Dienst Wageningen)

Die Buntblättrigkeit des Pfaffenhütchens

Synonyme

Infektiöse Buntblättrigkeit, infektiöse Chlorose, *Marmor euonymi* HOLMES.

Krankheitsbild

Die Symptome sind sehr variabel. Infektiöse Komponente oft durch erbliche verdeckt, letztere bedingt einen breiten chlorotischen Rand. Bei Pfropfung derartiger Pflanzen auf grüne Individuen kommt es zur Bildung gelb geaderter Blätter. Diese Erscheinungen können bei weiterem Wachstum wieder gänzlich verschwinden. An den Blättern kranker Pflanzen in großer Zahl Intumeszenzen.

Wirtspflanzenkreis

Evonymus japonica var. *aureo-marginata* und wahrscheinlich *E. fortunei* var. *radicans.*

Übertragung

Durch Pfropfung.

Verbreitung in Europa

Deutschland, UdSSR, fraglich für Spanien.

Die Kräuselkrankheit der Pfefferminze

Krankheitsbild

Kranke Pflanzen sind durch Kümmerwuchs und die starke Kräuselung der Blätter leicht kenntlich. Sie sind schwächer entwickelt und haben dünnere stärker verzweigte Stengel (Abb. 244). Das Blatt bleibt klein und weist eine Mosaikscheckung auf. Typisch ist eine Adernbänderung, speziell an den jüngeren

Abb. 244. Die Kräuselkrankheit der Pfefferminze, rechts gesunde Pflanze (nach DODOFF)

Blättern. Es wird behauptet, daß kranke Pflanzen eine höhere Ausbeute an Menthenöl liefern. Der mengenmäßige Ertrag ist geringer als bei der gesunden Pflanze.

Wirtspflanzenkreis

Pfefferminze.

Übertragung

Durch Pfropfung.

Verbreitung in Europa

Bulgarien, fraglich für die Tschechoslowakei.

Das Rhabarbermosaik

Synonyme

Rheum virus 1 KLINKOWSKI, *Marmor rhei* KLINKOWSKI.

Krankheitsbild

Auf der Blattspreite schon frühzeitig ein deutliches großflächiges Mosaik. Im späteren Entwicklungsverlauf stirbt das Gewebe fleckenförmig ab, die nekrotischen Flecke sind eingesunken und durch einen rotbraunen Rand deutlich abgesetzt (Abb. 245). An den Stengeln können vereinzelt streifenförmige Verfärbungen auftreten, die später nekrotisch werden und deutlich eingesunken sind.

Wirtspflanzenkeis

Rhabarber. Experimentell auf Gartenbohne, Gurke, *Vigna sinensis*, Melone, Petunie, *Chenopodium quinoa*, *Campanula medium*, *Dimorphotheca aurantiaca*, *Malcolmia maritima*, *Bunias erucago*, *Exacum affine*, *Phacelia viscida*, *Salvia sclarea*, Weiße Lupine, Linse, *Dorotheanthus bellidiformis*, *Papaver orientale*,

Abb. 245. Das Rhabarbermosaik (Original KLINKOWSKI)

Plantago lanceolata, *Pentstemon hartwegii*, *Linaria bipartita*, *Schizanthus wisetonensis*, *Verbena canadensis*, *Silene orientalis*. Auf einer Reihe weiterer Pflanzen symptomlos.

Eigenschaften bei Gartenbohne (B) bzw. Gurke (G)

Thermale Inaktivierung: zwischen 58 und 60° C;

Beständigkeit in vitro: im Frühjahr 4—5 Tage (G), in getrocknetem Material 8—9 Tage; im Herbst 9 bzw. 11 Tage;

Verdünnungsendpunkt: oberhalb 10^{-3} (G) bzw. 2×10^{-3} (B).

Das Virus ist vermutlich ein Stamm des Virus der Schwarzringfleckigkeit des Kohls.

Übertragung

Durch Abreibung mit infektiösem Preßsaft.

Testpflanze

Bei Abreibung auf Gurke, speziell in den Monaten April-Mai, traubenartige Stauchung des Sprosses.

Verbreitung in Europa

Dänemark, Deutschland, England, Holland, Norwegen, Polen, Tschechoslowakei.

Das Sonnenblumenmosaik

Krankheitsbild

Grünmosaik mit blaßgrünen durchscheinenden Flecken sowie aufgebeulten grünen Partien. In anderen Fällen auf der deformierten Blattspreite eckige

Abb. 246. Das Sonnenblumenmosaik, Deformation und Proliferation des Blütenstandes (nach JAGODKINA)

gelbe Flecke und Entwicklungshemmung der ganzen Pflanze. Seltener totale Deformation der Pflanze, Einrollen der Blätter und andere Verunstaltungen wie Reduktion der Blütenorgane, die zur Unfruchtbarkeit führt (Abb. 246). Zweifelhaft ist, ob eine Samennekrose hiermit im Zusammenhang steht. Auf den Keimblättern des äußerlich gesund erscheinenden Samens tiefgehende Nekrosen, lediglich die Wurzelanlage bleibt erhalten. Derartige Samen sind keimunfähig bzw. die Keimpflanzen sterben frühzeitig.

Verbreitung in Europa

Polen, Tschechoslowakei, UdSSR.

Die Rotstreifigkeit des *Sorgum*

Synonyme

Red stripe, red leaf spot, Maismosaik, arrossamento striato del sorgo, mosaico del mais.

Krankheitsbild

Auf der Blattspreite von *Sorgum* sind anfänglich chlorotische und nach 2—3 Wochen dunkle, rost- später purpurfarbene Flecke wechselnder Größe feststellbar (Abb. 247), die eine mosaikartige Zeichnung ergeben können und schließlich große Teile der Blattspreite erfassen. Die Streifung ist auch auf Blattscheiden und Halmen zu finden. Die Einzelblüten der Infloreszenzen welken zuweilen bereits in der Blattscheide. Im Zusammenhang hiermit sind Dege-

Abb. 247. Die Rotstreifigkeit des *Sorgum* (nach GOIDÀNICH)

nerationserscheinungen wie Gewebenekrosen und Perforation der Blattspreiten zu erkennen. Bei starker Erkrankung erfolgt auch eine Verfärbung des Vegetationspunktes. Zwischen den einzelnen Sorten bestehen große Resistenzunterschiede. Als resistent gelten die Sorten „Gigante“, „Honey“ und „Vienna“. Beim Mais ist ein schwaches Mosaik auf der Blattspreite, besonders im mittleren Teil und an der Basis, kennzeichnend, das in Form zahlreicher Steifen längs der Nervatur auftritt und undeutliche Konturen aufweist. Bei kranken Pflanzen erfolgt die Entwicklung der Blütenstände verzögert.

Wirtspflanzenkreis

Sorgum halepense, S. bicolor, S. bicolor var. *saccharatum, S. bicolor* var. *technicum, S. sudanense, Setaria viridis*, Mais, Zuckerrohr.

Eigenschaften

Thermale Inaktivierung: 46—50° C;

Beständigkeit in vitro: 160—240 Minuten, bei einer Temperatur von −1 bis +2 °C 15 bis 32 Tage haltbar;

Verdünnungsendpunkt: bei 10^{-3}.

Übertragung

Mechanisch durch Preßsaft übertragbar, eine Übertragung durch den Boden und durch den Samen findet nicht statt. Als Vektoren fungieren *Myzus persicae* und *Rhopalosiphon maidis.*

Abb. 248. Das Mosaik der Tollkirsche (Original Bode)

Testpflanzen

Auf Zuckerrohr und bei *Arundo donax* lokale Infektionen. Eine Rückübertragung ist im ersten, jedoch nicht im zweiten Fall möglich.

Verbreitung in Europa

Italien.

Das Mosaik der Tollkirsche

Krankheitsbild

Die Symptome bestehen im Gewächshaus in einem diffusen Mosaik (Abb. 248) und nekrotischen Flecken der Blätter, die Pflanzen sind im Wuchs etwas gehemmt. Freilandpflanzen weisen schwere Blatt- und Stengelnekrosen auf.

Wirtspflanzenkreis

Tollkirsche. Experimentell übertragbar auf Stechapfel, Bilsenkraut, Tabak, *Nicotiana glutinosa*, schwarzer Nachtschatten, Gartenbohne, Ackerbohne, Melde.

Eigenschaften

Thermale Inaktivierung: 79—81°C;

Beständigkeit in vitro: 6 Tage bei Zimmertemperatur, dagegen nicht nach 11 Tagen;

Verdünnungsendpunkt: zwischen 10^{-3} und 10^{-4}.

Übertragung

Das Virus wird durch den Saft übertragen.

Testpflanzen

Tabak (nach kräftiger Nervenaufhellung starke, dunkelgrüne Ausbeulungen und Deformationen der Blätter), Stechapfel. Bei *Nicotiana glutinosa* Lokalläsionen auf den abgeriebenen Blättern und schwere Nekrosen, die oft zum Absterben der Pflanze führen.

Abb. 249. Das Ulmenmosaik (*Ulmus americana*), obere und mittlere Reihe Blattscheckungen und -mißbildungen, unten gesundes Blatt (nach SWINGLE, TILFORD und IRISH)

Verbreitung in Europa

Deutschland, England.

Das Ulmenmosaik

Synonyme

Elm mottle mosaic, elm mosaic.

Krankheitsbild

Das Blatt ist gelb und grün gescheckt, die Oberfläche ist rauh, die Blattform mißgestaltet (Abb. 249). Die brüchigen Zweige sind schwach besenartig. Die

Blattknospen kommen teilweise nicht zur Entwicklung, so daß die Zweige blattlose Abschnitte aufweisen.

Wirtspflanzenkreis

Ulmus americana, U. campestris, U. glabra, U. pumila. Experimentell auf 17 Arten und Varietäten von *Prunus* übertragbar.

Übertragung

Übertragung durch Pfropfung, jedoch nicht bei Wurzelpfropfung. Die Krankheitssymptome treten erst im darauffolgenden Jahre auf. Das Virus ist pollenübertragbar.

Verbreitung in Europa

Bulgarien, Deutschland, England, Tschechoslowakei, UdSSR.

Das russische Winterweizenmosaik

Synonyme

Rosettenkrankheit des Weizens, Rosettenmosaik, winter wheat mosaic, Russian wheat mosaic, *Triticum* virus 8 Sashurilo et Sitnikowa, *Fractilinea tritici* McKinney, *Graminevorus tritici* Ryshkow.

Krankheitsbild

Die Blätter junger Pflanzen sind parallel zu den Blattnerven hellgrün oder gelblich gestreift. Die Pflanzen sind deutlich im Wachstum gehemmt und bleiben verzwergt (Abb. 250). Bei Infektionen, die erst zur Zeit des Schossens erfolgen, treten Wuchsdepressionen nur noch selten auf. Bei fortgeschrittener Pflanzenentwicklung wird das Mosaik durch ein allgemeines Vergilben maskiert. Verzwergte Pflanzen sind stärker bestockt (Rosettenbildung), nur ein Teil der Bestockungstriebe gelangt zum Schossen. Kranke Pflanzen sterben oft vorzeitig ab.

Wirtspflanzenkreis

Weizen, Roggen, Gerste, Hafer, Kolbenhirse, Flughafer, *Avena byzantina.*

Übertragung

Vektor dieses Virus ist *Psammotettix striatus*, Zirkulationszeit im Mittel 15—16 Tage. Die Nymphen des 4. und 5. Stadiums und die Imagines sind nur dann zur Übertragung befähigt, wenn die Virusaufnahme im 1. bis 5. Nymphenstadium erfolgte.

Bekämpfung

Frühzeitiges Schälen der Sommergetreidestoppel und baldige Winterfurche. Sommerweizen frühzeitig, Winterweizen spät aussäen. Ausfallgetreide vernichten, ebenso die Unkräuter, an denen die Eiablage des Vektors erfolgt.

Verbreitung in Europa

UdSSR.

Abb. 250. Das Russische Winterweizenmosaik (nach SASHURILO)

Das streifige Mosaik des Weizens

Synonym

Wheat striate mosaic.

Krankheitsbild

Auf der Blattspreite treten, besonders deutlich auf der Blattunterseite, parallel verlaufende chlorotische Streifen auf, die später schwach ausgeprägt auch auf der Blattoberseite erkennbar werden (Abb. 251). In späteren Entwicklungsstadien wird die Blattspreite mehr oder minder chlorotisch, gleichzeitig treten weiße und braune nekrotische Flecke auf, die bei bestimmten Sorten zum Absterben der Blätter führen. Mit der Erkrankung ist in der

Regel eine Wachstumshemmung verbunden. Sofern eine Ährenbildung erfolgt, ist die Ähre teilweise steril und das Korn von minderer Qualität. Ein Teil der erkrankten Pflanzen stirbt bereits vor der Ährenbildung.

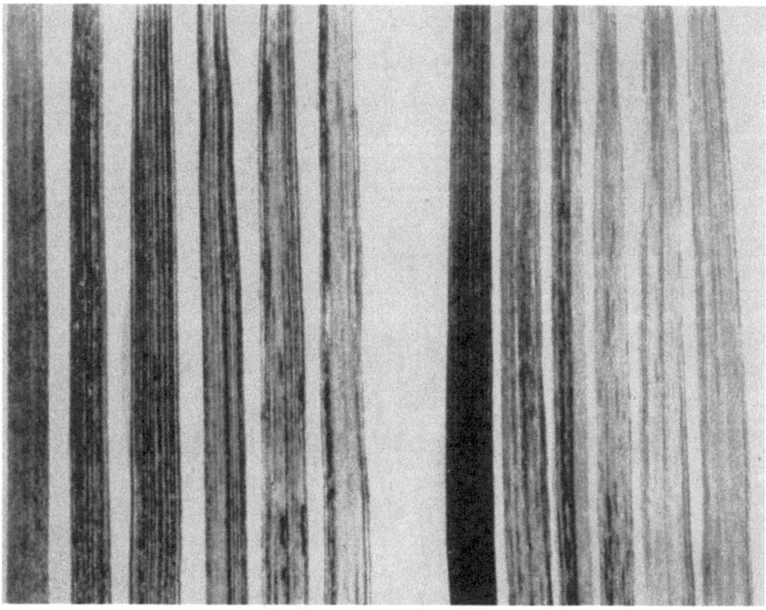

Abb. 251. Das streifige Mosaik des Weizens. Blätter der Weizensorten „Minter" und „Mindum"; jeweils links ein gesundes Blatt, daneben Blätter mit unterschiedlicher Symptomausprägung (nach Slykhuis)

Wirtspflanzenkreis

Weizen, Gerste, Hafer, *Eragrostis cilianensis*, *Panicum capillare*, *Lolium perenne*, *L. multiflorum*.

Übertragung

Als Vektoren fungieren Nymphen und Adulte der Zwergzikade *Endria* (*Polyamia*) *inimica*. Die Latenzperiode des Virus im Vektor beträgt mindestens 10—14 Tage. In England wird als Vektor die auf Gräsern anzutreffende *Calligypona pellucida* genannt. Das Virus überwintert im Winterweizen. Verwandtschaftliche Beziehungen mit den Viren des russischen Winter- und Sommerweizenmosaiks und der Pseudorosettenkrankheit des Hafers werden vermutet.

Bekämpfung

Vernichtung der Unkrautwirte.

Verbreitung in Europa

Dänemark, Deutschland, England.

Test- und Wirtspflanzenverzeichnis[1])

Das nachstehende Verzeichnis enthält alle im Text dieses Bandes angeführten Pflanzennamen. Für die deutschen Bezeichnungen wurden hauptsächlich benutzt:

„Flora von Deutschland"
64.—66. Auflage, Leipzig 1953, herausgegeben von O. SCHMEIL und J. FITSCHEN

sowie „Pareys Blumengärtnerei"
Berlin 1931/32, herausgegeben von C. BONSTEDT.

Die englischen Vulgärnamen entstammen:
CLAPHAM, A. R., TUTIN, T. G. und WARBURG, E. F.
„Flora of the British isles"
Cambridge 1952,
„Gray's manual of botany"
8. Auflage, New York 1950, herausgegeben von M. L. FERNALD
und A. K. BEDEVIAN,
„Illustrated polyglottic dictionary of plant names"
Kairo 1936.

Vereinzelt wurde auch herangezogen
G. HEGI
„Illustrierte Flora von Mittel-Europa"
München 1909—1931.

Es ist uns ein Bedürfnis, Herrn Prof. Dr. R. MANSFELD, Institut für Kulturpflanzenforschung Gatersleben der Deutschen Akademie der Wissenschaften zu Berlin, für die Klärung vieler nomenklatorischer Fragen zu danken.

Im Text nicht genannte Wirtspflanzen des Virus der Bronzefleckenkrankheit der Tomate sind in den nachstehenden Verzeichnissen durch einen Stern gekennzeichnet.

---

[1]) Das Verzeichnis wurde von Herrn Dr. K. SCHMELZER, Aschersleben, bearbeitet.

Lateinisch – deutsch – englisch

Abutilon spec.	Schön-Malve	mallow, Indian; China jute
— *arboreum*		
— *crispum*		
— *darwinii*		
— *esculentum*		
— *hirtum*		
— *inaequale*		
— *indicum*		
— *insigne*		
— *megapotamicum*	Rio-Grande-Schönmalve	
— *mulleri*		
— *regnellii*		
— *sellovianum*	Schön-Malve	
— *striatum*		
— *theophrasti*		velvetleaf; butterprint
— *venosum*	—, geaderte	
— *vitifolium*	—, rebblättrige	
Acer negundo	Eschen-Ahorn	box-elder
— *pseudoplatanus*	Berg-Ahorn	sycamore
— *rufinerve*		
Achillea ptarmica	Sumpf-Garbe	sneeze-wort
**Agapanthus* spec.	Liebesblume; Schmucklilie	lily, African
Ageratum conyzioides	Leberbalsam, gemeiner	goatweed; floss flower
Agropyrum repens	Quecke, gemeine	couch-grass; twitch
Allium ascalonicum	Schalotte	shallot
— *cepa*	Küchenzwiebel, Zwiebel	onion
— *porrum*	Porree	leek; leek, common; purret
— *vineale*	Feld-Lauch	crow onion; crow garlic
Alonsoa warscewiczii	Alonsoa	alonsoa
Althaea ficifolia	Stockrose, feigenblättrige	Antwerp hollyhock
— *officinalis*	Eibisch, echter	marsh mallow
— *rosea*	Stockrose	hollyhock
Alyssum maritimum	Meerstrand-Steinkraut	sweet alison; sweet alyssum
Amaranthus albus	Amarant, weißer	coxcomb, white; tumbleweed
— *caudatus*	Garten-Fuchsschwanz	love-lies-bleeding
— *graecizans*		tumbleweed
— *monstrosus*		
— *paniculatus*	Rispen-Amarant	purple amaranth
— *retroflexus*	Fuchsschwanz, rauhhaariger	pigweed; wild beet
— *roseus*		
— *tricolor*	Amarant	amaranth
Amaryllis spec.	Amaryllis; Ritterstern	
— *aulicum* (= *Hippeastrum aulicum*)	Ritterstern, gekrönter	
— *belladonna*	Belladonnen-Amaryllis	belladonna lily
— *reginae* (= *Hippeastrum reginae*)	Königin-Ritterstern	
— *rutila* (= *Hippeastrum rutilum*)	Ritterstern, gelbroter	
Amelanchier spec.	Felsenmispel	juneberry; sugar-plum
Ananas sativus	Ananas	pine-apple

Anchusa spec.	Ochsenzunge	alkanet
— *capensis*	—	—
Andenoropium gossypifolium		
Anemone spec.	Windröschen	anemone
— *coronaria*	Garten-Anemone; Kronen-Anemone	crown anemone; poppy anemone; poppy windflower
— *nemorosa*	Busch-Windröschen	wood anemone
— *ranunculoides*	Windröschen, gelbes	— —, yellow
— *trifolia*		
Anethum graveolens	Dill, gemeiner	dill
Anoda hastata		
Anthemis tinctoria	Färber-Hundskamille	yellow chamomile
Anthriscus cerefolium	Kerbel	chervil
Anthurium andraeanum	Flamingoblume; Schwanzblume	tail flower; banner plant
— *scherzerianum*	—; —	— —; — —
Antirrhinum majus	Löwenmaul	snapdragon
Apium graveolens	Sellerie	celery
Aquilegia spec.	Akelei	columbine
— *coerulea*	—, blaue	—
*— *vulgaris*	—	—
Arabis spec.	Gänsekresse	rock-cress
— *hirsuta*	—, rauhe	—, hairy
Arachis hypogaea	Erdnuß	ground-nut; pea-nut
**Aristolochia elegans*	Osterluzei, zierliche	birthwort
— *sipho*	Pfeifen-Osterluzei; Pfeifenwinde, gemeine	Dutchman's pipe
Armoracia rusticana	Meerrettich	horse-radish
Arum spec.	Aronstab	arum
Arundo donax	Pfahlrohr	giant reed
Aster spec.	Aster	aster; starwort
Astragalus rubyi	Tragant	milk-vetch
Atriplex spec. oft fälschlich *Chenopodium* spec.	Melde	orache
— *hortensis*	Garten-Melde	garden orach; mountain spinach
— *nitens*	Melde, glänzende	orache
Atropa belladonna	Tollkirsche	nightshade, deadly; dwale
Avena byzantina		
— *eudoviciana*		wild oat
— *fatua*	Flughafer	— —
— *festuca*		
— *sativa*	Saat-Hafer	oat
— *sterilis*	Hafer, genügsamer	
— *strigosa*	Sand-Hafer	black oat
Begonia spec.	Begonie; Schiefblatt	begonia
— *semperflorens*	—, immerblühende	
Beta patellaris		
— *procumbens*		
— *vulgaris*	Rübe; Futter-Rübe; Beta-Rübe; Zucker-Rübe	beet; sugar-beet
— — var. *esculenta*	—, rote	—
— — var. *cicla*	Mangold	Swiss chard; spinach beet; perpetual spinach

Betula pendula	Birke	silver birch
**Bidens pilosus*	Zweizahn	bur-marigold
Blitum virgatum	Erdbeerspinat, echter	
Brassica adpressa		
— *alba* (= *Sinapis alba*)	Senf, weißer	mustard, white
— *arvensis*	Acker-Senf; Senf, wilder	wild mustard
— *campestris*	Rübsen	rutabaga; naven
— *carinata*		
— *chinensis*	China-Kohl	Chinese cabbage; Chinese mustard; pak-choi
— *hirta*		mustard, white
— *japonica*		Chinese mustard
— *juncea*	Ruten-Senf; Sarepta-Senf	— —; leaf mustard; Indian mustard
— *kaber*		charlock
— *napus*	Raps	rape
— — var. *napobrassica*	Kohlrübe	Swedish turnip; swede
— *nigra*	Senf, schwarzer	black mustard
— *oleracea*	Gemüse-Kohl; Kohl	cabbage
— — var. *acephala*	Grün-Kohl	kale; sprout; collards
— — var. *botrytis*	Blumenkohl	cauliflower; broccoli
— — var. *capitata* f. *alba*	Weiß-Kohl	cabbage
— — var. *capitata* f. *rubra*	Rot-Kohl	—
— — var. *gongylodes*	Kohlrabi	kohlrabi; cabbage turnip
— — var. *sabauda*	Wirsing-Kohl	savoy cabbage
— *pekinensis*	China-Kohl	Chinese cabbage; petsai cabbage; celery cabbage
— *pe-tsai*	—	— —; — —
— *rapa* var. *silvestris*	Rübsen	turnip; naven
— — var. *rapa*	Wasserrübe	—
Bromus inermis	Trespe, wehrlose	brome-grass, awnless
— *japonicus*		
— *secalinus*	Roggen-Trespe	chess; Japanese cheat
— *tectorum*	Dach-Trespe	bromegrass, downy
Browallia speciosa	Browallie	browallia
Brunella (= *Prunella*) *vulgaris*	Brunelle, kleine	self-heal
**Brunfelsia* spec.	Brunfelsie	
Bryonia dioica	Zaunrübe, rotbeerige	bryony, red
Buddleia davidii (= *B. variabilis*)	Buddleia	
— *variabilis* (= *B. davidii*)	—	
Bunias erucago	Keulchen-Zackenschote	
Calamagrostis epigeios	Sand-Reitgras	bushgrass
Calceolaria spec.	Pantoffelblume	slipperwort
Calendula spec.	Ringelblume	marigold
— *officinalis*	—	—, common; pot marigold
Calla spec.	Drachenwurz; Schlangenkraut	water-arum
Callistephus chinensis	Garten-Aster	China-aster
Calochortus spec.	Mormonentulpe	globe tulip; hairbell
Campanula spec.	Glockenblume	bell-flower
*— *isophylla*	—, gleichblättrige	— —
— *medium*	Marien-Glockenblume	Canterbury bells

**Campanula pyramidalis*	Pyramiden-Glockenblume	bell-flower
Cannabis sativa	Hanf	hemp
Capsella bursa-pastoris	Hirtentäschelkraut	shepherd's purse
Capsicum annuum	Paprika; Pfeffer, spanischer	capsicum; red pepper; chilli pepper
— *frutescens*	—	chilli pepper; bird pepper
Carduus broteri	Distel	thistle
— *nutans*	—, nickende	musk thistle
Carum carvi	Kümmel	caraway
**Cassia floribunda*	Gewürzrinde; Negerkaffee	senna
Cattleya spec.		
**Celosia* spec.	Brandschopf	celosia
— *argentea*	Silberglanz-Brandschopf	—
Centaurea cyanus	Kornblume	cornflower; bluebottle
Cerastium vulgatum	Hornkraut	mouse-ear chickweed, common
**Cestrum parquii*	Hammerstrauch, chilenischer	night blooming jasmine
Cheiranthus spec.	Goldlack	wallflower
— *cheiri*	—	—; gilliflower
Chenopodium spec.	Gänsefuß	goosefoot
— *album*	—, weißer	pigweed; lamb's-quarter; fat hen
— *amaranticolor*		
— *ambrosioides*	Teekraut, mexikanisches	Mexican-tea
— *botrys*	Gänsefuß, klebriger	Jerusalem-oak
— *ficifolium*	Feigen-Gänsefuß	goosefoot, fig-leaved
— *murale*	Mauer-Gänsefuß	—, nettle-leaved
— *quinoa*	Reis-Melde	quinoa
— *urbicum*	Städte-Gänsefuß	upright goosefoot; goosefoot, triangular-leaved
Chrysanthemum spec.	Wucherblume	chrysanthemum
— *carinatum*	Kiel-Wucherblume	
— *coronarium*	Kronen-Wucherblume	crown daisy; crown marigold
— *coronatum*		
— *frutescens*	Wucherblume, strauchige	maguerite; Paris daisy
— *indicum*	Chrysantheme; Winter-Aster	chrysanthemum
— *koreanum*		
— *parthenium*	Mutterkraut	feverfew
— *praealtum*		
Cicer arietinum	Kichererbse	chick-pea; Egyptian pea
Cichorium endivia	Endivie	endive
— *intybus*	Salat-Zichorie; Zichorie; Wegwarte, gemeine	chicory; wild succory; French endive; witloof
Cirsium arvense	Acker-Distel; Acker-Kratzdistel	thistle, creeping
Citrullus vulgaris	Wassermelone	watermelon
Citrus aurantifolia		lime
— *aurantium*	Sauerorange	common orange; Seville orange; bitter orange
— *limon*	Limone	lemon
— *maxima*	Pampelmuse	grapefruit
— *medica*	Zitrone	citron

Citrus nobilis	Mandarine	mandarin orange; King orange
— *sinensis*	Süßorange; Apfelsine; Orange	sweet orange
Clarkia spec.	Clarkie	clarkia
Cleome spinosa		spider-flower
**Clivia* spec.	Riemenblatt	Caffre lily; Natal lily
Convolvulus arvensis	Ackerwinde	bindweed; cornbirne; bearbine
— *tricolor*	Winde, dreifarbige	—, threecoloured
Coreopsis douglasii		
*— *drummondii*	Mädchenauge; Wanzenblume	tickseed
Coriandrum sativum	Koriander	coriander
Cornus mas	Kornelkirsche	cornelian cherry
Corylus avellana	Haselnuß-Strauch	hazel-nut
**Cosmos* spec.	Schmuckkörbchen	cosmos
Cotoneaster harroviana	Zwergmispel; Steinquitte	cotoneaster; rockspray
Crinum giganteum	Liliendolde	lily asphodel
— *imbricatum*	—	— —
Cucumis anguria	Angurien-Gurke; Birn-Gurke	bur-gherkin; West Indian gherkin
— *maderaspatanus*		
— *melo*	Melone	cantaloupe; muskmelon
— *sativus*	Gurke	cucumber
Cucurbita ficifolia	Kürbis, schwarzfrüchtiger	
— *maxima*	—	squash; pumpkin
— *pepo*	—	pumpkin; vegetable marrow; gowd
Cuscuta spec.	Seide	dodder
— *campestris*	—	—
— *gronovii*	—, amerikanische	—
— *subinclusa*	—	—
Cyamopsis psoraloides		—
— *tetragonoloba*		guar
Cymbidium spec.	Kahnorche	cymbidium
Cynara scolymus	Artischocke	globe artichoke
Cyphomandra betacea	Baum-Tomate; Tomatenbaum	tree tomato
Cytisus spec.	Kleestrauch	broom
— *hirsutus*	—	—
Dactylis glomerata	Knaulgras	cock's-foot
Dahlia spec.	Dahlie	dahlia
— *imperata*		
— *maxonii*		
— *pinnata*		
— *variabilis*	Dahlie	dahlia
Daphne mezereum	Seidelbast	mezereon
— *odora*	—, wohlriechender	daphne
Datura spec.	Stechapfel	thorn-apple; jimsonweed
— *ferox*		
— *metel*	—, weichhaariger	thorn-apple, downy
*— *meteloides*		
— *stramonium*	—	—; jimson-weed

Datura tatula	Stechapfel	thornapple; — —
*— *wrightii*		
Daucus carota	Möhre	carrot
Delphinium spec.	Rittersporn	larkspur
— *consolida*	Feld-Rittersporn	forking larkspur
— *grandiflorum*	Rittersporn, großblumiger	larkspur, largeflowered
**Dendrobium* spec.		
Desmodium canadense		tick-clover; tick-trefoil
Dianthus barbatus	Bart-Nelke	sweet William
— *caryophyllus*	Garten-Nelke	clove pink; carnation
**Dieffenbachia* spec.	Dieffenbachie	dumb-cane
Digitalis spec.	Fingerhut	foxglove
— *purpurea*	—, roter	—
Digitaria ischaemum	Faden-Fingerhirse	
— *sanguinalis*	Blut-Hirse	crabgrass
Dimorphotheca aurantiaca	Kapkörbchen	orange daisy, African; Cape marigold
Dipsacus silvestris	Karde, wilde	teasel, wild; teasel, common
Dorotheanthus bellidiformis	Mittagsblume	fig-marigold
Duchesnea indica	Erdbeer-Duchesnea	strawberry, Indian
Echinacea purpurea	Purpur-Igelkopf	purple coneflower
Echinochloa colona		
— *crus-galli*	Hühner-Hirse	Barnyard grass
Emilia spec.	Emilie	
— *sagittata*	—, pfeilblättrige	tasselflower
Epidendrum spec.	Baumwurzler	
Epiphyllum spec.	Blatt-Kaktus; Weihnachts-Kaktus	christmas cactus
— *bridgesii*		
— *harrisonii*		
— *hybridum rubrum*		
— *rosa amabilis*		
— *salmoneum*		
— *superbum*		
— *truncatum*	Glieder-Blattkaktus, gestutzter	crab cactus
— *violaceum*		
Eragrostis cilianensis	Liebesgras	stink grass
Eriobotrya japonica	Mispel, japanische; Loquate	loquat; Japan medlar
**Erlangea tomentosa*		
Eruca sativa	Rauke, gemeine	garden-rocket;rocket,Roman
Eucomis auctumnalis (= *E. undulata*)	Lilienschopf	pine apple flower
— *undulata* (= *E. auctumnalis*)	Lilienschopf	pine apple flower
Euphorbia heterophylla	Poinsettie	Mexican fire-plant
— *hirta*		
Evonymus fortunei var. *radicans*		
— *japonica* var. *aureo-marginata*	Spindelbaum, japanischer	
Exacum affine	Bitterkraut, himmelblaues	
Fagopyrum sagittatum	Buchweizen	buckwheat
Ficus spec.	Feige	fig

Ficus altissima	Feige	fig
— *carica*	—, gemeine	—
— *krishna*		
— *palmata*		
— *tsida*		
Foeniculum vulgare	Fenchel	fennel
Fragaria chiloensis	Erdbeere, chilenische	
— *cuneifolia*		
— *grandiflora*	—; Kultur-Erdbeere	strawberry
— *vesca*	Wald-Erdbeere	woodland strawberry; sow-teat strawberry; wild strawberry
— *virginiana*	Scharlach-Erdbeere	scarlet strawberry
Fraxinus americana	Esche, amerikanische	ash, white
— *excelsior*	—	—, common
— *pennsylvanica*		—, red
— *pubescens*		
Freesia spec.	Freesie	freesia
Fritillaria pudica	Schachblume	fritillary
Fuchsia spec.	Fuchsie	fuchsia
— *boliviana*	Bolivia-Fuchsie	
— *corymbiflora*	Fuchsie, doldentraubige	
Fumaria officinalis	Erdrauch, echter	fumitory
Gaillardia spec.	Kokardenblume	blanket flower
Galtonia candicans	Sommerhyazinthe, weiße	summer hyacinth; spire lily
Gerbera spec.	Gerbera	gerbera
Gesneria spec.	Gesnerie	gesneria
Geum chiloense	Nelkenwurz, chilenische	avens
Gladiolus spec.	Gladiole	gladiolus; cornflag
Glycine soja	Soja	soya bean; soybean
**Godetia* spec.	Godetie	
Gomphrena globosa	Kugelamarant, echter	globe-amaranth; immortelle
Gossypium spec.	Baumwolle	cotton
Hedysarum coronarium	Kronen-Süßklee	honeysuckle, French
Helianthus annuus	Sonnenblume	sunflower, common
Helichrysum bracteatum	Strohblume	strawflower
Heracleum sphondylum	Bärenklau	heltrot; hogweed
Hermodactylus tuberosus (= *Iris tuberosa*)	Wolfsschwertel, knolliger	snake's head
Hesperis matronalis	Nachtviole, gemeine	dame's-violett; queen's gilliflower
Hibiscus cannabinus	Eibisch, hanfblättriger	hemp mallow
— *esculentus*	Okra	okra; gombo
Hippeastrum spec.	Ritterstern	
— *aulicum* (= *Amaryllis aulicum*)	—, gekrönter	
— *johnsoni* (= *Hymenocallis johnsonii*)		
— *reginae* (= *Amaryllis reginae*)	Königin-Ritterstern	Mexican lily
— *rutilum* (= *Amaryllis rutila*)	Ritterstern, gelbroter	
Hordeum jubatum		wild barley

Hordeum vulgare	Gerste	barley
Hoya carnosa	Porzellanblume; Wachsblume	wax flower plant, fleshy leaved
Humulus lupulus	Hopfen	hop
Hyacinthus orientalis	Hyazinthe, Garten- oder morgenländische	hyacinth, common
Hydrangea cinerea (= *H. sterilis*)	Hortensie, aschgraue	hydrangea
— *macrophylla*	—	—, common
— *sterilis* (= *H. cinerea*)	—, aschgraue	—
Hymenocallis johnsonii (= *Hippeastrum johnsoni*)	Ritterstern	
— *occidentalis*	Schönhäutchen; Schwielenlilie	spider lily
— *pauciflora*		
— *solandriflora*		
— *tenuiflora* (= *Leptochiton quitoensis*)		
Hyoscyamus spec.	Bilsenkraut	henbane
— *niger*	—	—
Iberis umbellata	Schleifenblume	candytuft
Impatiens spec.	Springkraut	balsam; jewelweed
*— *balsamina*	Garten-Springkraut	balsam
*— *holstii*	Fleißiges Lieschen	
*— *sultani*	— —	
Iris filifolia	Iris; Schwertlilie	iris
— *germanica*	Schwertlilie, deutsche	—, common
— *mesopotamica* (= *I. ricardi*)		
— *pumila*	Zwerg-Schwertlilie; Zwerg-Iris	
— *ricardi* (= *I. mesopotamica*)		
— *tectorum*		
— *tingitana*		
— *tuberosa* (= *Hermodactylus tuberosus*)	Wolfsschwertel, knolliger	snake's head iris
— *unguicularis*	Schwertlilie	
— *xiphium*	—, spanische	Spanish iris
Isatis tinctoria	Waid	woad; common dyer's weed
Isoloma spec.	Gleichsaum	
— *erianthum* (= *I. hirsutum*)	—, rauhhaariger	
— *hirsutum* (= *I. erianthum*)	—, —	
Jasminum officinale	Jasmin, echter	jasmin, common
— *revolutum*	—	
Kitaibelia vitifolia	Kitaibelie, rebblättrige	
Laburnum alpinum	Alpen-Goldregen	Scotch laburnum
— *anagyroides*	Goldregen, gemeiner	golden rain; golden chain; laburnum, common
— *vossii* (= *L. waterei*)	—	—; laburnum
— *vulgare*	—, gemeiner	—; golden chain; laburnum, common
— *waterei* (= *L. vossii*)	—	— —; laburnum

Lachenalia spec.	Lachenalie	leopard lily
Lactuca angustana		
— *livida*		
— *muralis*	Mauer-Lattich	wall lettuce; lettuce, ivy-leaved
— *saligna*	Weiden-Lattich	lettuce, willow-leaved
— *sativa*	Salat	garden lettuce; lettuce, common
— *scariola*	Stachel-Lattich	prickly lettuce
— *serriola*	— —	— —
— *virosa*	Gift-Lattich	
Laeliocattleya shoshone		
Lamium hybridum	Taubnesse	dead-nettle, cutleaved
Lapsana communis	Rainkohl	nipplewort
Lathyrus spec.	Platterbse	chickling; vetchling
— *cicera*		flat pod pea vine; dwarf chickling-vetch
— *hirsutus*	—, haarige	vetchling, hairy; hairy bittervetch
— *latifolius*	Garten-Platterbse	everlasting pea
— *odoratus*	Garten-Wicke; Wicke, wohlriechende	sweet pea; various pea
— *sativus*	Kicherling	chickling vetch; chickling pea; grass pea
— *tingitanus*	Platterbse, tangerische	tangier pea
Lavatera arborea	Lavatere, baumartige	tree mallow
— *trimestris*	Sommer-Lavatere	lavatera, three-monthly
**Layia* spec.		
Lens culinaris	Linse	lentil
— *esculenta*	—	—
Lepidium sativum	Garten-Kresse	garden cress
Leptochiton quitoensis (= *Hymenocallis tenuiflora*)		
Lespedeza formosa	Lespedezie	lespedeza, common
— *striata*	Klee, japanischer; Lespedezie	Japanese clover
Levisticum officinale	Liebstöckel	lovage
Liatris spicata	Prachtscharte	button-snakeroot; blazing-star
Ligustrum vulgare	Liguster	privet, common
Lilium spec.	Lilie	lily
— *amabile*		
— *auratum*	Goldband-Lilie	— of Japan, golden-rayed
— *batemanniae*		
— *bulbiferum*	Feuer-Lilie	
— *canadense*	Lilie, kanadische	lily, wild yellow; Canada lily
— *candidum*	—, weiße	white lily; madonna lily
— *cernuum*		
— *chalcedonicum*	—, brennende; Scharlach-Türkenbund	
— *croceum*	—, safranfarbige	orange lily
— *dauricum*		
— *elegans*		lily
— *formosanum*		

Lilium giganteum	Lilie, riesige	
— *henryi*		
— *leucanthum*	—, tausendblättige	
— *longiflorum*	Königslilie, japanische	white trumpet lily
— *myriophyllum*	Lilie, tausendblättrige	
— *regale*	Königslilie	
— *sargentiae*		
— *speciosum*	Prachtlilie	
— *superbum*	Lilie, stolze	turk's-cap-lily
— *tenuifolium*	—, feinblättrige	
— *testaceum*		
— *tigrinum*	Tiger-Lilie	tiger lily
— *umbellatum*		
Linaria bipartita	Leinkraut, zweiteiliges	toad-flax
— *cymbalaria*	—, efeublättriges	— —, ivy-leaved; penny-leaf; pennywort
Lolium multiflorum (= *L. italicum*)	Ray-Gras, italienisches	rye-grass, Italian
— *perenne*	—, englisches	— —
Lonicera periclymenum	Wald-Geißblatt	honeysuckle
Lunaria spec.	Silberblatt	honesty
— *annua*	—, stumpfes	—
Lupinus albus	Lupine, weiße	lupine, white
— *angustifolius*	—, blaue	—, blue
— *densiflorus*		
— *hartwegii*		
*— *leucophyllus*		
— *luteus*	—, gelbe	—, yellow
— *mutabilis*		
— *nanus*		
*— *polyphyllus*	—, vielblättrige	—
Lycium barbarum	Bocksdorn	box thorn
*— *ferocissimum*		
— *halimifolium*	—, gemeiner	duke of Argyll's tea-plant; matrimony-vine, common
— *rhombifolium*	—	
Lycopersicon esculentum	Tomate	tomato
*— *pimpinellifolium*		currant tomato
Malcolmia maritima	Meerstrandslevkoje	virginian stock
Malus pumila var. *domestica*	Apfel	apple
Malva spec.	Malve	mallow
— *borealis* (= *M. rotundifolia*	—, nordische	—, round-leaved
— *mauritanica*	Algier-Malve	— of Mauritius
— *pusilla*	Malve	—, round-leaved
— *silvestris*	—, wilde	— of woodlands
— *verticillata*	—, quirlblättrige	—, whorled
Malvastrum capense	Kap-Scheinmalve	cap mallow; mallow, false
— *coromandelianum*	Scheinmalve	mallow, false
Martynia spec.	Martynie	ram's-horn; unicorn-plant
Matthiola spec.	Levkoje	stock; gilliflower
— *annua*	—	—; —
— *bicornis*	Garten-Levkoje	—, night scented
— *incana*	Winter-Levkoje; Garten-Levkoje, gemeine	—; gilliflower

Medicago spec.	Luzerne	lucerne; alfalfa
— *arabica*		medick, spotted
— *hispida*		bur-clover
— *sativa*	Luzerne	lucerne; alfalfa
— *varia*	Bastard-Luzerne	sand lucerne
Melilotus spec.	Steinklee	melilot, sweet clover
— *albus*	—, weißer	—, white; white sweet clover; Bokhara clover
— *indica*	—, kleinblütiger	melilot, small-flowered
— *officinalis*	—, gelber	field-melilot; yellow sweet clover
Mentha piperita	Pfefferminze	peppermint
Micrampelis lobata		
Mimulus spec.	Gauklerblume	monkey-flower
— *luteus*	—, gelbe	— —
Modiola decumbens		
Monstera deliciosa	Monstera	monstera
Mucuna pruriens	Juckbohne; Juckfasel	cowitch; cowage
Musa spec.	Banane	banana
Muscari comosum	Schopf-Träubel	tassel hyacinth
Myosotis alpestris	Vergißmeinnicht	forget-me-not
— *arvensis*	Acker-Vergißmeinnicht	— — —, common; field scorpion-grass
Narcissus spec.	Narzisse	narcissus
— *jonquilla*	Jonquillen-Narzisse	jonquil
— *pallidiflorus* (= *N. pallidus praecox*)		
— *pallidus praecox* (= *N. pallidiflorus*)		
— *poeticus*	Dichter-Narzisse	poet's narcissus; pheasant's eye
— *pseudo-narcissus*	Narzisse, gemeine; Trompeten-Narzisse	daffodil; narcissus, wild
— *tazetta*	Tazetten-Narzisse, Tazette	daffodil, French
— *triandrus*	Narzisse, dreimännige	
**Nicandra physaloides*	Giftbeere	apple-of-Peru
**Nicotiana acuminata*		
*— *alata*		
*— *atropurpurea*		
— *bigelovii*		
— *calyciflora*		
*— *chinensis*		
— *clevelandi*		
— *glauca*	Baum-Tabak	tree tobacco
— *glutinosa*		
— *langsdorffii*		
*— *longiflora*		
*— *macrophylla*		
— *multivalvis*		
*— *paniculata*		
*— *pauciflora*		
— *quadrivalvis*		
— *repanda*		

Nicotiana rustica	Bauern-Tabak	tobacco, Indian; tobacco, wild
*— *sanderae**		
*— *suaveolens**		
— *sylvestris*		
*— *tabacum**	Tabak, gemeiner	tobacco, common
— *texana*		
Nolana lanceolata	Glockenwinde	Chilian bell-flower
Ocimum basilicum	Basilienkraut; Basilikum	basil
Ornithogalum spec.	Milchstern	star of Bethlehem
— *thyrsoides*	—	— — —
Ornithopus sativus	Serradella	bird's claws; serradella
Oryza sativa	Reis	rice
Paeonia spec.	Päonie; Pfingstrose	peony
Palaua malvaefolia	Palavie	
Pandanus spec.	Schraubenbaum	pandang oil plant; screw pine
Panicum capillare		witch grass
— *miliaceum*	Hirse, echte	millet
Papaver spec.	Mohn	poppy
— *nudicaule*	—, isländischer	
— *orientale*	—, morgenländischer	—, oriental
— *rhoeas*	Klatsch-Mohn	field poppy
— *somniferum*	Mohn	opium poppy
Passiflora coerulea	Passionsblume, blaue	passion-flower, common blue
Pastinaca sativa	Pastinak	parsnip
Pelargonium spec.	Pelargonie	French geranium
— *hederaceum*		
— *peltatum*	Efeu-Pelargonie, Schild-Pelargonie	geranium, ivy-leaved
— *zonale*	Pelargonie	horse-shoe-geranium; scarlet storck's bill
Pentstemon spec.	Bartfaden	beard-tongue
— *hartwegii*	—	— —
Pereskia (= *Peireskia*) *aculeata*	Laubkaktus, bestachelter; Pereskie	lemon vine; blade apple
Petroselinum hortense	Petersilie	parsley
Petunia spec.	Petunie	petunia; garden petunia
— *hybrida*	—	—; — —
Phacelia campanularia	Büschelschön, glockenförmiges	scorpion-weed
— *viscida*	—, klebriges	— —
Phaseolus acutifolius		tepary bean
— *aureus*		mung bean
— *coccineus*	Prunkbohne	scarlet bean
— *lunatus*	Limabohne	Lima bean, butter bean
— *vulgaris*	Gartenbohne	French bean, kidney bean
— —	Buschbohne	dwarf bean
— —	Stangenbohne	runner bean, pole bean
Philodendron corsinianum	Baumlieb, Baumfreund	
Phleum pratense	Wiesen-Lieschgras; Timotheus-Gras	timothy grass; herds grass

Phlox spec.	Phlox; Flammenblume	phlox
— *decussata*	Flammenblume, rispige; Phlox	—
— *paniculata*	Stauden-Phlox; Herbstflieder	—, perennial
Photinia arbutifolia	Glanzmispel	tollon; christmas-berry
Phyllocactus gaertneri	Glieder-Blattkaktus	
Physalis spec.	Judenkirsche; Blasenkirsche	ground cherry; winter cherry
— *angulata*	—; —	— —; — —
— *floridana*	—; —	— —; — —
— *franchetti*	—	winter cherry
*— *minima*		
— *peruviana*	Ananaskirsche; Judenkirsche, eßbare	Brazil cherry; Cape gooseberry; gooseberry tomato
Pirus communis	Birne	pear
Pisum spec.	Erbse	pea
— *arvense*	Feld-Erbse	—; field pea
— *melanocarpum*		
— *sativum*	Erbse	—; garden pea
Plantago lanceolata	Spitz-Wegerich	ribwort; rib-grass
*— *major*	Breit-Wegerich	plantain; way-bread
Pogostemon patchouli	Patchouli-Pflanze	patchouli oil plant
Polygonum convolvulus	Winden-Knöterich	black bindweed
Poncirus trifoliata		trifoliate orange
Populus balsamifera	Balsam-Pappel	balsam-poplar
— *canadensis*	Pappel, kanadische	poplar, black Italian
**Primula malacoides*	Flieder-Primel	primrose
— *obconica*	Becher-Primel	—
— *sinensis*	Primel, chinesische; Himmelsschlüssel, chinesischer	—
Prunella (= *Brunella*) *vulgaris*	Brunelle, kleine	selfheal
Prunus amygdalus	Mandel	almond
— *armeniaca*	Aprikose	apricot
— *avium*	Süßkirsche; Vogelkirsche	sweet cherry; gean mazzard
— *cerasifera*	Kirsch-Pflaume	cherryplum
— *cerasus*	Sauer-Kirsche	sour cherry
— *domestica*	Pflaume; Zwetschge	plum; greengage; garden plum
— *insititia*	Haferpflaume	bullace; greengage; mirabelle plum
— *mahaleb*	Weichsel-Kirsche; Felsen-Kirsche	rock cherry
— *persica*	Pfirsich	peach
— *pissardi*		
— *salicina*		plum, Japanese
— *serotina*	Trauben-Kirsche, spätblühende	black cherry; rum cherry
— *serrulata*	Kirsche, grannenzähnige	
— *sinensis*		
— *spinosa*	Schlehe; Schwarzdorn	sloe; blackthorn
— *triloba*	Mandelbäumchen	
Ptelea trifoliata	Lederstrauch, gemeiner	hop tree
Ranunculus spec.	Hahnenfuß	crowfoot; buttercup

Ranunculus asiaticus	Ranunkel, asiatische	garden ranunculus
Raphanus raphanistrum	Hederich, gemeiner	hedge mustard; wild radish runch; jointed charlock
— *sativus*	Radies; Rettich	radish
Reseda spec.	Reseda	mignonette
— *odorata*	—, duftende, wohlriechende	—
Rheum spec.	Rhabarber	rhubarb
Rhipsalis rosea	Binsen-Kaktus; Ruten-Kaktus	
Rhododendron spec.	Alpenrose; Azalee	rhododendron; azalea
Rhynchosia minima		
Ribes grossularia	Stachelbeere	gooseberry
— *nigrum*	Johannisbeere, schwarze	black currant
— *rubrum*	—, rote	red currant
Roripa nasturtium-aquaticum	Brunnen-Kresse	water-cress; water-cress, true; water-cress, common
Rosa spec.	Rose	rose
— *arvensis*	Feld-Rose	—, trailing
— *canina*	Hunds-Rose; Hecken-Rose	dog-rose
— *chinensis*	Edel-Rose; Rose, indische	China rose; monthly rose
— *choroa*		
— *eglanteria*	Wein-Rose	sweet brier; eglantine
— *gallica*	Essig-Rose; Zucker-Rose; Samt-Rose	rose, common
— *gymnocarpa*		
— *hornless*		
— *hugonis*		
— *lucida*	Rose, glänzende	
— *moyesii*		
— *multiflora*	Büschel-Rose	
— *noisettiana*	Noisette-Edelrose	
— *nutkana*		
— *odorata*	Tee-Rose; Rose, indische	tea rose
— *rugosa*	Rose, runzlige; Kartoffel-Rose	ramanas rose
— *setigera*	Prärie-Rose	prairie rose
— *wichuraiana*	Wichuras-Rose	memorial rose
Rubus hybr.	Boysenbeere	boysenberry
— —	Laxtonbeere	laxtonberry
— —	Youngbeere	youngberry
— *affinis*		
— *ammobium*		
— *bellardii*		
— *carpinifolius*		
— *foliosus*		
— *fruticosus*	Brombeere	bramble, common; blackberry
— *gratus*		
— *henryi*		
— *idaeus*	Himbeere	raspberry; wild raspberry
— *laciniatus*	Brombeere, geschlitztblättrige	black-berry, cut-leaved

Rubus loganobaccus	Loganbeere	loganberry
— *occidentalis*		raspberry, black; thimbleberry
— *parviflorus*	Nutka-Himbeerstrauch	thimbleberry; salmon berry
— *plicatus*		bramble, common; blackberry
— *pyramidalis*		
— *saxatilis*	Steinbeere	stone bramble
Rumex acetosa	Sauerampfer, großer	sorrel
— *acetosella*	Sauerampfer, kleiner	sheep's sorrel
— *crispus*	Ampfer, krauser	dook, curled
— *lanceolatus*		
— *obtusifolius*	—, stumpfblättriger	dock, broad-leaved
— *patientia*	Garten-Ampfer	herb patience
— *pulcher*	Ampfer, schöner	fiddle dock
Saccharum officinarum	Zuckerrohr	sugarcane
Saintpaulia ionantha	Usambara-Veilchen	African violet; Usambara violet
**Salpichroa rhomboides*		
Salpiglossis spec.	Trompetenzunge	painted tongue; velvet flower
— *sinuata*	Garten-Trompetenzunge	— —; — —
Salvia spec.	Salbei	sage
— *sclarea*	Muskat-Salbei	clary
— *splendens*	Salbei, glänzende	scarlet sage
Sambucus nigra	Holunder	elder
Samolus parviflorus	Bunge	water pimpernel
Sanvitalia procumbens	Sanvitalie, niederliegende	
Satureja hortensis	Bohnenkraut, einjähriges	summer-savory
Scabiosa spec.	Skabiose	scabious
— *atropurpurea*	Purpur-Skabiose	—
Schizanthus spec.	Spaltblume	butterfly flower
— *pinnatus*	—	— —
— *wisetonensis*	—	— —
Secale cereale	Roggen	rye
Senecio cruentus	Cinerarie	cineraria
— *jacobaea*	Jakobs-Kreuzkraut	ragwort; ragweed
— *vulgaris*	Kreuzkraut, gewöhnliches	groundsel, common; grinsel
Setaria italica	Kolbenhirse	foxtail; millet, German
— *verticillata*	Wirtel-Borstenhirse	foxtail, bristly
— *viridis*	Borstenhirse	bristle-grass, green
Sida acuta		
— *cordifolia*		
— *glaziovii*		
— *mollis*		
— *purpurascens*		
— *rhombifolia*		Queensland hemp
Sidalcea candida	Doppelmalve, weiße	checker bloom
Silene orientalis	Leimkraut	catchfly
Sinapis arvensis	Acker-Senf; Senf, wilder	mustard, wild; charlock; kedlock; kilk
Sinningia spec.	Gloxinie; Garten-Gloxinie	gloxinia
— *speciosa*	—	—
Sisymbrium officinale	Weg-Rauke	hedge mustard

**Solanum aculeatissimum*		
— *capsicastrum*	Beißbeer-Nachtschatten	
— *demissum*		
— *dulcamara*	Bittersüß	bittersweet; nightshade, woody; felonwood
*— *laciniatum*		
*— *marginatum*		
— *melongena*	Eierfrucht; Aubergine	egg plant; aubergine; jew's apple
*— *miniatum*		
— *muricatum*		melon pear; melon shrub
— *nigrum*	Nachtschatten, schwarzer	garden nightshade; nightshade, black
— *nodiflorum*		
*— *pocote*		
*— *pseudocapsicum*	Korallenstrauch	Jerusalem cherry
*— *sanitwongsii*		
*— *seaforthianum*		
*— *sodomaeum*	Sodomsapfel	
— *tuberosum*	Kartoffel	potato
— *villosum*	Nachtschatten, gelber	
Sonchus arvensis	Acker-Gänsedistel	corn-sow-thistle; milk-thistle
— *asper*	Gänsedistel, rauhe	sow-thistle, sharp-fringed
— *oleraceus*	—, gemeine	—, annual
Sorbus aucuparia	Eberesche	rowan; mountain ash
— *pallescens*		
Sorgum bicolor	Mohrenhirse	sorghum
— *halepense*	Aleppo-Bartgras	Cuba grass; Aleppo millet grass
— *sudanense*	Sudangras	Sudan grass
Spinacea oleracea	Spinat	spinach
Spiraea pumila	Spierstrauch	spiraea
**Stapelia* spec.	Aasblume; Stapelie	carrion flower
Stellaria media	Vogelmiere	chickweed; starwort
Stizolobium spec.		velvet bean
**Streptocarpus* spec.	Drehfurcht	
Streptosolen jamesonii	Drehkrone	
Syringa vulgaris	Flieder	lilac, common
Tagetes erecta	Sammetblume, aufrechte; Studentenblume	marigold, African
Taraxacum officinale	Löwenzahn	dandelion
Tetragonia expansa	Neuseeländer Spinat	New Zealand spinach; prolific spinach
— *tetragonoides*	— —	— — —; — —
Thlaspi arvense	Acker-Hellerkraut	field penny-cress
Tilia cordata	Winter-Linde	lime, small-leaved
— *platyphyllos*	Sommer-Linde	—, large-leaved
Tithonia rotundifolia	Tithonie	
Trachelium spec.	Halskraut	throatwort
*— *caeruleum*	—	—
Trifolium spec.	Klee	clover, true

Trifolium fragiferum	Erdbeer-Klee	strawberry-clover
— *glomeratum*		clover, clustered
— *hybridum*	Schweden-Klee	alsike-clover; clover, Swedish
— *incarnatum*	Inkarnat-Klee	crimson clover
— *pratense*	Rot-Klee	red clover; purple clover; broad red clover
— *repens*	Weiß-Klee; Ladino-Weißklee	white clover, Dutch clover; ladino clover
— *resupinatum*	Klee, persischer	clover, Persian
— *subterraneum*	—, bodenfrüchtiger	—, subterranean
Triticum aestivum	Weizen; Saat-Weizen, gemeiner	wheat
— *durum*	Hart-Weizen	hard wheat; flint wheat
Tropaeolum spec.	Kapuzinerkresse	Indian cress
— *majus*	—	— —, large; nasturtium
Tulipa spec.	Tulpe	tulip
— *clusiana*	Clusius-Tulpe	lady tulip
— *eichleri*		
— *gesneriana*	Garten-Tulpe	garden tulip, common
— *greigii*		
— *linifolia*	Tulpe	
— *richteri*	—	
Tussilago farfara	Huflattich	coltsfoot
Ulmus americana	Ulme, amerikanische	elm, American; elm, white
— *campestris*	Feld-Ulme	—, English
— *glabra*		wych elm; Scotch elm
— *pumila*		dwarf elm
Urginea maritima	Meerzwiebel, gemeine	sea onion; squill
Urospermum picroides	Schwanzsame	sheep's beard
**Urtica dioica*	Brennessel, große	nettle, great; nettle, common; nettle, larger stinging
Verbena spec.	Eisenkraut	vervain
— *canadensis*	—	—
— *hybrida*	—	—
Verbesina encelioides	Enzelien-Verbesine	crown-beard
Veronica spec.	Ehrenpreis	speedwell
Vicia americana	Wicke	vetch
— *dasycarpa*		
— *faba*	Ackerbohne; Pferdebohne; Puffbohne	broad bean; horse bean; Windsor bean; Scotch bean
— *lathyroides*	Kicherwicke; Frühlings-Zwergwicke	chickling-vetch; spring-vetch
— *narbonensis*	Narbonner Wicke	narbonne vetch
— *pannonica*	Wicke, ungarische; Wicke, pannonische	vetch, Hungarian
— *sativa*	Saat-Wicke	vetch, common; tare
— *villosa*	Zottel-Wicke	vetch, Russian
Vigna sesquipedalis		asparagus bean
Vigna sinensis	Kundebohne	cow-pea
Vinca minor	Singrün, kleines; Immergrün	periwinkle, common
— *rosea*	—, rosenrotes	old maid; periwinkle

Viola spec.	Veilchen	violet
— *cornuta*	Horn-Veilchen	—, Pyrenean
— *tricolor*	Stiefmütterchen	pansy
Vitis vinifera	Weinrebe, echte	grape vine
Zantedeschia spec.	Zimmer-Calla	calla
— *aethiopica*	—, Papierblume	—; arum lily
— *elliottiana*		
— *rehmannii*		
Zea mays	Mais	corn, maize
Zigadenus fremontii		
Zinnia spec.	Zinnie	zinnia
— *elegans*	—	—; youth and age

Deutsch — lateinisch — englisch

*Aasblume	*Stapelia* spec.	carrion flower
Ackerbohne	*Vicia faba*	broad bean; horse bean
Acker-Distel	*Cirsium arvense*	thistle, creeping
Acker-Gänsedistel	*Sonchus arvensis*	corn-sow-thistle; milk-thistle
Acker-Hellerkraut	*Thlaspi arvense*	field penny-cress
Acker-Kratzdistel	*Cirsium arvense*	thistle, creeping
Acker-Senf	*Brassica arvensis*	mustard, wild
— —	*Sinapis arvensis*	charlock; kedlock; kilk
Acker-Vergißmeinnicht	*Myosotis arvensis*	field scorpion-grass; forget-me-not, common
Ackerwinde	*Convolvus arvensis*	bindweed; cornbirne; bearbine
Akelei	*Aquilegia* spec.	columbine
—, blaue	— *coerulea*	—
*—	— *vulgaris*	—
Aleppo-Bartgras	*Sorgum halepense*	Aleppo milliet grass; Cuba grass
Algier-Malve	*Malva mauritanica*	mallow-of-Mauritius
Alonsoa	*Alonsoa warscewiczii*	alonsoa
Alpen-Goldregen	*Laburnum alpinum*	Scotch laburnum
Alpenrose	*Rhododendron* spec.	rhododendron; azalea
Amarant	*Amaranthus tricolor*	amaranth
—, weißer	— *albus*	tumbleweed; coxcomb, white
Amaryllis	*Amaryllis* spec.	
Ampfer, kleiner	*Rumex acetosella*	sheep's sorrel
—, krauser	— *crispus*	dock, curled
—, schöner	— *pulcher*	—, fiddle
—, stumpfblättriger	— *obtusifolius*	—; broad-leaved
Ananas	*Ananas sativus*	pine-apple
Ananaskirsche	*Physalis peruviana*	Brazil cherry; cape gooseberry
Angurien-Gurke	*Cucumis anguria*	bur-gherkin; gherkin, West Indian
Apfel	*Malus pumila* var. *domestica*	apple
Apfelsine	*Citrus sinensis*	sweet orange

Aprikose	*Prunus armeniaca*	apricot
Aronstab	*Arum* spec.	arum
Artischocke	*Cynara scolymus*	globe artichoke
Aster	*Aster* spec.	aster; starwort
Bärenklau	*Heracleum sphondylum*	heltrot; hogweed
Balsam-Pappel	*Populus balsamifera*	balsam-poplar
Banane	*Musa* spec.	banana
Bartfaden	*Pentstemon* spec.	beard-tongue
—	— *hartwegii*	— —
Bart-Nelke	*Dianthus barbatus*	sweet William
Basilienkraut	*Ocimum basilicum*	basil
Basilikum	— —	—
Bastard-Luzerne	*Medicago varia*	sandlucerne
Bauern-Tabak	*Nicotiana rustica*	tobacco, Indian; tobacco, wild
Baumfreund	*Philodendron corsinianum*	
Baumlieb	— —	
Baum-Tabak	*Nicotiana glauca*	tree tobacco
Baum-Tomate	*Cyphomandra betacea*	— tomato
Baumwolle	*Gossypium* spec.	cotton
Baumwurzler	*Epidendrum* spec.	
Becher-Primel	*Primula obconica*	primrose
Begonie	*Begonia* spec.	begonia
—, immerblühende	— *semperflorens*	
Beißbeer-Nachtschatten	*Solanum capsicastrum*	
Belladonnen-Amaryllis	*Amaryllis belladonna*	belladonna lily
Berg-Ahorn	*Acer pseudoplatanus*	sycamore
Beta-Rübe	*Beta vulgaris*	beet
Bilsenkraut	*Hyoscyamus* spec.	henbane
—	— *niger*	—
Binsen-Kaktus	*Rhipsalis rosea*	
Birke	*Betula pendula*	silver birch
Birne	*Pirus communis*	pear
Birn-Gurke	*Cucumis anguria*	bur-gherkin; gherkin, West Indian
Bitterkraut, himmelblaues	*Exacum affine*	
Bittersüß	*Solanum dulcamara*	bittersweet; nightshade, woody; felonwood
Blasenkirsche	*Physalis* spec.	ground cherry; winter cherry
—	— *angulata*	— —; — —
—	— *floridana*	— —; — —
Blatt-Kaktus	*Epiphyllum* spec.	christmas cactus
Blumenkohl	*Brassia oleracea* var. *botrytis*	cauliflower; broccoli
Blut-Hirse	*Digitaria sanguinalis*	crabgrass
Bocksdorn	*Lycium barbarum*	box thorn
—	— *rhombifolium*	
—, gemeiner	— *halimifolium*	duke of Argyll's tea-plant; matrimony-vine, common
Bohnenkraut, einjähriges	*Satureja hortensis*	summer-savory
Bolivia-Fuchsie	*Fuchsia boliviana*	
Borstenhirse	*Setaria viridis*	bristle-grass, green

Boysenbeere	*Rubus* hybr.	boysenberry
*Brandschopf	*Celosia* spec.	celosia
*Breit-Wegerich	*Plantago major*	plantain; way-bread
*Brennessel, große	*Urtica dioica*	nettle, great; nettle, larger stinging; nettle, common
Brombeere	*Rubus fruticosus*	bramble, common; blackberry
—, geschlitztblättrige	— *laciniatus*	black-berry, cut-leaved
Browallie	*Browallia speciosa*	browallia
Brunelle, kleine	*Brunella* (= *Prunella*) *vulgaris*	self-heal
*Brunfelsie	*Brunfelsia* spec.	
Brunnenkresse	*Roripa nasturtium-aquaticum*	water-cress; water-cress, common
Buchweizen	*Fagopyrum sagittatum*	buckwheat
Buddleia	*Buddleia davidii* (= *B. variabilis*)	
Büschel-Rose	*Rosa multiflora*	
Büschelschön, glockenförmiges	*Phacelia campanularia*	scorpion-weed
—, klebriges	— *viscida*	— —
Bunge	*Samolus parviflorus*	water pimpernel
Buschbohne	*Phaseolus vulgaris*	French bean; kidney bean; dwarf bean
Busch-Windröschen	*Anemone nemorosa*	wood anemone
Chinakohl	*Brassica chinensis*	Chinese cabbage; Chinese mustard; pek-choi
—	— *pekinensis*	Chinese cabbage; petsai cabbage; celery cabbage
—	*Brassica pe-tsai*	petsai cabbage; Chinese cabbage
Chrysantheme	*Chrysanthemum indicum*	chrysanthemum
Cinerarie	*Senecio cruentus*	cineraria
Clarkie	*Clarkia* spec.	clarkia
Clusius-Tulpe	*Tulipa clusiana*	lady tulip
Dach-Trespe	*Bromus tectorum*	bromegrass, downy
Dahlie	*Dahlia* spec.	dahlia
—	— *variabilis*	—
Dichter-Narzisse	*Narcissus poeticus*	poet's narcissus; pheasant's eye
*Dieffenbachie	*Dieffenbachia* spec.	dumb-cane
Dill, gemeiner	*Anethum graveolens*	dill
Distel	*Carduus broteri*	thistle
—, nickende	— *nutans*	musk thistle
Doppelmalve, weiße	*Sidalcea candida*	checker bloom
Drachenwurz	*Calla* spec.	water-arum
*Drehfrucht	*Streptocarpus* spec.	
Drehkrone	*Streptosolen jamesonii*	
Eberesche	*Sorbus aucuparia*	rowan; mountain ash
Edel-Rose	*Rosa chinensis*	China rose; monthly rose
Efeu-Pelargonie	*Pelargonium peltatum*	geranium, ivy-leaved
Ehrenpreis	*Veronica* spec.	speedwell
Eibisch, echter	*Althaea officinalis*	marsh mallow
—, hanfblättriger	*Hibiscus cannabinus*	hemp mallow

Eierfrucht	*Solanum melongena*	eggplant; aubergine; jew's apple
Eisenkraut	*Verbena* spec.	vervain
—	— *canadensis*	—
—	— *hybrida*	—
Emilie	*Emilia* spec.	
—, pfeilblättrige	— *sagittata*	tassel flower
Endivie	*Cichorium endivia*	endive
Enzelien-Verbesine	*Verbesina encelioides*	crown-beard
Erbse	*Pisum* spec.	pea
—	— *sativum*	—; garden pea
Erdbeere	*Fragaria grandiflora*	strawberry
—, chilenische	— *chiloensis*	
Erdbeer-Duchesnea	*Duchesnea indica*	—, Indian
Erdbeer-Klee	*Trifolium fragiferum*	strawberry-clover
Erdbeerspinat, echter	*Blitum virgatum*	
Erdnuß	*Arachis hypogaea*	ground-nut; pea-nut
Erdrauch, echter	*Fumaria officinalis*	fumitory
Esche	*Fraxinus excelsior*	ash, common
—, amerikanische	— *americana*	—, white
Eschen-Ahorn	*Acer negundo*	box-elder
Essig-Rose	*Rosa gallica*	rose, common
Färber-Hundskamille	*Anthemis tinctoria*	yellow chamomile
Feige	*Ficus* spec.	fig
—	— *altissima*	—
—, gemeine	— *carica*	—
Feigen-Gänsefuß	*Chenopodium ficifolium*	goosefoot, fig-leaved
Feld-Erbse	*Pisum arvense*	pea; field pea
Feld-Lauch	*Allium vineale*	crow onion; crow garlic
Feld-Rittersporn	*Delphinium consolida*	forking larkspur
Feld-Rose	*Rosa arvensis*	rose, trailing
Feld-Ulme	*Ulmus campestris*	elm, English
Felsenmispel	*Amelanchier* spec.	juneberry; sugarplum
Fenchel	*Foeniculum vulgare*	fennel
Feuer-Lilie	*Lilium bulbiferum*	
Fingerhut	*Digitalis* spec.	foxglove
—, roter	— *purpurea*	—
Flamingoblume	*Anthurium andraeanum*	tail flower; banner flower
—	— *scherzerianum*	— —; — —
Flammenblume, rispige	*Phlox decussata*	phlox
*Fleißiges Lieschen	*Impatiens holstii*	
*— —	— *sultani*	
Flieder	*Syringa vulgaris*	lilac, common
*Flieder-Primel	*Primula malacoides*	primrose
Flughafer	*Avena fatua*	wild oat
Freesie	*Freesia* spec.	freesia
Frühlings-Zwergwicke	*Vicia lathyroides*	chickling-vetch; spring-vetch
Fuchsie	*Fuchsia* spec.	fuchsia
—, doldentraubige	— *corymbiflora*	
Fuchsschwanz, rauhhaariger	*Amaranthus retroflexus*	pigweed; wild beet
Futter-Rübe	*Beta vulgaris*	beet
Gänsedistel, gemeine	*Sonchus oleraceus*	sow-thistle, annual

Gänsedistel, rauhe	*Sonchus asper*	sow-thistle, sharpfringed
Gänsefuß	*Chenopodium* spec.	goosefoot
—, klebriger	— *botrys*	Jerusalem-oak
—, weißer	— *album*	lamb's quarter; fat hen; pigweed
Gänsekresse	*Arabis* spec.	rock-cress
—, rauhe	— *hirsuta*	— —; hairy
Garten-Ampfer	*Rumex patientia*	herb patience
Garten-Anemone	*Anemone coronaria*	crown anemone; poppy anemone; poppy flower
Garten-Aster	*Callistephus chinensis*	China-aster
Gartenbohne	*Phaseolus vulgaris*	French bean; kidney bean; haricot bean
Garten-Fuchsschwanz	*Amaranthus caudatus*	love-lies-bleeding
Garten-Gloxinie	*Sinningia* spec.	gloxinia
Garten-Kresse	*Lepidium sativum*	garden cress
Garten-Levkoje	*Matthiola bicornis*	night scented stock
Garten-Melde	*Atriplex hortensis*	garden orach; mountain spinach
Garten-Nelke	*Dianthus caryophyllus*	clove pink; carnation
Garten-Platterbse	*Lathyrus latifolius*	everlasting pea
*Garten-Springkraut	*Impatiens balsamina*	balsam
Garten-Trompetenzunge	*Salpiglossis sinuata*	painted tongue; velvetflower
Garten-Tulpe	*Tulipa gesneriana*	garden tulip, common
Garten-Wicke	*Lathyrus odoratus*	sweet pea; various pea
Gauklerblume	*Mimulus* spec.	monkey-flower
—	— *luteus*	— —
Gemüse-Kohl	*Brassica oleracea*	cabbage
Gerbera	*Gerbera* spec.	gerbera
Gerste	*Hordeum vulgare*	barley
Gesnerie	*Gesneria* spec.	gesneria
*Gewürzrinde	*Cassia floribunda*	senna
*Giftbeere	*Nicandra physaloides*	apple-of-Peru
Gift-Lattich	*Lactuca virosa*	
Gladiole	*Gladiolus* spec.	gladiolus; cornflag
Glanzmispel	*Photinia arbutifolia*	tollon; christmas-berry
Gleichsaum	*Isoloma* spec.	
—, rauhhaariger	— *erianthum* (= *I. hirsutum*)	
—, rauhhaariger	— *hirsutum* (= *I. erianthum*)	
Glieder-Blattkaktus	*Phyllocactus gaertneri*	
— —, gestutzter	*Epiphyllum truncatum*	crab cactus
Glockenblume	*Campanula* spec.	bell-flower
*—, gleichblättrige	— *isophylla*	— —
Glockenwinde	*Nolana lanceolata*	bell-flower, Chilian
Gloxinie	*Sinningia* spec.	gloxinia
*Godetie	*Godetia* spec.	
Goldband-Lilie	*Lilium auratum*	lily of Japan, golden-rayed
Goldlack	*Cheiranthus* spec.	wallflower
—	— *cheiri*	—; gilli flower
Goldregen	*Laburnum waterei* (= *L. vossii*)	golden rain; laburnum
—	— *vossii* (= *L. waterei*)	— —; —

Goldregen, gemeiner	*Laburnum anagyroides* (= *L. vulgare*)	golden rain; laburnum, common; golden chain
—, gemeiner	— *vulgare* (= *L. anagyroides*)	— —; —, —; — —
Grün-Kohl	*Brassica oleracea* var. *acephala*	kale; sprout; collards
Gurke	*Cucumis sativus*	cucumber
Hafer	*Avena sativa*	oat
—, genügsamer	— *sterilis*	
Hafer-Pflaume	*Prunus insititia*	bullace; greengage; mira belle plum
Hahnenfuß	*Ranunculus* spec.	crowfoot; buttercup
*Halskraut	*Trachelium* spec.	throatwort
—	— *caeruleum*	—
*Hammerstrauch, chilenischer	*Cestrum parquii*	night blooming jasmine
Hanf	*Cannabis sativa*	hemp
Hart-Weizen	*Triticum durum*	hard wheat; flint wheat
Haselnuß-Strauch	*Corylus avellana*	hazel-nut
Hecken-Rose	*Rosa canina*	dog-rose
Hederich, gemeiner	*Raphanus raphanistrum*	hedge mustard; wild radish; runch; jointed charlock
Himbeere	*Rubus idaeus*	raspberry; wild raspberry
Himmelsschlüssel, chinesischer	*Primula sinensis*	primrose
Hirse, echte	*Panicum miliaceum*	millet
Hirtentäschelkraut	*Capsella bursa-pastoris*	shepherd's purse
Holunder	*Sambucus nigra*	elder
Hopfen	*Humulus lupulus*	hop
Hornkraut	*Cerastium vulgatum*	mouse-ear chickweed, common
Horn-Veilchen	*Viola cornuta*	violet, Pyrenean
Hortensie	*Hydrangea macrophylla*	hydrangea, common
—, aschgraue	— *cinerea* (= *H. sterilis*)	—
—, —	— *sterilis* (= *H. cinerea*)	—
Hühner-Hirse	*Echinochloa crus-galli*	Barnyard grass
Huflattich	*Tussilago farfara*	coltsfoot
Hunds-Rose	*Rosa canina*	dog-rose
Hyazinthe, morgenländische	*Hyacinthus orientalis*	hyacinth, common
Inkarnatklee	*Trifolium incarnatum*	crimson clover
Iris	*Iris filifolia*	iris
Jakobs-Kreuzkraut	*Senecio jacobaea*	ragwort; ragweed
Jasmin	*Jasminum revolutum*	
—, echter	— *officinale*	jasmin, common
Johannisbeere	*Ribes rubrum*	currant
—, rote	— —	—, red
—, schwarze	— *nigrum*	—, black
Jonquillen-Narzisse	*Narcissus jonquilla*	jonquil
Juckbohne	*Mucuna pruriens*	cowitch; cowage
Juckfasel	— —	—; —
Judenkirsche	*Physalis* spec.	ground cherry
—	— *angulata*	— —; winter cherry
—	— *floridana*	— —; — —

Judenkirsche	*Physalis franchetti*	winter cherry
—, eßbare	— *peruviana*	Cape gooseberry; gooseberry tomato
Kahnorche	*Cymbidium* spec.	cymbidium
Kapkörbchen	*Dimorphotheca aurantiaca*	orange daisy, African; Cape marigold
Kap-Scheinmalve	*Malvastrum capense*	Cape mallow; false mallow
Kapuzinerkresse	*Tropaeolum* spec.	Indian cress
—	— *majus*	— —; large „nasturtium“
Karde, wilde	*Dipsacus silvestris*	teasel, wild; teasel, common
Kartoffel	*Solanum tuberosum*	potato
Kartoffel-Rose	*Rosa rugosa*	ramanas rose
Kerbel	*Anthriscus cerefolium*	chervil
Keulchen-Zackenschote	*Bunias erucago*	
Kichererbse	*Cicer arietinum*	chick-pea; Egyptian pea
Kicherling	*Lathyrus sativus*	chickling-vetch; chickling pea; grass pea
Kicherwicke	*Vicia lathyroides*	chickling-vetch; spring-vetch
Kiel-Wucherblume	*Chrysanthemum carinatum*	
Kirsche, grannenzähnige	*Prunus serrulata*	
Kirsch-Pflaume	— *cerasifera*	cherryplum
Kitaibelie, rebblättrige	*Kitaibelia vitifolia*	
Klatsch-Mohn	*Papaver rhoeas*	field poppy
Klebkraut	*Galium aparine*	catch-weed
Klee	*Trifolium* spec.	clover, true
—, bodenfrüchtiger	— *subterraneum*	—, subterranean
—, japanischer	*Lespedeza striata*	Japanese clover; lespedeza, common
—, persischer	*Trifolium resupinatum*	—, Persian
Kleestrauch	*Cytisus* spec.	broom
—	— *hirsutus*	—
Knaulgras	*Dactylis glomerata*	cock's-foot
Königin-Ritterstern	*Amaryllis* (= *Hippeastrum*) *reginae*	Mexican lily
Königslilie	*Lilium regale*	
—, japanische	— *longiflorum*	white trumpet lily
Kohl	*Brassica oleracea*	cabbage
Kohlrabi	— — var. *caulo-rapa*	kohlrabi; cabbage turnip
Kohlrübe	— *napus* var. *napobrassica*	turnip, Swedish; swede
Kokardenblume	*Gaillardia* spec.	blanket flower
Kolbenhirse	*Setaria italica*	foxtail; millet, German
*Korallenstrauch	*Solanum pseudocapsicum*	Jerusalem cherry
Koriander	*Coriandrum sativum*	coriander
Kornblume	*Centaurea cyanus*	cornflower; bluebottle
Kornelkirsche	*Cornus mas*	cornelian cherry
Kreuzkraut, gemeines	*Senecio vulgaris*	groundsel, common; grinsel
—, gewöhnliches	— —	—, —
Kronen-Anemone	*Anemone coronaria*	crown anemone; poppy anemone; poppy windflower
Kronen-Süßklee	*Hedysarum coronarium*	honeysuckle, French
Kronen-Wucherblume	*Chrysanthemum coronarium*	crown marigold; crown daisy
Küchen-Zwiebel	*Allium cepa*	onion
Kümmel	*Carum carvi*	caraway

Kürbis	*Cucurbita pepo*	pumpkin; vegetable marrow; gourd
—	— *maxima*	squash; pumpkin
—, schwarzfruchtiger	— *ficifolia*	
Kugel-Amarant, echter	*Gomphrena globosa*	globe-amaranth; immortelle
Kultur-Erdbeere	*Fragaria grandiflora*	strawberry
Kundebohne	*Vigna sinensis*	cow-pea
Lachenalie	*Lachenalia* spec.	leopard lily
Ladino-Weißklee	*Trifolium repens*	ladino clover
Laub-Kaktus, bestachelter	*Pereskia* (= *Peireskia*) *aculeata*	lemon vine; blade apple
Lavatere, baumartige	*Lavatera arborea*	tree mallow
Laxtonbeere	*Rubus* hybr.	laxtonberry
Leberbalsam, gemeiner	*Ageratum conyzioides*	goat weed; floss flower
Lederstrauch, gemeiner	*Ptelea trifoliata*	hop tree
Leimkraut	*Silene* spec.	catchfly
Leinkraut, efeublättriges	*Linaria cymbalaria*	toad-flax, ivy-leaved; penny leaf; pennywort
—, zweiteiliges	— *bipartita*	—
Lespedezie	*Lespedeza striata*	Japanese clover; lespedeza, common
—	— *formosa*	
Levkoje	*Matthiola* spec.	stock; gilliflower
—	— *annua*	—; —
—	— *incana*	—; —
*Liebesblume	*Agapanthus* spec.	lily, African
Liebesgras	*Eragrostis cilianensis*	stink grass
Liebstöckel	*Levisticum officinale*	lovage
Liguster	*Ligustrum vulgare*	privet, common
Lilie	*Lilium* spec.	lily
—, brennende	— *chalcedonicum*	
—, feinblättrige	— *tenuifolium*	
—, kanadische	— *canadense*	Canada lily
—, riesige	— *giganteum*	
—, safranfarbige	— *croceum*	lily, orange
—, stolze	— *superbum*	turk's-cap-lily
—, tausendblättrige	— *leucanthum*	
—, —	— *myriophyllum*	
—, weiße	— *candidum*	white lily; madonna lily
Lilien-Dolde	*Crinum giganteum*	lily asphodel
— —	— *imbricatum*	— —
Lilienschopf	*Eucomis auctumnalis* (= *E. undulata*)	pine apple flower
Limabohne	*Phaseolus lunatus*	lima bean; butter bean
Limone	*Citrus limon*	lemon
Linse	*Lens culinaris*	lentil
—	— *esculenta*	—
Löwenmaul	*Antirrhinum majus*	snapdragon
Löwenzahn	*Taraxacum officinale*	dandelion
Loganbeere	*Rubus loganobaccus*	loganberry
Loquate	*Eriobotrya japonica*	loquat; Japan medlar
Lupine, blaue	*Lupinus angustifolius*	lupine, blue
—, gelbe	— *luteus*	—, yellow
*—, vielblättrige	— *polyphyllus*	—

Lupine, weiße	*Lupinus albus*	lupine, white
Luzerne	*Medicago* spec.	lucerne, alfalfa
—	— *sativa*	—, —
*Mädchenauge	*Coreopsis drummondii*	tickseed
Mais	*Zea mays*	corn, maize
Malve	*Malva* spec.	mallow
—	— *pusilla*	—, round-leaved
—, nordische	— *borealis* (= *M. rotundifolia*)	—, — —
—, quirlblättrige	— *verticillata*	—, whorled
—, wilde	— *silvestris*	— of woodlands
Mandarine	*Citrus nobilis*	mandarin orange; king orange
Mandel	*Prunus amygdalus*	almond
Mandelbäumchen	— *triloba*	
Mangold	*Beta vulgaris* var. *cicla*	Swiss chard; spinach beet; pertetual spinach
Marien-Glockenblume	*Campanula medium*	Canterbury bells
Martynie	*Martynia* spec.	ram's-horn; unicorn-plant
Mauer-Gänsefuß	*Chenopodium murale*	nettle-leaved goosefoot
Mauer-Lattich	*Lactuca muralis*	wall lettuce; lettuce, ivy leaved
Meerrettich	*Cochlearia armoracia*	horse-radish
—	*Armoracia rusticana*	— —
Meerstrand-Levkoje	*Malcolmia maritima*	Virginian stock
Meerstrand-Steinkraut	*Alyssum maritimum*	sweet alison; sweet alyssum
Meerzwiebel, gemeine	*Urginea maritima*	sea onion; squill
Melde	*Atriplex* spec., oft fälschlich *Chenopodium* spec.	orache
—, glänzende	*Atriplex nitens*	—
Melone	*Cucumis melo*	muskmelon; cantaloupe
Milchstern	*Ornithogalum* spec.	star-of-Bethlehem
—	— *thyrsoides*	— — —
Mispel, japanische	*Eriobotrya japonica*	Japan medlar; loquat
Mittagsblume	*Dorotheanthus bellidiformis*	fig-marigold
Möhre	*Daucus carota*	carrot
Mohn	*Papaver* spec.	poppy
—	— *somniferum*	opium poppy
—, isländischer	— *nudicaule*	
—, morgenländischer	— *orientale*	poppy, oriental
Mohren-Hirse	*Sorgum bicolor*	sorghum
Monstera	*Monstera deliciosa*	
Mormonentulpe	*Calochortus* spec.	globe tulip; hairbell
Muskat-Salbei	*Salvia sclarea*	clary
Mutterkraut	*Chrysanthemum parthenium*	feverfew
Nachtschatten, gelber	*Solanum villosum*	
—, schwarzer	— *nigrum*	garden nightshade; nightshade, black
Nachtviole, gemeine	*Hesperis matronalis*	dame's-violet; queens gilliflower
Narbonner-Wicke	*Vicia narbonensis*	narbonne vetch
Narzisse	*Narcissus* spec.	narcissus
—, dreimännige	— *triandrus*	
—, gemeine	— *pseudo-narcissus*	daffodil; narcissus, wild

*Negerkaffee	*Cassia floribunda*	senna
Nelke	*Dianthus caryophyllus*	carnation
Nelkenwurz, chilenische	*Geum chiloense*	avens
Neuseeländer-Spinat	*Tetragonia expansa*	New Zealand spinach
— —	— *tetragonoides*	— — —
Noisette-Edelrose	*Rosa noisettiana*	
Nutka-Himbeerstrauch	*Rubus parviflorus*	thimbleberry; salmonberry
Ochsenzunge	*Anchusa* spec.	alkanet
—	— *capensis*	—
Okra	*Hibiscus esculentus*	okra; gombo
Orange	*Citrus sinensis*	sweet orange
*Osterluzei, zierliche	*Aristolochia elegans*	birthwort
Päonie	*Paeonia* spec.	peony
Palavie	*Palaua malvaefolia*	
Pampelmuse	*Citrus maxima*	grapefruit
Pantoffelblume	*Calceolaria* spec.	slipperwort
Papierblume	*Zantedeschia aethiopica*	arum lily; calla
Pappel, kanadische	*Populus canadensis*	poplar, black Italian
Paprika	*Capsicum annuum*	red pepper; chilli pepper
—	— *frutescens*	bird pepper; chilli pepper
Passionsblume, blaue	*Passiflora coerulea*	passion flower, common blue
Pastinak	*Pastinaca sativa*	parsnip
Patchouli-Pflanze	*Pogostemon patchouli*	patchouli oil plant
Pelargonie	*Pelargonium* spec.	
—	— *zonale*	horse-shoe-geranium; scarlet storck's bill
Pereskie	*Pereskia* (= *Peireskia*) *aculeata*	lemon vine; blade apple
Petersilie	*Petroselinum hortense*	parsley
Petunie	*Petunia* spec.	petunia
—	— *hybrida*	—; garden petunia
Pfahlrohr	*Arundo donax*	giant reed
Pfeffer, spanischer	*Capsicum annuum*	red pepper; chilli pepper
Pfeffer-Minze	*Mentha piperita*	peppermint
Pfeifen-Osterluzei	*Aristolochia sipho*	Dutchman's pipe
Pfeifenwinde, gemeine	— —	— —
Pferdebohne	*Vicia faba*	broad bean
Pfingstrose	*Paeonia* spec.	peony
Pfirsich	*Prunus persica*	peach
Pflaume	— *domestica*	plum; greengage; garden plum
Phlox	*Phlox* spec.	phlox
—	— *decussata*	—
Platterbse	*Lathyrus* spec.	chickling; vetchling
—, haarige	— *hirsutus*	vetchling, hairy; bitter-vetch, hairy
—, tangerische	— *tingitanus*	Tangier pea
Poinsettie	*Euphorbia heterophylla*	fire-plant, Mexican
Porree	*Allium porrum*	leek; leek, common; purret
Porzellanblume	*Hoya carnosa*	waxflower plant, fleshy leaved
Pracht-Lilie	*Lilium speciosum*	

Prachtscharte	*Liatris spicata*	button-snakeroot; blazing-star
Prärie-Rose	*Rosa setigera*	prairie rose
Primel, chinesische	*Primula sinensis*	primrose
Prunkbohne	*Phaseolus coccineus*	scarlet bean
Puffbohne	*Vicia faba*	broad bean
Purpur-Igelkopf	*Echinacea purpurea*	purple coneflower
Purpur-Skabiose	*Scabiosa atropurpurea*	scabious
*Pyramiden-Glockenblume	*Campanula pyramidalis*	bellflower
Quecke, gemeine	*Agropyrum repens*	couch-grass; twitch
Radies	*Raphanus sativus*	radish
Rainkohl	*Lapsana communis*	nipplewort
Ranunkel, asiatische	*Ranunculus asiaticus*	garden ranunculus
Raps	*Brassica napus*	rape
Rauke, gemeine	*Eruca sativa*	garden-rocket; rocket, Roman
Ray-Gras, englisches	*Lolium perenne*	rye-grass
— —, italienisches	— *multiflorum* (= *L. italicum*)	— —, Italian
Reis	*Oryza sativa*	rice
Reis-Melde	*Chenopodium quinoa*	quinoa
Reseda	*Reseda* spec.	mignonette
—, duftende	— *odorata*	—
—, wohlriechende	— —	—
Rettich	*Raphanus sativus*	radish
Rhabarber	*Rheum* spec.	rhubarb
*Riemenblatt	*Clivia* spec.	caffre lily; Natal lily
Ringelblume	*Calendula* spec.	marigold
—	— *officinalis*	—, common; pot marigold
Rio-Grande-Schönmalve	*Abutilon megapotamicum*	
Rispen-Amarant	*Amaranthus paniculatus*	purple amaranth
Rittersporn	*Delphinium* spec.	larkspur
—, großblumiger	— *grandiflorum*	—, largeflowered
Ritterstern	*Amaryllis* spec.	
—, gekrönter	— *aulicum*	
—, gelbroter	— *rutila*	
—	*Hymenocallis* (= *Hippeastrum*) *johnsonii*	
Roggen	*Secale cereale*	rye
Roggen-Trespe	*Bromus secalinus*	cheat
Rose	*Rosa* spec.	rose
—, glänzende	— *lucida*	
—, indische	— *chinensis*	China rose; monthly rose
—, runzlige	— *rugosa*	ramanas rose
Rot-Klee	*Trifolium pratense*	red clover; purple clover
Rot-Kohl	*Brassica oleracea* var. *capitata* f. *rubra*	cabbage
Ruten-Kaktus	*Rhipsalis rosea*	
Ruten-Senf	*Brassica juncea*	Chinese mustard; leaf mustard; Indian mustard
Rübe	*Beta vulgaris*	beet
—, rote	— — var. *esculenta*	—

Rübsen, wilder	*Brassica campestris*	rutabaga; naven
—	— *rapa* var. *silvestris*	turnip; naven
Saat-Hafer	*Avena sativa*	oat
Saat-Weizen, gemeiner	*Triticum aestivum*	wheat
Saat-Wicke	*Vicia sativa*	vetch, common; tare
Salat	*Lactuca sativa*	lettuce, common; garden lettuce
Salat-Zichorie	*Cichorium intybus*	chicory; French endive; witloof; wild succory
Salbei	*Salvia* spec.	sage
—, glänzende	— *splendens*	scarlet sage
Sammetblume, aufrechte	*Tagetes erecta*	marigold, African
Sammt-Rose	*Tosa gallica*	rose, common
Sand-Hafer	*Avena strigosa*	black oat
Sand-Reitgras	*Calamagrostis epigeics*	bushgrass
Sanvitalie, niederliegende	*Sanvitalia procumbens*	
Sarepta-Senf	*Brassica juncea*	Chinese mustard; leaf mustard; Indian mustard
Sauer-Ampfer, großer	*Rumex acetosa*	sorrel
— —, kleiner	— *acetosella*	sheep's sorrel
Sauer-Kirsche	*Prunus cerasus*	sour cherry
Sauer-Orange	*Citrus aurantium*	common orange tree; Seville orange; bitter orange
Schachblume	*Fritillaria pudica*	fritillary
Schalotte	*Allium ascalonicum*	shallot
Scharlach-Erdbeere	*Fragaria virginiana*	scarlet strawberry
Scharlach-Türkenbund	*Lilium chalcedonicum*	
Scheinmalve	*Malvastrum coromandelianum*	mallow, false
Schiefblatt	*Begonia* spec.	begonia
Schild-Pelargonie	*Pelargonium peltatum*	
Schlehe	*Prunus spinosa*	sloe, blackthorn
Schleifenblume	*Iberis umbellata*	candytuft
*Schmuckkörbchen	*Cosmos* spec.	cosmos
*Schmucklilie	*Agapanthus* spec.	lily, African
Schönhäutchen	*Hymenocallis occidentalis*	spider lily
Schön-Malve	*Abutilon* spec.	mallow, Indian; China jute
— —	— *sellovianum*	
— —, geaderte	— *venosum*	
— —, rebblättrige	— *vitifolium*	
Schopf-Träubel	*Muscari comosum*	tassel hyacinth
Schraubenbaum	*Pandanus* spec.	pandang oil plant; screw pine
Schwanzblume	*Anthurium andreanum*	tail flower; banner plant
—	— *scherzerianum*	— —; — —
Schwanzsame	*Urospermum picroides*	sheep's beard
Schwarzdorn	*Prunus spinosa*	sloe; blackthorn
Schweden-Klee	*Trifolium hybridum*	alsike-clover; clover, Swedish; hybrid clover
Schwertlilie	*Iris unguicularis*	
—	— *filifolia*	iris
—, deutsche	— *germanica*	—, common
—, spanische	— *xiphium*	—, Spanish
Schwielenlilie	*Hymenocallis occidentalis*	spider lily

Seide	*Cuscuta* spec.	dodder
—	— *campestris*	—
—	— *subinclusa*	—
—, amerikanische	— *gronovii*	—
Seidelbast	*Daphne mezereum*	mezereon
—, wohlriechender	— *odora*	daphne
Sellerie	*Apium graveolens*	celery
Senf, schwarzer	*Brassica nigra*	mustard, black
—, weißer	— (= *Sinapis*) *alba*	—, white
—, wilder	*Sinapis* (= *Brassica*) *arvensis*	charlock; kedlock; mustard, wild; kilk
Serradella	*Ornithopus sativus*	bird's foot; bird's claws; serradella
Silberblatt	*Lunaria* spec.	honesty
—, stumpfes	— *annua*	—
Silberglanz-Brandschopf	*Celosia argentea*	celosia
Singrün	*Vinca rosea*	periwinkle
—, kleines	— *minor*	—, common
—, rosenrotes	— *rosea*	old maid
Skabiose	*Scabiosa* spec.	scabious
*Sodomsapfel	*Solanum sodomaeum*	
Soja	*Glycine soja*	soybean; soya bean
Sommer-Aster	*Callistephus chinensis*	China aster
Sommer-Hyazinthe, weiße	*Galtonia candicans*	summer hyacinth; spire lily
Sommer-Lavatere	*Lavatera trimestris*	lavatera, three-monthly
Sommer-Linde	*Tilia platyphyllos*	lime, large-leaved
Sonnenblume	*Helianthus annuus*	sunflower, common
Spaltblume	*Schizanthus* spec.	butterfly flower
—	— *pinnatus*	— —
—	— *wisetonensis*	— —
Spierstrauch	*Spiraea pumila*	spiraea
Spinat	*Spinacea oleracea*	spinach
—, Neuseeländischer	*Tetragonia expansa*	New Zealand spinach; spinach, prolific
—, —	— *tetragonoides*	— — —; —, —
Spindelbaum, japanischer	*Evonymus japonica* var. *aureomarginata*	
Spitz-Wegerich	*Plantago lanceolata*	ribwort; rib-grass
Springkraut	*Impatiens* spec.	balsam; jewelweed
Stachelbeere	*Ribes grossularia*	gooseberry
Stachel-Lattich	*Lactuca scariola*	lettuce, prickly
— —	— *serriola*	—, —
Städte-Gänsefuß	*Chenopodium urbicum*	goosefoot, upright; goosefoot, triangular-leaved
*Stapelie	*Stapelia* spec.	carrion flower
Stauden-Phlox	*Phlox paniculata*	phlox, perennial
Stechapfel	*Datura* spec.	thorn-apple; jimsonweed
—	— *stramonium*	— —; —
—	— *tatula*	— —; —
—, weichhaariger	— *metel*	— —; downy
Steinbeere	*Rubus saxatilis*	stone bramble
Steinklee	*Melilotus* spec.	melilot; sweet clover

Steinklee, gelber	*Melilotus officinalis*	field-melilot; sweet clover, yellow
—, kleinblütiger	— *indica*	melilot, smallflowered
—, weißer	— *albus*	—, white, sweet clover, white; Bokhara clover
Steinquitte	*Cotoneaster harroviana*	cotoneaster; rockspray
Stiefmütterchen	*Viola tricolor*	pansy
Stockrose	*Althaea rosea*	hollyhock
—, feigenblättrige	— *ficifolia*	Antwerp hollyhock
Strohblume	*Helichrysum bracteatum*	strawflower
Sudangras	*Sorgum sudanense*	Sudan grass
Studentenblume	*Tagetes erecta*	marigold, African
Süß-Kirsche	*Prunus avium*	sweet cherry; gean; mazzard
Süß-Orange	*Citrus sinensis*	— orange
Sumpf-Garbe	*Achillea ptarmica*	sneezewort
*Tabak	*Nicotiana tabacum*	tobacco
*—, gemeiner	— —	—, common
Taubnessel	*Lamium hybridum*	dead-nettle, cutleaved
Tazette	*Narcissus tazetta*	daffodil, French
Tazetten-Narzisse	— —	—, —
Teekraut, mexikanisches	*Chenopodium ambrosioides*	Mexican-tea
Tee-Rose	*Rosa odorata*	tea rose
Tiger-Lilie	*Lilium tigrinum*	tiger lily
Timotheus-Gras	*Phleum pratense*	timothy grass; herds grass
Tithonie	*Tithonia rotundifolia*	
Tollkirsche	*Atropa belladonna*	dwale; nightshade, deadly
Tomate	*Lycopersicon esculentum*	tomato
Tomatenbaum	*Cyphomandra betacea*	tree tomato
Tragant	*Astragalus rubyi*	milk-vetch
Trauben-Kirsche	*Prunus serotina*	black cherry; rum cherry
Trespe, wehrlose	*Bromus inermis*	brome-grass, awnless
Trompeten-Narzisse	*Narcissus pseudo-narcissus*	daffodil; narcissus, wild
Trompetenzunge	*Salpiglossis* spec.	painted tongue; velvet flower
Tulpe	*Tulipa* spec.	tulip
—	— *linifolia*	
—	— *richteri*	
Ulme, amerikanische	*Ulmus americana*	elm, American; elm, white
Usambara-Veilchen	*Saintpaulia ionantha*	African violet; Usambara violet
Veilchen	*Viola* spec.	violet
Vergißmeinnicht	*Myosotis alpestris*	forget-me-not
Vogelkirsche	*Prunus avium*	sweet cherry; gean; mazzard
*Vogel-Miere	*Stellaria media*	chickweed; starwort
Wachsblume	*Hoya carnosa*	wax flower plant, fleshy leaved
Waid	*Isatis tinctoria*	woad, common; dyer's weed
Wald-Erdbeere	*Fragaria vesca*	woodland strawberry; sow-teat strawberry; wild strawberry
Wald-Geißblatt	*Lonicera periclymenum*	honeysuckle
*Wanzenblume	*Coreopsis drummondii*	tickseed

Wassermelone	*Citrullus vulgaris*	watermelon
Wasserrübe	*Brassica rapa* var. *rapa*	turnip
Weg-Rauke	*Sisymbrium officinale*	hedge mustard
Wegwarte, gemeine	*Cichorium intybus*	wild succory
Weichsel-Kirsche	*Prunus mahaleb*	rockcherry
Weiden-Lattich	*Lactuca saligna*	lettuce, willow-leaved
Weihnachts-Kaktus	*Epiphyllum* spec.	christmas cactus
Weinrebe, echte	*Vitis vinifera*	grape vine
Wein-Rose	*Rosa eglanteria*	sweet brier; eglantine
Weiß-Klee	*Trifolium repens*	white clover; Dutch clover
Weiß-Kohl	*Brassica oleracea* var. *capitata* f. *alba*	cabbage
Weizen	*Triticum aestivum*	wheat
Wichuras-Rose	*Rosa wichuraiana*	memorial rose
Wicke	*Vicia americana*	vetch
—, ungarische	— *pannonica*	—, Hungarian
—, wohlriechende	*Lathyrus odoratus*	sweet pea; various pea
Wiesen-Lieschgras	*Phleum pratense*	timothy grass; herds grass
Winde, dreifarbige	*Convolvulus tricolor*	bindweed, three coloured
Winden-Knöterich	*Polygonum convolvulus*	—, black
Windröschen	*Anemone* spec.	anemone
—, gelbes	— *ranunculoides*	wood anemone, yellow
Winter-Aster	*Chrysanthemum indicum*	chrysanthemum
Winter-Levkoje	*Matthiola incana*	gilliflower; stock
Winter-Linde	*Tilia cordata*	lime, small-leaved
Wirsing-Kohl	*Brassica oleracea* var. *sabauda*	savoy cabbage
Wirtel-Borstenhirse	*Setaria verticillata*	foxtail, bristly
Wolfsschwertel, knolliger	*Hermodactylus tuberosus* (= *Iris tuberosa*)	snake's head iris
Wucherblume	*Chrysanthemum* spec.	chrysanthemum
—, strauchige	— *frutescens*	maguerite; Paris daisy
Youngbeere	*Rubus* hybr.	youngberry
Zaunrübe, rotbeerige	*Bryonia dioica*	bryony, red
Zichorie	*Cichorium intybus*	chicory; endive, French; witloof; wild succory
Zimmercalla	*Zantedeschia* spec.	calla; arum lily
—	— *aethiopica*	—
Zinnie	*Zinnia* spec.	zinnia
—	— *elegans*	—; youth and age
Zitrone	*Citrus medica*	citron
Zottel-Wicke	*Vicia villosa*	vetch, Russian
Zuckerrohr	*Saccharum officinarum*	sugarcane
Zucker-Rose	*Rosa gallica*	rose, common
Zucker-Rübe	*Beta vulgaris*	sugar-beet
*Zweizahn	*Bidens pilosus*	bur-marigold
Zwerg-Iris	*Iris pumila*	
Zwergmispel	*Cotoneaster harroviana*	cotoneaster; rockspray
Zwerg-Schwertlilie	*Iris pumila*	
Zwetschge	*Prunus domestica*	plum; greengage; garden plum
Zwiebel	*Allium cepa*	onion

Englisch — lateinisch — deutsch

African violet	*Saintpaulia ionantha*	Usambara-Veilchen
Aleppo millet grass	*Sorgum halepense*	Aleppo-Bartgras
alfalfa	*Medicago* spec.	Luzerne
—	— *sativa* oder *media*	— oder Bastard-Luzerne
alkanet	*Anchusa* spec.	Ochsenzunge
—	— *capensis*	—
almond	*Prunus amygdalus*	Mandel
alonsoa	*Alonsoa warscewiczii*	Alonsoa
alsike-clover	*Trifolium hybridum*	Schweden-Klee
amaranth	*Amaranthus tricolor*	Amarant
anemone	*Anemone* spec.	Anemone
Antwerp hollyhock	*Althaea ficifolia*	Stockrose, feigenblättrige
apple	*Malus pumila* var. *domestica*	Apfel
*apple-of-Peru	*Nicandra physaloides*	Giftbeere
apricot	*Prunus armeniaca*	Aprikose
arum	*Arum* spec.	Aronstab
— lily	*Zantedeschia aethiopica*	Papierblume; Zimmer-Calla
ash, common	*Fraxinus excelsior*	Esche
—, red	— *pennsylvanica* = *pubescens*	
—, white	— *americana*	—, amerikanische
asparagus bean	*Vigna sesquipedalis*	
aster	*Aster* spec.	Aster
aubergine	*Solanum melongena*	Aubergine; Eierfrucht
avens	*Geum chiloense*	Nelkenwurz, chilenische
azalea	*Rhododendron* spec.	Alpenrose
balsam	*Impatiens* spec.	Springkraut
*—	— *balsamina*	Garten-Springkraut
balsam-poplar	*Populus balsamifera*	Balsam-Pappel
banana	*Musa* spec.	Banane
banner plant	*Anthurium andreanum*	Flamingoblume; Schwanzblume
— —	— *scherzerianum*	—; —
barley	*Hordeum vulgare*	Gerste
Barnyard grass	*Echinochloa crus-galli*	Hühner-Hirse
basil	*Ocimum basilicum*	Basilienkraut; Basilikum
bearbine	*Convolvulus arvensis*	Ackerwinde
beard-tongue	*Pentstemon* spec.	Bartfaden
— —	— *hartwegii*	—
beet	*Beta vulgaris*	Beta-Rübe
—	— —	Rübe
—	— —	Futter-Rübe
—	— — var. *esculenta*	Rübe, rote
begonia	*Begonia* spec.	Schiefblatt; Begonie
belladonna lily	*Amaryllis belladonna*	Belladonnen-Amaryllis
bellflower	*Campanula* spec.	Glockenblume
*—	— *isophylla*	—, gleichblättrige
*—	— *pyramidalis*	Pyramiden-Glockenblume
bindweed	*Convolvulus arvensis*	Ackerwinde
—, three coloured	— *tricolor*	Winde, dreifarbige
bird pepper	*Capsicum frutescens*	Paprika

bird's claws	*Ornithopus sativus*	Serradella
— foot	— —	—
*birthwort	*Aristolochia elegans*	Osterluzei, zierliche
bitter orange	*Citrus aurantium*	Sauer-Orange
bittersweet	*Solanum dulcam*	Bittersüß
bitter-vetch, hairy	*Lathyrus hirsutus*	Platterbse, haarige
black-berry	*Rubus fruticosus*	Brombeere
— —, cut-leaved	— *laciniatus*	—, geschlitztblättrige
black bindweed	*Polygonum convolvulus*	Winden-Knöterich
— cherry	*Prunus serotina*	Trauben-Kirsche, spätblühende
black oat	*Avena strigosa*	Sand-Hafer
blackthorn	*Prunus spinosa*	Schlehe; Schwarzdorn
blade apple	*Pereskia* (= *Peireskia*) *aculeata*	Laubkaktus, bestachelter; Pereskie
blanket flower	*Gaillardia* spec.	Kokardenblume
blazing-star	*Liatris spicata*	Prachtscharte
bluebottle	*Centaurea cyanus*	Kornblume
bokhara clover	*Melilotus albus*	Steinklee, weißer
box-elder	*Acer negundo*	Eschen-Ahorn
box thorn	*Lycium barbarum*	Bocksdorn
boysenberry	*Rubus* hybr.	Boysenbeere
bramble, common	— *fruticosus*	Brombeere
—, —	— *plicatus*	—
Brazil cherry	*Physalis peruviana*	Ananaskirsche
bristle-grass, green	*Setaria viridis*	Borstenhirse
broad bean	*Vicia faba*	Ackerbohne; Pferdebohne; Puffbohne
broccoli	*Brassica oleracea* var. *botrytis*	Blumenkohl
brome-grass, awnless	*Bromus inermis*	Trespe, wehrlose
— —, downy	*tectorum*	Dach-Trespe
broom	*Cytisus* spec.	Kleestrauch
—	— *hirsutus*	—
browallia	*Browallia* spec.	Browallie
bryony, red	*Bryonia dioica*	Zaunrübe, rotbeerige
buckwheat	*Fagopyrum sagittatum*	Buchweizen
bullace	*Prunus insititia*	Haferpflaume
bur-clover	*Medicago hispida*	
bur-gherkin	*Cucumis anguria*	Angurien-Gurke; Birn-Gurke
*bur-marigold	*Bidens pilosus*	Zweizahn
bushgrass	*Calamagrostis epigeios*	Sand-Reitgras
butter bean	*Phaseolus lunatus*	Limabohne
buttercup	*Ranunculus* spec.	Hahnenfuß
butterfly flower	*Schizanthus* spec.	Spaltblume
— —	— *pinnatus*	—
— —	— *wisetonensis*	—
butterprint	*Abutilon theophrasti*	
button-snakeroot	*Liatris spicata*	Prachtscharte
cabbage	*Brassica oleracea*	Kohl
—	— — var. *capitata* f. *rubra*	Rot-Kohl
—	— — var. *capitata* f. *alba*	Weiß-Kohl
– turnip	— — var. *caulo-rapa*	Kohlrabi
*Caffre lily	*Clivia* spec.	Riemenblatt

calla	*Zantedeschia* spec.	Zimmer-Calla
—	— *aethiopica*	— —; Papierblume
candytuft	*Iberis umbellata*	Schleifenblume
cantaloupe	*Cucumis melo*	Melone
Canterbury bells	*Campanula medium*	Marien-Glockenblume
Cape gooseberry	*Physalis peruviana*	Ananaskirsche; Judenkirsche, eßbare
— mallow	*Malvastrum capense*	Kap-Scheinmalve
— marigold	*Dimorphotheca aurantiaca*	Kapkörbchen
capsicum	*Capsicum annuum*	Paprika; Pfeffer, spanischer
caraway	*Carum carvi*	Kümmel
carnation	*Dianthus caryophyllus*	Garten-Nelke
*carrion flower	*Stapelia* spec.	Aasblume; Stapelie
carrot	*Daucus carota*	Möhre
catchfly	*Silene* spec.	Leimkraut
catch-weed	*Galium aparine*	Klebkraut
cauliflower	*Brassica oleracea* var. *botrytis*	Blumenkohl
celery	*Apium graveolens*	Sellerie
celery cabbage	*Brassica pekinensis*	Chinakohl
*celosia	*Celosia* spec.	Brandschopf
—	— *argentea*	Silberglanz-Brandschopf
chamomile	*Anthemis tinctoria*	Färber-Hundskamille
charlock	*Brassica kaber*	
—	*Raphanus raphanistrum*	Hederich, gemeiner
—	*Sinapis* (= *Brassica*) *arvensis*	Acker-Senf; Senf, wilder
cheat	*Bromus secalinus*	Roggen-Trespe
checker bloom	*Sidalcea candida*	Doppelmalve, weiße
cherryplum	*Prunus cerasifera*	Kirsch-Pflaume
chervil	*Anthriscus cerefolium*	Kerbel
chess, Japanese	*Bromus japonicus*	
chickling	*Lathyrus* spec.	Platterbse
— pea	— *sativus*	Kicherling
— vetch	*Vicia lathyroides*	—
— —, dwarf	*Lathyrus cicera*	
— —	*Vicia lathyrioides*	Frühlings-Zwergwicke; Kicherling
chick-pea	*Cicer arietinum*	Kichererbse
*chickweed	*Stellaria media*	Vogel-Miere
chicory	*Cichorium intybus*	Salat-Zichorie; Zichorie
Chilian bell-flower	*Nolana lanceolata*	Glockenwinde
Chilli pepper	*Capsicum annuum*	Paprika; Pfeffer, spanischer
— —	— *frutescens*	—
China-aster	*Callistephus chinensis*	Garten-Aster; Sommer-Aster
China jute	*Abutilon* spec.	Schön-Malve
China rose	*Rosa chinensis*	Edelrose; Rose, indische
Chinese cabbage	*Brassica chinensis*	China-Kohl
— mustard	— *japonica*	
— —	— *juncea*	Ruten-Senf; Sarepta-Senf
christmas-berry	*Photinia arbutifolia*	Glanzmispel
— cactus	*Epiphyllum* spec.	Blattkaktus; Weihnachts-Kaktus
chrysanthemum	*Chrysanthemum* spec.	Wucherblume
—	— *indicum*	Chrysantheme; Winter-Aster

cineraria	*Senecio cruentus*	Cinerarie
citron	*Citrus medica*	Zitrone
clarkia	*Clarkia* spec.	Clarkie
clary	*Salvia sclarea*	Muskat-Salbei
clove pink	*Dianthus caryophyllus*	Garten-Nelke
clover, true	*Trifolium* spec.	Klee
—, clustered	— *glomeratum*	
—, Persian	— *resupinatum*	Klee, persischer
—, Swedish	— *hybridum*	Schweden-Klee
cock's-foot	*Dactylis glomerata*	Knaulgras
collards	*Brassica oleracea* var. *acephala*	Grün-Kohl
coltsfoot	*Tussilago farfara*	Huflattich
columbine	*Aquilegia* spec.	Akelei
—	— *coerulea*	—, blaue
*—	— *vulgaris*	—
coriander	*Coriandrum sativum*	Koriander
corn	*Zea mays*	Mais
cornbirne	*Convolvulus arvensis*	Ackerwinde
cornelian cherry	*Cornus mas*	Kornelkirsche
cornflag	*Gladiolus* spec.	Gladiole
cornflower	*Centaurea cyanus*	Kornblume
corn-sow-thistle	*Sonchus arvensis*	Acker-Gänsedistel
*cosmos	*Cosmos* spec.	Schmuckkörbchen
cotoneaster	*Cotoneaster harroviana*	Zwergmispel; Steinquitte
cotton	*Gossypium* spec.	Baumwolle
couch-grass	*Agropyrum repens*	Quecke, gemeine
cowage	*Mucuna pruriens*	Juckbohne; Juckfasel
cowitch	— —	—; —
cow-pea	*Vigna sinensis*	Kundebohne
coxcomb, white	*Amaranthus albus*	Amarant, weißer
crab cactus	*Epiphyllum truncatum*	Glieder-Blattkaktus, gestutzter
crabgrass	*Digitaria sanguinalis*	Blut-Hirse
crimson clover	*Trifolium incarnatum*	Inkarnatklee
crowfoot	*Ranunculus* spec.	Hahnenfuß
crow garlic	*Allium vineale*	Feldlauch
— onion	— —	—
crown anemone	*Anemone coronaria*	Garten-Anemone; Kronen-Anemone
crown-beard	*Verbesina encelioides*	Enzelien-Verbesine
crown daisy	*Chrysanthemum coronarium*	Kronen-Wucherblume
— marigold	— —	— —
Cuba grass	*Sorgum halepense*	Aleppo-Bartgras
cucumber	*Cucumis sativus*	Gurke
currant	*Ribes rubrum*	Johannisbeere
—, black	— *nigrum*	—, schwarze
—, red	— *rubrum*	—, rote
*— tomato	*Lycopersicon pimpinellifolium*	
cymbidium	*Cymbidium* spec.	Kahnorche
daffodil	*Narcissus pseudo-narcissus*	Trompeten-Narzisse; Narzisse, gemeine
—, French	— *tazetta*	Tazette; Tazetten-Narzisse

dahlia	*Dahlia* spec.	Dahlie
—	*— variabilis*	—
dame's violet	*Hesperis matronalis*	Nachtviole, gemeine
dandelion	*Taraxacum officinale*	Löwenzahn
daphne	*Daphne odora*	Seidelbast, wohlriechender
dead-nettle, cutleaved	*Lamium hybridum*	Taubnessel
dill	*Anethum graveolens*	Dill, gemeiner
dock, broad-leaved	*Rumex obtusifolius*	Ampfer, stumpfblättriger
—, curled	*— crispus*	—, krauser
dodder	*Cuscuta* spec.	Seide
—	*— campestris*	—
—	*— gronovii*	—, amerikanische
—	*— subinclusa*	—
dog-rose	*Rosa canina*	Hunds-Rose; Hecken-Rose
Duke of Argyll's teaplant	*Lycium halimifolium*	Bocksdorn, gemeiner
*dumb-cane	*Dieffenbachia* spec.	Dieffenbachie
Dutch clover	*Trifolium repens*	Weiß-Klee
Dutchman's pipe	*Aristolochia sipho*	Pfeifen-Osterluzei; Pfeifenwinde, gemeine
dwale	*Atropa belladonna*	Tollkirsche
dwarf bean	*Phaseolus vulgaris*	Buschbohne; Gartenbohne
— elm	*Ulmus pumila*	
dyer's weed, common	*Isatis tinctoria*	Waid
egg-plant	*Solanum melongena*	Eierfrucht; Aubergine
eglantine	*Rosa eglanteria*	Wein-Rose
Egyptian pea	*Cicer arietinum*	Kichererbse
elder	*Sambucus nigra*	Holunder
elm, American	*Ulmus americana*	Ulme, amerikanische
—, English	*— campestris*	Feld-Ulme
—, white	*— americana*	Ulme, amerikanische
endive	*Cichorium endivia*	Endivie
—, French	*— intybus*	Salat-Zichorie; Zichorie
everlasting pea	*Lathyrus latifolius*	Garten-Platterbse
false mallow	*Malvastrum capense*	Kap-Scheinmalve
fat hen	*Chenopodium album*	Gänsefuß, weißer
felonwood	*Solanum dulcamara*	Bittersüß
fennel	*Foeniculum vulgare*	Fenchel
feverfew	*Chrysanthemum parthenium*	Mutterkraut
fiddle dock	*Rumex pulcher*	Ampfer, schöner
field melilot	*Melilotus officinalis*	Steinklee, gelber
— pea	*Pisum arvense*	Feld-Erbse
— penny-cress	*Thlaspi arvense*	Acker-Hellerkraut
— poppy	*Papaver rhoeas*	Klatsch-Mohn
— scorpion-grass	*Myosotis arvensis*	Acker-Vergißmeinnicht
fig	*Ficus* spec.	Feige
—	*— altissima*	—
—	*— carica*	—, gemeine
fig-marigold	*Dorotheanthus bellidiformis*	Mittagsblume
fire-plant, Mexican	*Euphorbia heterophylla*	Poinsettie
flint wheat	*Triticum durum*	Hart-Weizen
floss flower	*Ageratum conyzioides*	Leberbalsam, gemeiner
forget-me-not, common	*Myosotis alpestris* (= *M. arvensis*)	Vergißmeinnicht

foxglove	*Digitalis* spec.	Fingerhut
—	— *purpurea*	—, roter
foxtail	*Setaria italica*	Kolbenhirse
—, bristly	— *verticillata*	Wirtel-Borstenhirse
freesia	*Freesia* spec.	Freesie
French bean	*Phaseolus vulgaris*	Buschbohne; Gartenbohne
— geranium	*Pelargonium* spec.	
fritillary	*Fritillaria pudica*	Schachblume
fuchsia	*Fuchsia* spec.	Fuchsie
fumitory	*Fumaria officinalis*	Erdrauch, echter
garden cress	*Lepidium sativum*	Garten-Kresse
— lettuce	*Lactuca sativa*	Salat
— nightshade	*Solanum nigrum*	Nachtschatten, schwarzer
— orach	*Atriplex hortensis*	Garten-Melde
— pea	*Pisum sativum*	Erbse
— petunia	*Petunia hybrida*	Petunie
— plum	*Prunus domestica*	Pflaume; Zwetschge
— ranunculus	*Ranunculus asiaticus*	Ranunkel, asiatische
— rocket	*Eruca sativa*	Rauke, gemeine
— tulip, common	*Tulipa gesneriana*	Gartentulpe
gean	*Prunus avium*	Süßkirsche; Vogelkirsche
geranium, ivy-leaved	*Pelargonium peltatum*	Efeu-Geranium; Schild-Geranium
gerbera	*Gerbera* spec.	Gerbera
gesneria	*Gesneria* spec.	Gesnerie
giant reed	*Arundo donax*	Pfahlrohr
gilli flower	*Cheiranthus cheiri*	Goldlack
— —	*Matthiola incana*	Levkoje; Winter-Levkoje; Garten-Levkoje, gemeine
gladiolus	*Gladiolus* spec.	Gladiole
globe-amaranth	*Gomphrena globosa*	Kugelamarant, echter
globe artichoke	*Cynara scolymus*	Artischocke
— tulip	*Calochortus* spec.	Mormonentulpe
gloxinia	*Sinningia* spec.	Garten-Gloxinie; Gloxinie
goat weed	*Ageratum conyzioides*	Leberbalsam, gemeiner
golden chain	*Laburnum anagyroides* (= *L. vulgare*)	Goldregen, gemeiner
— rain	— *vossii* (= *L. waterei*)	—
gombo	*Hibiscus esculentus*	Okra
gooseberry	*Ribes grossularia*	Stachelbeere
— tomato	*Physalis peruviana*	Judenkirsche, eßbare
goosefoot	*Chenopodium* spec.	Gänsefuß
—, fig-leaved	— *ficifolium*	Feigen-Gänsefuß
—, nettle-leaved	— *murale*	Mauer-Gänsefuß
—, triangular-leaved	— *urbicum*	Städte-Gänsefuß
—, upright	— —	— —
gourd	*Cucurbita pepo*	Kürbis
grape fruit	*Citrus maxima*	Pampelmuse
— vine	*Vitis vinifera*	Weinrebe, echte
grass pea	*Lathyrus sativus*	Kicherling
greengage	*Prunus domestica*	Pflaume; Zwetschge
—	— *insititia*	Haferpflaume

grinsel	*Senecio vulgaris*	Kreuzkraut, gemeines
ground cherry	*Physalis* spec.	Judenkirsche; Blasenkirsche
— —	— *angulata*	—; —
— —	— *floridana*	—; —
— nut	*Arachis hypogaea*	Erdnuß
groundsel, common	*Senecio vulgaris*	Kreuzkraut, gewöhnliches
guar	*Cyamopsis tetragonoloba*	
hair-bell	*Calochortus* spec.	Mormonentulpe
hard wheat	*Triticum durum*	Hart-Weizen
haricot bean	*Phaseolus vulgaris*	Gartenbohne; Buschbohne
hazel-nut	*Corylus avellana*	Haselnuß-Strauch
hedge mustard	*Raphanus raphanistrum*	Hederich, gemeiner
— —	*Sisymbrium officinale*	Weg-Rauke
heltrot	*Heracleum sphondylum*	Bärenklau
hemp	*Cannabis sativa*	Hanf
— mallow	*Hibiscus cannabinus*	Eibisch, hanfblättriger
henbane	*Hyoscyamus* spec.	Bilsenkraut
—	— *niger*	—
herb patience	*Rumex patientia*	Garten-Ampfer
herds grass	*Phleum pratense*	Wiesen-Lieschgras; Timotheus-Gras
hogweed	*Heracleum sphondylum*	Bärenklau
hollyhock	*Althaea rosea*	Stockrose
honesty	*Lunaria* spec.	Silberblatt
—	— *annua*	—, stumpfes
honeysuckle	*Lonicera periclymenum*	Wald-Geißblatt
—, French	*Hedysarum coronarium*	Kronen-Süßklee
hop	*Humulus lupulus*	Hopfen
— tree	*Ptelea trifoliata*	Lederstrauch, gemeiner
horse bean	*Vicia faba*	Ackerbohne
horse-radish	*Cochlearia armoracia*	Meerrettich
— —	*Armoracia rusticana*	—
horse-shoe-geranium	*Pelargonium zonale*	Pelargonie
hyacinth, common	*Hyacinthus orientalis*	Garten-Hyazinthe; Hyazinthe, morgenländische
hybrid clover	*Trifolium hybridum*	Schwedenklee
hydrangea	*Hydrangea cinerea* (= *H. sterilis*)	Hortensie, aschgraue
—, common	— *macrophylla*	—, —
immortelle	*Gomphrena globosa*	Kugelamarant, echter
Indian cress	*Tropaeolum* spec.	Kapuziner-Kresse
— —, large	— *majus*	— —
— mustard	*Brassica juncea*	Ruten-Senf; Sarepta-Senf
iris	*Iris filifolia*	Iris; Schwertlilie
—, common	— *germanica*	Schwertlilie, deutsche
—, Spanish	— *xiphium*	—, spanische
Japanese clover	*Lespedeza striata*	Klee, japanischer; Lespedezie
Japan medlar	*Eriobotrya japonica*	Mispel, japanische; Loquate
jasmin, common	*Jasminum officinale*	Jasmin, echter
*Jerusalem cherry	*Solanum pseudocapsicum*	Korallenstrauch
— oak	*Chenopodium botrys*	Gänsefuß, klebriger
jewelweed	*Impatiens* spec.	Springkraut
jew's apple	*Solanum melongena*	Eierpflanze; Aubergine

jimsonweed	*Datura* spec.	Stechapfel
—	— *stramonium*	—
—	— *tatula*	—
jonquil	*Narcissus jonquilla*	Jonquillen-Narzisse
juneberry	*Amelanchier* spec.	Felsenmispel
kale	*Brassica oleracea* var. *acephala*	Grün-Kohl
kedlock	*Sinapis arvensis* (= *Brassica arvensis*)	Acker-Senf; Senf, wilder
kidney bean	*Phaseolus vulgaris*	Gartenbohne; Buschbohne
kilk	*Sinapis arvensis* (= *Brassica arvensis*)	Acker-Senf; Senf, wilder
king orange	*Citrus nobilis*	Mandarine
kohlrabi	*Brassica oleracea* var. *caulorapa*	Kohlrabi
laburnum	*Laburnum vossii* (= *L. waterei*)	Goldregen
—, common	— *anagyroides* (= *L. vulgare*)	—, gemeiner
ladino clover	*Trifolium repens*	Ladino-Weißklee
lady tulip	*Tulipa clusiana*	Clusius-Tulpe
lamb's quarter	*Chenopodium album*	Gänsefuß, weißer
larkspur	*Delphinium* spec.	Rittersporn
—, forking	— *consolida*	Feld-Rittersporn
—, large-flowered	— *grandiflorum*	Rittersporn, großblumiger
lavatera, three-monthly	*Lavatera trimestris*	Sommer-Lavatere
laxtonberry	*Rubus* hybr.	Laxtonbeere
leaf mustard	*Brassica juncea*	Ruten-Senf; Sarepta-Senf
leek	*Allium porrum*	Porree
—, common	— —	—
lemon	*Citrus limon*	Limone
— vine	*Pereskia* (= *Peireskia*) *aculeata*	Laubkaktus, bestachelter; Pereskie
lentil	*Lens culinaris*	Linse
—	— *esculenta*	—
leopard lily	*Lachenalia* spec.	Lachenalie
lespedeza, common	*Lespedeza striata*	Klee, japanischer; Lespedezie
lettuce, common	*Lactuca sativa*	Salat
—, ivy leaved	— *muralis*	Mauer-Lattich
—, willow-leaved	— *saligna*	Weiden-Lattich
lilac, common	*Syringa vulgaris*	Flieder
lily	*Lilium* spec.	Lilie
—	*Lilium elegans*	Königslilie
*—, African	*Agapanthus* spec.	Liebesblume; Schmucklilie
— asphodel	*Crinum giganteum*	Liliendolde
— —	— *imbricatum*	—
—, orange	*Lilium croceum*	Lilie, safranfarbige
— of Japan, golden-rayed	— *auratum*	Goldband-Lilie
Lima bean	*Phaseolus lunatus*	Limabohne
lime	*Citrus aurantifolia*	
—, large-leaved	*Tilia platyphyllos*	Sommer-Linde
—, small-leaved	— *cordata*	Winter-Linde
loganberry	*Rubus loganobaccus*	Loganbeere

loquat	*Eriobotrya japonica*	Mispel, japanische; Loquate
lovage	*Levisticum officinale*	Liebstöckel
love-lies-bleeding	*Amaranthus caudatus*	Garten-Fuchsschwanz
lucerne	*Medicago* spec.	Luzerne
—	— *sativa* oder *varia*	— oder Bastard-Luzerne
*lupine	*Lupinus polyphyllus*	Lupine, vielblättrige
—, blue	— *angustifolius*	—, blaue
—, white	— *albus*	—, weiße
—, yellow	— *luteus*	—, gelbe
madonna lily	*Lilium candidum*	Lilie, weiße
maize	*Zea mays*	Mais
mallow	*Malva* spec.	Malve
—, false	*Malvastrum coromandelianum*	Scheinmalve
—, Indian	*Abutilon* spec.	Schön-Malve
— of Mauritius	*Malva mauritanica*	Algier-Malve
— of woodlands	— *silvestris*	Malve, wilde
—, round-leaved	— *pusilla*	—
—, — —	— *borealis* (= *M. rotundifolia*)	—, nordische
—, whorled	— *verticillata*	—, quirlblättrige
mandarine orange	*Citrus nobilis*	Mandarine
marguerite	*Chrysanthemum frutescens*	Wucherblume, strauchige
marigold	*Calendula* spec.	Ringelblume
—, African	*Tagetes erecta*	Studentenblume; Sammetblume, aufrechte
—, common	*Calendula officinalis*	Ringelblume
marsh mallow	*Althaea officinalis*	Eibisch, echter
matrimony-vine, common	*Lycium halimifolium*	Bocksdorn, gemeiner
mazzard	*Prunus avium*	Süßkirsche; Vogelkirsche
medick, spotted	*Medicago arabica*	
melilot	*Melilotus* spec.	Steinklee
—, small-flowered	— *indica*	—, kleinblütiger
—, white	— *albus*	—, weißer
melon pear	*Solanum muricatum*	
— shrub	— —	
memorial rose	*Rosa wichuraiana*	Wichuras-Rose
Mexican lily	*Hippeastrum* (= *Amaryllis*) *reginae*	Königin-Ritterstern
— tea	*Chenopodium ambrosioides*	Teekraut, mexikanisches
mezereon	*Daphne mezereum*	Seidelbast
mignonette	*Reseda* spec.	Reseda
—	— *odorata*	—, duftende; Reseda, wohlriechende
milk-thistle	*Sonchus arvensis*	Acker-Gänsedistel
milk-vetch	*Astragalus rubyi*	Tragant
millet	*Panicum miliaceum*	Hirse, echte
—, German	*Setaria italica*	Kolbenhirse
mirabelle plum	*Prunus insititia*	Hafer-Pflaume
monkey-flower	*Mimulus* spec.	Gauklerblume
— —	— *luteus*	—, gelbe
monthly rose	*Rosa chinensis*	Edelrose; Rose, indische

mountain ash	*Sorbus aucuparia*	Eberesche
— spinach	*Atriplex hortensis*	Garten-Melde
mouse-ear chickweed, common	*Cerastium vulgatum*	Hornkraut
mung bean	*Phaseolus aureus*	
muskmelon	*Cucumis melo*	Melone
musk thistle	*Carduus nutans*	Distel, nickende
mustard, black	*Brassica nigra*	Senf, schwarzer
—, white	— (= *Sinapis*) *alba*	—, weißer
—, —	— *hirta*	
—, wild	*Sinapis* (= *Brassica*) *arvensis*	Acker-Senf; Senf, wilder
Narbonne vetch	*Vicia narbonensis*	Narbonner Wicke
narcissus	*Narcissus* spec.	Narzisse
—, wild	— *pseudo-narcissus*	Trompeten-Narzisse; Narzisse, gemeine
nasturtium	*Tropaeolum majus*	Kapuzinerkresse
*Natal lily	*Clivia* spec.	Riemenblatt
naven	*Brassica campestris*	Rübsen
—	— *rapa* var. *silvestris*	—
*nettle, common	*Urtica dioica*	Brennessel, große
*—, great	— —	—, —
*—, lager stinging	— —	—, —
New Zealand spinach	*Tetragonia expansa* (= *T. tetragonoides*)	Neuseeländer Spinat
*night blooming jasmine	*Cestrum parquii*	Hammerstrauch, chilenischer
nightshade, black	*Solanum nigrum*	Nachtschatten, schwarzer
—, deadly	*Atropa belladonna*	Tollkirsche
—, woody	*Solanum dulcamara*	Bittersüß
nipplewort	*Lapsana communis*	Rainkohl
oat	*Avena sativa*	Hafer; Saat-Hafer
okra	*Hibiscus esculentus*	Okra
old maid	*Vinca rosea*	Singrün, rosenrotes
onion	*Allium cepa*	Küchenzwiebel
opium poppy	*Papaver somniferum*	Mohn
orache	*Atriplex* spec., oft fälschlich *Chenopodium* spec.	Melde
—	— *nitens*	Melde, glänzende
orange daisy, African	*Dimorphotheca aurantiaca*	Kapkörbchen
— tree, common	*Citrus aurantium*	Sauer-Orange
painted tongue	*Salpiglossis* spec.	Trompetenzunge
— —	— *sinuata*	Garten-Trompetenzunge
pandang oil plant	*Pandanus* spec.	Schraubenbaum
pansy	*Viola tricolor*	Stiefmütterchen
Paris daisy	*Chrysanthemum frutescens*	Wucherblume, strauchige
parsley	*Petroselinum hortense*	Petersilie
parsnip	*Pastinaca sativa*	Pastinak
passion-flower, common blue	*Passiflora coerulea*	Passionsblume, blaue
patchouli oil plant	*Pogostemon patchouli*	Patchouli-Pflanze
pea	*Pisum* spec.	Erbse
—	— *arvense*	Feld-Erbse
—	— *sativum*	Erbse; Garten-Erbse

pea-nut	*Arachis hypogaea*	Erdnuß
— vine, flat pod	*Lathyrus cicera*	
peach	*Prunus persica*	Pfirsich
pear	*Pirus communis*	Birne
pek-choi	*Brassica chinensis*	China-Kohl
penny leaf	*Linaria cymbalaria*	Leinkraut, efeublättriges
— wort	— —	—, —
peony	*Paeonia* spec.	Päonie; Pfingstrose
peppermint	*Mentha piperita*	Pfefferminze
periwinkle	*Vinca rosea*	Singrün
—, common	— *minor*	—, kleines
petsai cabbage	*Brassica pe-tsai*	China-Kohl
— —	— *pekinensis*	— —
petunia	*Petunia* spec.	Petunie
—	*Petunia hybrida*	Petunie
pheasants eye	*Narcissus poeticus*	Dichter-Narzisse
phlox	*Phlox* spec.	Phlox; Flammenblume
—	— *decussata*	Flammenblume, rispige; Phlox
—, perennial	— *paniculata*	Staudenphlox; Herbstflieder
pigweed	*Amaranthus retroflexus*	Fuchsschwanz, rauhhaariger
—	*Chenopodium album*	Gänsefuß, weißer
pine-apple	*Ananas sativus*	Ananas
— — flower	*Eucomis autumnalis* (= *E. undulata*)	Lilienschopf
*plantain	*Plantago major*	Breit-Wegerich
plum	*Prunus domestica*	Pflaume; Zwetschge
—, Japanese	— *salicina*	
poet's narcissus	*Narcissus poeticus*	Dichter-Narzisse
poplar, black Italian	*Populus canadensis*	Pappel, kanadische
poppy	*Papaver* spec.	Mohn
—, oriental	— *orientale*	—, morgenländischer
— anemone	*Anemone coronaria*	Kronen-Anemone
— windflower	— —	— —
potato	*Solanum tuberosum*	Kartoffel
pot marigold	*Calendula officinalis*	Ringelblume
prairie rose	*Rosa setigera*	Prärie-Rose
prickly lettuce	*Lactuca scariola*	Stachel-Lattich
*primrose	*Primula malacoides*	Flieder-Primel
—	— *obconica*	Becher-Primel
—	— *sinensis*	Primel, chinesische; Himmelsschlüssel, chinesischer
privet, common	*Ligustrum vulgare*	Liguster
prolific spinach	*Tetragonia expansa*	Spinat, Neuseeländischer
pumpkin	*Cucurbita pepo*	Kürbis
—	— *maxima*	—
purple amaranth	*Amaranthus paniculatus*	Rispen-Amarant
— clover	*Trifolium pratense*	Rotklee
— coneflower	*Echinacea purpurea*	Purpur-Igelkopf
purret	*Allium porrum*	Porree
queen's gilliflower	*Hesperis matronalis*	Nachtviole
Queensland hemp	*Sida rhombifolia*	
quinoa	*Chenopodium quinoa*	Reis-Melde

radish	*Raphanus sativus*	Rettich; Radies
ragweed	*Senecio jacobaea*	Jakobs-Kreuzkraut
ragwort	— —	— —
ramanas rose	*Rosa rugosa*	Kartoffel-Rose; Rose, runzlige
ram's-horn	*Martynia* spec.	Martynie
rape	*Brassica napus*	Raps
raspberry	*Rubus idaeus*	Himbeere
—, black	— *occidentalis*	
—, wild	— *idaeus*	—
red clover	*Trifolium pratense*	Rotklee
— pepper	*Capsicum annuum*	Pfeffer, spanischer; Paprika
rhododendron	*Rhododendron* spec.	Alpenrose
rhubarb	*Rheum* spec.	Rhabarber
rib-grass	*Plantago lanceolata*	Spitz-Wegerich
ribwort	— —	— —
rice	*Oryza sativa*	Reis
rockcherry	*Prunus mahaleb*	Weichsel-Kirsche; Felsen-Kirsche
rock-cress	*Arabis* spec.	Gänse-Kresse
— —, hairy	— *hirsuta*	— —, rauhe
rocket, Roman	*Eruca sativa*	Rauke, gemeine
rockspray	*Cotoneaster harroviana*	Zwergmispel; Steinquitte
rose	*Rosa* spec.	Rose
—, common	— *gallica*	Essig-Rose; Zucker-Rose; Sammt-Rose
—, trailing	— *arvensis*	Feld-Rose
rowan	*Sorbus aucuparia*	Eberesche
rum cherry	*Prunus serotina*	Trauben-Kirsche, spätblühende
runch	*Raphanus raphanistrum*	Hederich, gemeiner
rutabaga	*Brassica campestris*	Rübsen
rye	*Secale cereale*	Roggen
rye-grass	*Lolium perenne*	Ray-Gras, englisches
— —, Italian	— *multiflorum* (= *L. italicum*)	— —, italienisches
sage	*Salvia* spec.	Salbei
salmonberry	*Rubus parviflorus*	Nutka-Himbeerstrauch
sand lucerne	*Medicago varia*	Bastard-Luzerne
savoy cabbage	*Brassica oleracea* var. *sabauda*	Wirsing-Kohl
scabious	*Scabiosa* spec.	Skabiose
—	— *atropurpurea*	Purpur-Skabiose
scarlet bean	*Phaseolus coccineus*	Prunkbohne
— sage	*Salvia splendens*	Salbei, glänzende
— storck's bill	*Pelargonium zonale*	Pelargonie
— strawberry	*Fragaria virginiana*	Scharlach-Erdbeere
scorpion-weed	*Phacelia campanularia*	Büschelschön, glockenförmiges
— —	— *viscida*	—, klebriges
Scotch elm	*Ulmus glabra*	
— laburnum	*Laburnum alpinum*	Alpen-Goldregen
screw pine	*Pandanus* spec.	Schraubenbaum

sea onion	*Urginea maritima*	Meerzwiebel, gemeine
self-heal	*Brunella* (= *Prunella*) *vulgaris*	Brunelle, kleine
*senna	*Cassia floribunda*	Negerkaffee; Gewürzrinde
serradella	*Ornithopus sativus*	Serradella
Seville orange	*Citrus aurantium*	Sauer-Orange
shalotte	*Allium ascalonicum*	Schalotte
sheep's beard	*Urospermum picroides*	Schwanzsame
— sorrel	*Rumex acetosella*	Ampfer, kleiner
shepherd's purse	*Capsella bursa-pastoris*	Hirtentäschelkraut
silver birch	*Betula pendula*	Birke
slipperwort	*Calceolaria* spec.	Pantoffelblume
sloe	*Prunus spinosa*	Schlehe; Schwarzdorn
snake's head iris	*Hermodactylus tuberosus* (= *Iris tuberosa*)	Wolfsschwertel, knolliger
snapdragon	*Antirrhinum majus*	Löwenmaul
sneezewort	*Achillea ptarmica*	Sumpf-Garbe
sorghum	*Sorgum bicolor*	Mohren-Hirse
sorrel	*Rumex acetosa*	Sauer-Ampfer, großer
sour cherry	*Prunus cerasus*	Sauer-Kirsche
sow teat strawberry	*Fragaria vesca*	Wald-Erdbeere
sow-thistle, annual	*Sonchus oleraceus*	Gänsedistel, gemeine
— —, sharp-fringed	— *asper*	—, rauhe
soya bean	*Glycine soja*	Soja
soybean	— —	—
speedwell	*Veronica* spec.	Ehrenpreis
spider-flower	*Cleome spinosa*	
— lily	*Hymenocallis occidentalis*	Schönhäutchen; Schwielenlilie
spinach	*Spinacia oleracea*	Spinat
— beet	*Beta vulgaris* var. *cicla*	Mangold
—, perpetual	— — — —	—
spiraea	*Spiraea pumila*	Spierstrauch
spire lily	*Galtonia candidans*	Sommer-Hyazinthe, weiße
sprout	*Brassica oleracea* var. *acephala*	Grün-Kohl
squash	*Cucurbita maxima*	Kürbis
squill	*Urginea maritima*	Meerzwiebel, gemeine
star of Bethlehem	*Ornithogalum* spec.	Milchstern
— — —	— *thyrsoides*	—
starwort	*Stellaria media*	Vogel-Miere
—	*Aster* spec.	Aster
stink grass	*Eragrostis cilianensis*	Liebesgras
stock	*Matthiola* spec.	Levkoje
—	— *incana*	Winter-Levkoje; Gartenlevkoje, gemeine
—	— *annua*	Levkoje
—, night scented	— *bicornis*	
—, Virginian	*Malcolmia maritima*	Meerstrand-Levkoje
stone bramble	*Rubus saxatilis*	Steinbeere
strawberry	*Fragaria grandiflora*	Kultur-Erdbeere
—, Indian	*Duchesnea indica*	Erdbeer-Duchesnea
—, wild	*Fragaria vesca*	Wald-Erdbeere

strawberry-clover	*Trifolium fragiferum*	Erdbeer-Klee
strawflower	*Helichrysum bracteatum*	Strohblume
Sudan grass	*Sorgum sudanese*	Sudangras
sugar-beet	*Beta vulgaris*	Zucker-Rübe
sugarcane	*Saccharum officinarum*	Zuckerrohr
sugar-grape	*Vitis rupestris*	
sugarplum	*Amelanchier* spec.	Felsenmispel
summer-hyacinth	*Galtonia candicans*	Sommer-Hyazinthe, weiße
— savory	*Satureja hortensis*	Bohnenkraut, einjähriges
sunflower	*Helianthus annuus*	Sonnenblume
--, common	— —	—
swede	*Brassica napus* var. *napobrassica*	Kohlrübe
sweet alison	*Alyssum maritimum*	Meerstrand-Steinkraut
— alyssum	— —	— —
— brier	*Rosa eglanteria*	Wein-Rose
— cherry	*Prunus avium*	Süß-Kirsche; Vogel-Kirsche
— clover	*Melilotus* spec.	Steinklee
— —	— *albus*	—, weißer
— —, white	*Melilotus albus*	Steinklee, weißer
— —, yellow	— *officinalis*	—, gelber
— orange	*Citrus sinensis*	Apfelsine; Orange; Süß-Orange
— pea	*Lathyrus odoratus*	Garten-Wicke; Wicke, wohlriechende
— William	*Dianthus barbatus*	Bart-Nelke
Swiss chard	*Beta vulgaris* var. *cicla*	Mangold
sycamore	*Acer pseudoplatanus*	Berg-Ahorn
tail flower	*Anthurium andraeanum*	Flamingoblume; Schwanzblume
— —	— *scherzerianum*	—; —
Tangier pea	*Lathyrus tingitanus*	Platterbse, tangerische
tare	*Vicia sativa*	Saat-Wicke
tassel flower	*Emilia sagittata*	Emilie, pfeilblättrige
- hyacinth	*Muscari comosum*	Schopf-Träubel
tea rose	*Rosa odorata*	Tee-Rose; Rose, indische
teasel, common	*Dipsacus silvestris*	Karde, wilde
—, wild	— —	—, —
tepary bean	*Phaseolus acutifolius*	
thimbleberry	*Rubus occidentalis*	
—	— *parviflorus*	Nutka-Himbeerstrauch
thistle	*Carduus broteri*	Distel
—, creeping	*Cirsium arvense*	Acker-Distel; Acker-Kratzdistel
thorn-apple	*Datura* spec.	Stechapfel
— —	— *stramonium*	—
— —	— *tatula*	—
— —, downy	— *metel*	—, weichhaariger
throatwort	*Trachelium* spec.	Halskraut
*—	— *caeruleum*	—
tick-clover	*Desmodium canadense*	
*tickseed	*Coreopsis drummondii*	Mädchenauge; Wanzenblume

tick-trifoil	*Desmodium canadense*	
tiger lily	*Lilium tigrinum*	Tiger-Lilie
timothy grass	*Phleum pratense*	Wiesen-Lieschgras; Timotheus-Gras
toad-flax	*Linaria bipartita*	Leinkraut, zweiteiliges
— —, ivy-leaved	*— cymbalaria*	—, efeublättriges
*tobacco	*Nicotiana tabacum*	Tabak, gemeiner
*—, common	— —	—
—, Indian	*— rustica*	Bauern-Tabak
—, wild	— —	— —
tollon	*Photinia arbutifolia*	Glanzmispel
tomato	*Lycopersicon esculentum*	Tomate
tree mallow	*Lavatera arborea*	Lavatere, baumartige
— tobacco	*Nicotiana glauca*	Baum-Tabak
— tomato	*Cyphomandra betacea*	Baum-Tomate; Tomatenbaum
trefoil, subterranean	*Trifolium subterraneum*	Klee, bodenfrüchtiger
trifoliate orange	*Poncirus trifoliata*	
trumpet lily, white	*Lilium longiflorum*	Königslilie, japanische
tulip	*Tulipa* spec.	Tulpe
tumbleweed	*Amaranthus albus*	Amarant, weißer
—	*— graecizans*	
Turk's-Cape-lily	*Lilium superbum*	Lilie, stolze
turnip	*Brassica rapa* var. *silvestris*	Rübsen
—	*— — — rapa*	Wasserrübe
—, Swedish	*— napus* var. *napobrassica*	Kohlrübe
twitch	*Agropyrum repens*	Quecke, gemeine
unicorn-plant	*Martynia* spec.	Martynie
Usambara violet	*Saintpaulia ionantha*	Usambara-Veilchen
various pea	*Lathyrus odoratus*	Wicke, wohlriechende
vegetable marrow	*Cucurbita pepo*	Kürbis
velvet bean	*Stizolobium* spec.	
— flower	*Salpiglossis* spec.	Trompetenzunge
— —	*— sinuata*	Garten-Trompetenzunge
velvetleaf	*Abutilon theophrasti*	
vervain	*Verbena* spec.	Eisenkraut
—	*— canadensis*	—
—	*— hybrida*	—
vetch	*Vicia americana*	Wicke
—, common	*— sativa*	Saat-Wicke
—, Hungarian	*— pannonica*	Wicke, ungarische
—, Russian	*— villosa*	Zottel-Wicke
vetchling	*Lathyrus* spec.	Platterbse
—, hairy	*— hirsutus*	—, haarige
violet	*Viola* spec.	Veilchen
—, Pyrenean	*— cornuta*	Horn-Veilchen
wallflower	*Cheiranthus* spec.	Goldlack
—	*— cheiri*	—
wall lettuce	*Lactuca muralis*	Mauer-Lattich
water-arum	*Calla* spec.	Drachenwurz; Schlangenkraut
— cress	*Roripa nasturtium-aquaticum*	Brunnenkresse
— —, common	— — —	—
— —, true	— — —	—

watermelon	*Citrullus vulgaris*	Wassermelone
water pimpernel	*Samolus parviflorus*	Bunge
wax flower plant, fleshy leaved	*Hoya carnosa*	Wachsblume; Porzellanblume
*way-bread	*Plantago major*	Breit-Wegerich
West Indian gherkin	*Cucumis anguria*	Birn-Gurke; Angurien-Gurke
wheat	*Triticum aestivum*	Weizen; Saat-Weizen; Saat-Weizen, gemeiner
white clover	*Trifolium repens*	Weiß-Klee
— lily	*Lilium candidum*	Lilie, weiße
wild barley	*Hordeum jubatum*	
— beet	*Amaranthus retroflexus*	Fuchsschwanz, rauhhaariger
— oat	*Avena eudoviciana*	
— —	— *fatua*	Flughafer
— radish	*Raphanus raphanistrum*	Hederich, gemeiner
— sucory	*Cichorium intybus*	Wegwarte, gemeine
winter cherry	*Physalis* spec.	Blasenkirsche; Judenkirsche
— —	— *angulata*	—; —
— —	— *floridana*	—; —
— —	— *franchetti*	Judenkirsche
witch grass	*Panicum capillare*	
witloof	*Cichorium intybus*	Salat-Zichorie; Zichorie
woad	*Isatis tinctoria*	Waid
wood anemone	*Anemone nemorosa*	Busch-Windröschen
— —, yellow	— *ranunculoides*	Windröschen, gelbes
woodland strawberry	*Fragaria vesca*	Wald-Erdbeere
wych elm	*Ulmus glabra*	
youngberry	*Rubus* hybr.	Youngbeere
youth and age	*Zinnia elegans*	Zinnie
zinnia	— spec.	—
—	— *elegans*	—

Virus übertragende Blattläuse und ihre Synonyme*)

Acyrthosiphon malvae subsp. *rogersii* H.R.L.
Aulacorthum rogersii Theob.
Macrosiphum rogersii Theob.

Acyrthosiphon onobrychis B. d. F.
Acyrthosiphon pisi Kalt.
Macrosiphon pisi Kalt.
Grüne Erbsenlaus
Pea aphid

Acyrthosiphon porosum Sand.

Anuraphis subterranea Walk.
Aphis heraclei Koch
A. robusta Walk.
Bärenklauwurzelhalslaus
Pear hogweed aphid

Aphidula grossulariae Kalt.
Medoralis grossulariae Kalt.
Kleine Stachelbeerlaus

Aphis sambuci L.
Aphis advena Walk.
Aphis exul Walk.
Aphis sambucaria Pass.
Aphis wilsoni Laing
Holunderblattlaus
Elder aphid

Aphis sambucifoliae Fitch

Aphis schneideri C. B.
Aphidula schneideri C. B.
Doralina schneideri C. B.
Medoralis schneideri C. B.
Kleine Johannisbeerlaus

Aulacorthum pelargonii Kalt.
Aphis malvae Walk.
Aphis pelargonii Kalt.
Pelargonienlaus
Pelargonium aphid

Aulacorthum pseudosolani Theob.
Aphis solani Kalt. part. Theob. part.
Aulacorthum solani Kalt.
Dysaulacorthum pseudosolani Theob.
Myzus veronicae Reit.
Myzus vercnicellus Theob.
Gefleckte Kartoffellaus
Solanum aphid

Aulacorthum purpurascens Oestl.
Macrosiphon purpurascens Oestl.

Aulacorthum scariolae Nevs.
Acyrthosiphon scariolae Nevs.
Siphonophora lactucae Pass.

Brachycaudus cardui L.
Aphis adjuta Walk.
Aphis cardui L.
Aphis chamomillae Koch
Aphis chrysanthemi Walk.
Aphis crataegi Koch
Aphis deposita Walk.
Aphis leucanthemi Scop.
Aphis symphyti Koch
Große Pflaumenblattlaus
Thistle aphid

Brachycaudus helichrysi Kalt.
Aphis helichrysi Kalt.
Aphis insititiae Koch
Aphis leontopodii Schout.
Aphis myosotidis Koch
Aphis petasitidis Bckt.
Aphis prunina Walk.
Kleine Pflaumenlaus
Leaf curling plum aphid

---

*) Berücksichtigt wurden nur die im Text dieses Buches erwähnten Blattläuse. Das Verzeichnis wurde von Herrn Dr. J. Völk-Braunschweig bearbeitet.

Brachycolus atriplicis L.
Aphis atomaria Walk.
Aphis chenopodii Schrk.
Hayhurstia atriplicis L.
Hayhurstia deformans d. Gu.
Hyalopterus atriplicis L.
Mehlige Meldenlaus
Chenopod aphid

Brevicoryne brassicae L.
Aphis brassicae L.
Aphis rapae Curtis
Aphis raphani Schrk.
Kohlblattlaus
Cabbage aphid

Calaphis betulella Kalt.

Capitophorus braggi Gill.

Capitophorus elaeagni d. Gu.

Capitophorus flaveolus Walk.
Capitophorus cirsii Nevs.
Myzus carthusianus Havil.

Carolinaia setariae Thom.
Hysteroneura setariae Thom.
Brown sugar cane aphid
Rusty plum aphid

Cavaraiella archangelicae Scop.
Aphis archangelicae Scop.
Aphis capreae F.
Cavaraiella capreae F.
Rhopalosiphon rumicis Theob.
Rhopalosiphon salicis Mon.
Celery aphid

Cavaraiella pastinacae L.
Cavariella pastinacae L.
Wild parsnip aphid

Cerosipha epilobiina Walk.
Aphis epilobiina Walk.

Ceruraphis viburnicola Gill.
Schneeballaus
Snow ball aphid

Coloradoa tanacetina Walk.
Aphis tanacetina Walk.

Comaphis helianthi Mon.
Aphis helianthi Mon.

Cryptomyzus ribis Oestl.
Aphis ribis L.
Johannisbeerblattlaus
Red currant aphid

Cryptosiphon essigi C. B.

Dactynotus ambrosiae Thom.
Macrosiphon ambrosiae Thom.
Red lettuce aphid

Dactynotus gravicornis Patch
Macrosiphon gravicornis Patch

Dactynotus obscurus Koch
Siphonophora obscura Koch
Siphonophora obtusa Schout.
Siphonophora sisymbrii Bckt.

Dactynotus rudbeckiae Fitch
Macrosiphon rudbeckiae Fitch
Golden glow aphid

Dactynotus sonchi L.
Aphis sonchi L.
Siphonophora alliariae Koch
Siphonophora lactucae Koch

Dactynotus tanaceticola Kalt.
Dactynotus tanaceti L.

Dactynotus taraxaci Kalt.
Aphis taraxaci Kalt.
Macrosiphon taraxaci Schout.
Megalosiphum taraxaci Mordv.
Uromelan taraxaci Kalt.

Delphiniobium junackianum Karsch.
Delphiniobium aconiti v. d. G.
Monkshood aphid

Diphorodon cannabis C. B.
Phorodon asacola Mats.
Phorodon cannabis Pass.
Hanfblattlaus
Bhang aphid

Doralina ageratoidis Oestl.

Doralina apigraveolens Essig
Aphis apigraveolens Essig
Cerosipha apigraveolens Essig

Doralina citricida Kirk.
Toxoptera citricida Kirk.
Toxoptera citricola v. d. G.

Doralina decepta Hott. et Fris.

Doralina oenotherae Oestl.

Doralina spiraecola Patch
Spiräenblattlaus
Green citrus aphid

Doralina urticaria Kalt.
Aphidula urticata F.

Aphis tertia Walk.
Aphis urticae Scop.
Aphis urticaria Kalt.
Medoralis (Leucosiphon) urticata F.
Pergandeida stanilandi Laing

Doralis fabae Scop.
Aphis acetosae Koch
Aphis addita Walk.
Aphis apii Theob.
Aphis atriplicis F.
Aphis dahliae Mosl.
Aphis fabae Scop.
Aphis indistincta Walk.
Aphis papaveris F.
Doralina apii Theob.
Schwarze Bohnenblattlaus
Schwarze Rübenblattlaus
Bean aphid

Doralis frangulae Koch
Aphis cucumeris Forb.
Aphis gossypii Glov.
Cerosipha gossypii Glov.
Doralina gossypii Glov.
Gurkenblattlaus
Cotton aphid
Melon aphid

Doralis idaei v. d. G.
Aphidula idaei v. d. G.
Aphis idaei v. d. G.
Kleine Himbeerblattlaus

Doralis mordwilkiana Dobr.
Aphis mordwilkiana Dobr.
Doralina mordwilkiana Dobr.
Doralis ruborum C. B.
Medoralis (Leucosiphon) mordwilkiana Dobr.
Kleine Brombeerblattlaus

Doralis pomi Deg.
Aphis crataegaria Bckt.
Aphis cydoniae Boisd.
Aphis mali F.
Aphis pomi Deg.
Aphis pyri Kitt.
Doralina pomi d. G.
Medoralis pomi Deg.
Grüne Apfelblattlaus
Green apple aphid

Doralis rhamni Koch
Aphidula nasturtii Kalt.
Aphis rhamni Koch
Doralina transiens Walk.
Medoralis nasturtii Kalt.
Kreuzdornblattlaus
Buckthorn aphid

Drepanaphis acerifoliae Thom.
Painted maple aphid

Dysaulacorthum aegopodii C. B.
Aulacorthum aegopodii C. B.

Dysaulacorthum vincae Walk.
Aphis vincae Walk.
Aulacorthum vincae Walk.
Macrosiphon pelargonii v. d. G.
Siphonophora convolvuli Bckt.

Hyadaphis mellifera Hott.
Aphis xylostei Schrk.
Hyadaphis schranki H. R. L.
Hyadaphis sii C. B.
Rhopalosiphum melliferum Hott.
Honeysuckle aphid

Hyalopterus pruni (Geoffr.) Koch
Aphis arundinis F.
Aphis pruni Geoffr.
Aphis spinarum Htg.
Mealy plum aphid

Hyperomyzus lactucae C. B.
Aphis lactucae L.
Aphis triticum Theob.
Rhopalosiphum ribis Bckt.

Hyperomyzus monardae Wills.

Hyperomyzus staphyleae Koch
Rhopalosiphum lupulinus Theob.
Rhopalosiphum pseudorumicis Theob.
Rhopalosiphum staphyleae Koch

Lipaphis pseudobrassicae Dav.
Aphis pseudobrassicae Dav.
Rhopalosiphum pseudobrassicae Dav.
False cabbage aphid
Turnip aphid

Macrosiphon rosae L.
Aphis dipsaci Schrk.
Aphis rosae L.
Aphis scabiosae Scop.
Macrosiphon centranthi Theob.
Macrosiphon fragariae Theob.
Nectarophora valerianae Clarke
Siphonophora rosaecola Pass.
Rose aphid

Macrosiphon solanifolii Ashm.
Aphis lactucae Schrk.

Macrosiphon euphorbiae Hott. et Fris.
Macrosiphon gei Koch part.
Macrosiphon solani Kitt.
Siphonophora solanifolii Ashm.
Potato aphid

Macrosiphoniella artemisiae Theob.
Aphis tanacetaria Kalt.
Macrosiphon tanacetaria Kalt.

Megoura viciae Kalt.
Aphis viciae Kalt.
Macrosiphoniella viciae d. Gu.
Rhopalosiphum papilionacearum Lind.
Siphonophora viciae Koch
Vetch aphid

Metopolophium dirhodum Walk.
Aphis dirhoda Walk.
Macrosiphon dirhodum Walk.
Siphonophora longipennis Bckt.
Rose grain aphid

Metopolophium occidentale H. R. L.

Myzocallis alhambra David.

Myzocallis asclepiadis Mon.

Myzocallis quercicola Mon.

Myzodes certus Walk.
Aphis certa Walk.

Myzus ascalonicus Donc.
Rhopalomyzus ascalonicus Donc.
Zwiebellaus
Shallot aphid

Myzus cerasi F.
Aphis cerasi F.
Myzus galiifolium Theob.
Myzus veronicae d. Gu.
Black cherry aphid

Myzus ligustri Mosl.
Myzodes ligustri Mosl.
Myzus ornatus Laing

Myzus persicae Sulz.
Aphis convolvuli Kalt.
Aphis dianthi Schrk.
Aphis malvae Mosl.
Myzodes persicae Sulz.
Myzodes tabaci Mordw.
Rhopalosiphum solani Theob.
Siphonophora nasturtii Koch
Green peach aphid
Peach-potato aphid
Tobacco aphid

Myzus pseudosolani Patch
Dysaulacorthum antirrhinii Macch.
Fingerhutlaus
Foxglove aphid

Nasonovia ribis nigri Mosl.
Aphis lactucae B. d. F.
Aphis ribicola Kalt.
Myzus ribis Bckt.
Myzus veronicae d. Gu.

Nectarosiphon rossi Hott. et Fris.
Amphorophora rossi Hott. et Fris.

Nectarosiphon rubi Kalt.
Amphorophora rubi Kalt.
European raspberry aphid

Neomyzus circumflexus Bckt.
Myzus circumflexus Bckt.
Myzus vincae Gill.
Siphonophora callae Hen.
Siphonophora circumflexa Bckt.
Lily aphid
Mottled arum aphid

Neothomasia populicola Thom.

Pentatrichopus fragaefolii Cock.
Capitophorus fragaefolii Cock.
Chaetosiphon fragaefolii Cock.
Myzus fragaefolii Cock.
Myzus fragariae Theob.
Passerinia fragaefolii Cock.
Strawberry aphid

Pentatrichopus tetrarhodus Walk.
Myzus neorosarum Theob.
Passerinia tetrarhoda Walk.
Siphonophora rosarum Koch

Pergandeida craccae L.
Aphis craccae L.
Aphis viciae F.
Aphis viciae-craccae Deg.

Pergandeida craccivora Koch
Aphis craccivora Koch
Aphis laburni Koch
Doralida craccivora Koch
Cowpea aphid

Pergandeida cytisorum Htg.
Aphis cytisorum Htg.
Aphis laburni Kalt.

Pergandeida medicaginis Koch
Aphis leguminosae Theob.
Aphis medicaginis Koch
Doralida leguminosae Theob.
Doralis meliloti C. B.

Periphyllus negundinis Thom.
Box elder aphid

Phorodon humuli Schrk.
Aphis humuli Schrk.
Aphis internata Walk.
Aphis pruni F.
Phorodon cannabis Das.
Hopfenlaus
Hop aphid
Hop damson aphid

Prociphilus fraxinifolii Riley

Pseudomicrella viminalis Mon.

Pterocomma salicis L.
European black willow aphid

Pyrethromyzus sanborni Gill.
Macrosiphon chrysanthemi Sanb.
Macrosiphon sanborni Gill.
Macrosiphoniella chrysanthemi d. Gu.
Macrosiphoniella sanborni Gill.
Chrysanthemum aphid

Rhopalomyzus lonicerae Sieb.
Aphis lonicerae Sieb.
Rhopalosiphum lonicerae Sieb.
Heckenkirschenlaus

Rhopalosiphon maidis Fitch
Aphis maidis Fitch
Aphis maydis d. Gu.
Aphis zeae Bon.
Corn leaf aphid

Rhopalosiphon nymphaeae (L.) Koch
Aphis butoni Schrk.
Aphis consona Walk.
Aphis nymphaeae L.
Aphis prunorum Dobr.
Rhopalosiphum najadum Koch
Plum aphid
Waterlily aphid

Rhopalosiphon padi L.
Aphis avenae Kalt.
Aphis avenae-sativae Schrk.
Aphis padi L.
Traubenkirschenlaus
Bird cherry aphid

Rhopalosiphon rhois Mon.

Rhopalosiphon rufomaculatum Wills.
Aphis rufomaculata Wills.
Coloradoa rufomaculata Wills.
Stephensonia chrysanthemicola Wills.
Stephensonia lahorensis Das.
Grüne Chrysanthemenlaus
Green chrysanthemum aphid

Rhopalosiphoninus latysiphon Dav.
Amphorophora latysiphon Dav.
Anuraphis elegans d. Gu.
Bulb and potato aphid

Rhopalosiphum prunifoliae Fitch
Apple grain aphid

Rungsia maydis Pass.
Rungsia graminis Kalt.

Sappaphis malifolii Fitch

Schizaphis graminum Rond.
Getreidelaus
Greenbug
Spring grain aphid
Wheat louse

Sitobium fragariae Walk.

Sitobium granarium Kirb.
Aphis cerealis Kalt.
Macrosiphon granarium Kirb.
Sitobium avenae H. R. L.
Grain aphid

Sitobium lilii Mon.
Macrosiphon lilii Mon.

Stagona corrugatans Sirr.

Thripsaphis ballii Gill.

Viteus vitifolii Fitch
Phylloxera vastatrix Blanch.
Reblaus
Grape leaf louse

Yezabura inculta Walk.
Anuraphis apiifolia Theob.
Aphis ferruginea-striata Essig
Aphis inculta Walk.
Rusty banded aphid

Yezabura middletonii Thom.
Aphis middletonii Thom.
Doralina middletonii Thom.
Erigeron root aphid

Yezabura tulipae B. d. F.
Aphis gladioli Felt.
Aphis lilicola Wills.
Aphis lilii Licht.
Aphis tulipae B. d. F.

Sachregister

(Mit * bezeichnete Seitenzahlen weisen auf Abbildungen bzw. Tabellen hin.)

Kolibri 360 GmbH
Ferdinand-Jühlke-Straße 7
99095 Erfurt, Deutschland
produktsicherheit@kolibri360.de